EUL VERLAG

SUPPLY CHAIN, LOGISTICS AND OPERATIONS MANAGEMENT

Herausgegeben von Prof. Dr. Dr. h. c. Wolfgang Kersten, Hamburg

Band 6
Thomas Will
RFID in Maritime Container Logistics – Participant-Specific Benefits and Process Optimization
Lohmar – Köln 2011 • 292 S. • € 59,- (D) • ISBN 978-3-8441-0081-5

Band 7
Fabian Müller
Service Engineering für Logistikkooperationen – Empirische Analyse der Entscheidungskoordination in Cluster-Initiativen
Lohmar – Köln 2012 • 404 S. • € 66,- (D) • ISBN 978-3-8441-0143-0

Band 8
Carolin Singer
Flexibilitätsmanagement zur Bewältigung von Unsicherheit in der Supply Chain
Lohmar – Köln 2012 • 328 S. • € 62,- (D) • ISBN 978-3-8441-0179-9

Band 9
Wolfgang Kersten, Thorsten Blecker and Christian M. Ringle (Eds.)
Managing the Future Supply Chain – Current Concepts and Solutions for Reliability and Robustness
Lohmar – Köln 2012 • 428 S. • € 67,- (D) • ISBN 978-3-8441-0180-5

Band 10
Thorsten Blecker, Wolfgang Kersten and Christian M. Ringle (Eds.)
Pioneering Supply Chain Design – A Comprehensive Insight into Emerging Trends, Technologies and Applications
Lohmar – Köln 2012 • 444 S. • € 68,- (D) • ISBN 978-3-8441-0181-2

Band 11
Thorsten Lammers
Komplexitätsmanagement für Distributionssysteme – Konzeption eines strategischen Ansatzes zur Komplexitätsbewertung und Ableitung von Gestaltungsempfehlungen
Lohmar – Köln 2012 • 276 S. • € 58,- (D) • ISBN 978-3-8441-0191-1

JOSEF EUL VERLAG

KOMPLEXITÄTSMANAGEMENT FÜR DISTRIBUTIONSSYSTEME

Konzeption eines strategischen Ansatzes zur Komplexitätsbewertung und Ableitung von Gestaltungsempfehlungen

Vom Promotionsausschuss der

Technischen Universität Hamburg-Harburg

zur Erlangung des akademischen Grades
Doktor der Wirtschafts- und Sozialwissenschaften (Dr. rer. pol.)

genehmigte Dissertation

von

Thorsten Lammers

aus

Münster

2012

1. Gutachter:	Prof. Dr. Dr. h. c. Wolfgang Kersten Institut für Logistik und Unternehmensführung Technische Universität Hamburg-Harburg
2. Gutachter:	Prof. Dr.-Ing. Heike Flämig Institut für Verkehrsplanung und Logistik Technische Universität Hamburg-Harburg

Tag der mündlichen Prüfung: 28.08.2012

Reihe: Supply Chain, Logistics and Operations Management · Band 11
Herausgegeben von Prof. Dr. Dr. h. c. Wolfgang Kersten, Hamburg

Thorsten Lammers

Komplexitätsmanagement für Distributionssysteme

Konzeption eines strategischen Ansatzes zur Komplexitätsbewertung und Ableitung von Gestaltungsempfehlungen

Mit einem Geleitwort von Prof. Dr. Dr. h. c. Wolfgang Kersten, Technische Universität Hamburg-Harburg

EUL VERLAG

Bibliografische Information der Deutschen Nationalbibliothek

Die Deutsche Nationalbibliothek verzeichnet diese Publikation in der Deutschen Nationalbibliografie; detaillierte bibliografische Daten sind im Internet über <http://dnb.d-nb.de> abrufbar.

Dissertation, Technische Universität Hamburg-Harburg, 2012

ISBN 978-3-8441-0191-1
1. Auflage Oktober 2012

JOSEF EUL VERLAG GmbH
Brandsberg 6
53797 Lohmar
Tel.: 0 22 05 / 90 10 6-6
Fax: 0 22 05 / 90 10 6-88
E-Mail: info@eul-verlag.de
http://www.eul-verlag.de

Bei der Herstellung unserer Bücher möchten wir die Umwelt schonen. Dieses Buch ist daher auf säurefreiem, 100% chlorfrei gebleichtem, alterungsbeständigem Papier nach DIN 6738 gedruckt.

Geleitwort

Während die Logistik ein Forschungsfeld mit langer Tradition ist, kann das Supply Chain Management als unternehmensübergreifende, betriebswirtschaftliche Forschungsdisziplin mit noch junger Geschichte angesehen werden. Aktuelle Trends zur Globalisierung, und zum Outsourcing durch steigende Kundenerwartungen hinsichtlich Vielfalt und Verfügbarkeit von Produkten sowie schnell wechselnde Rahmenbedingungen erfordern eine ganzheitlichere Betrachtung logistischer Prozesse. Die zu bewältigende Komplexität innerhalb der Unternehmen und der Wertschöpfungsnetzwerke hat sich dabei deutlich erhöht. Als Reaktion auf die gestiegenen Kundenanforderungen bieten Unternehmen z. B. individuelle und immer spezifischere Produktvarianten auf neuen Verkaufsfeldern an. Diese Erhöhung der Vielfalt führt zu komplexen Produktstrukturen und impliziert aufwändige Herstellungs-, Beschaffungs- und Vertriebsprozesse, auch über die Unternehmensgrenzen hinaus. Distributionssysteme müssen auf Unvorhersehbarkeiten in Bezug auf Variantenvielfalt, Bedarfsschwankungen und Losgrößen schnell und zuverlässig reagieren und sich selbständig anpassen, was mit einer dramatischen Erhöhung der Komplexität verbunden ist.

Genau an der Schnittstelle der Themenfelder Komplexitäts- und Supply Chain Management positioniert sich die Arbeit von Thorsten Lammers. Mit einem besonderen Fokus auf die Distribution, die durch ihre Eigenschaft als Systemgrenze zwischen Unternehmen und Kunden eine hohe Komplexitätsrelevanz besitzt, beschäftigt er sich mit der Konzeption eines Komplexitätsmanagementansatzes für das Supply Chain Management. Dabei verfolgt Herr Lammers zum einen das Ziel, die Komplexität des untersuchten Systems transparent darzustellen und liefert zum anderen ein Vorgehen zur Ableitung geeigneter Handlungsempfehlungen zur Bewältigung der Komplexität in verschiedenen Bereichen der Distribution.

Mit der vorliegenden Arbeit nimmt sich Herr Lammers einer per Definition hochkomplexen Thematik an und demonstriert, wie sich durch die Kombination von sorgfältiger Literaturanalyse mit einem strukturierten Kontakt zur Managementpraxis in Form von Experteninterviews und Fallstudien sowie kreativer konzeptioneller Arbeit ein erfolgsversprechender und praxisnaher Beitrag zur Komplexitätsforschung im Distributionsmanagement leisten lässt. Die vermittelten Inhalte tragen somit gleichermaßen zu einem Erkenntnisgewinn für Wissenschaftler und Praktiker bei.

Hamburg, im September 2012

Prof. Dr. Dr. h. c. Wolfgang Kersten

Vorwort

Die vorliegende Arbeit entstand während meiner Zeit als wissenschaftlicher Mitarbeiter am Institut für Logistik und Unternehmensführung der Technischen Universität Hamburg-Harburg. Mit dem Thema Komplexität hatte ich im Rahmen von Forschungsprojekten, Kontakten zur Industrie und dem Besuch von wissenschaftlichen Konferenzen zu tun. Vor dem Hintergrund meiner grundsätzlichen Affinität zu komplexen Problemstellungen, die wohl durch mein vorhergehendes Physikstudium noch verstärkt wurde, entstand so die Idee, im Rahmen dieser Dissertation das Management der Distribution aus einer Komplexitätsperspektive heraus zu betrachten.

Die Vollendung einer solchen wissenschaftlichen Arbeit ist nur mit der Unterstützung zahlreicher Personen aus dem Kollegen- und Familienkreis möglich, bei denen ich mich an dieser Stelle herzlich bedanken möchte.

Ein besonderer Dank gilt hierbei meinem Doktorvater Herrn Prof. Dr. Dr. h. c. Wolfgang Kersten nicht nur für die Betreuung meines Dissertationsvorhabens, sondern auch für das Ermöglichen einer außerordentlich spannenden, lehrreichen und vor allem schönen Zeit als Mitarbeiter an seinem Lehrstuhl, an die ich immer gerne zurückdenken werde. Sein Vertrauen im Zusammenhang mit meiner Arbeit in Forschung und Lehre hat sehr zu meiner fachlichen und persönlichen Weiterentwicklung beigetragen. Für die Übernahme des Koreferats bzw. des Vorsitzes des Prüfungsausschusses bedanke ich mich herzlich bei Frau Prof. Dr.-Ing. Heike Flämig und Herrn Prof. Dr.-Ing. Carlos Jahn.

Meine besondere Wertschätzung möchte ich meinem Kollegen Henning Skirde aussprechen, der mit seiner Diskussionsbereitschaft im Rahmen von Projekten und Dissertation einen entscheidenden Erfolgsbeitrag geleistet hat. Bei Sebastian Brockhaus, Henning Schöpper, Frederike Dechow, Robert Redepennig und Carlo Sapp bedanke ich mich außerdem für die Unterstützung beim Entstehen und bei der Korrektur der Arbeit. Allen anderen Kollegen danke ich für die wundervolle Arbeitsatmosphäre am Institut.

Das persönlichste Dankeschön geht an meine Eltern Gudrun und Bernd Lammers und an meine Schwester Imke Lammers für Ihre uneingeschränkte Unterstützung in jeder Lebensphase, ihr Vertrauen in meine Fähigkeit zur Komplexitätsbewältigung und für das Immerdasein.

Hamburg, im September 2012

Thorsten Lammers

Übersicht

Inhaltsverzeichnis

Abbildungsverzeichnis

Tabellenverzeichnis

Abkürzungsverzeichnis

ABC	Activity Based Costing
APS	Advanced Planning Systeme
ARIZ	Algorithmus zur Lösung erfinderischer Aufgaben
AS	Arbeitsschritt
AAZ	Auftragsabwicklungszentrum
BSC	Balanced Scorecard
BPR	Business Process Reengineering
DS	Distributionssystem
ECR	Efficient Consumer Response
EDI	Elektronischer Datenaustausch
ERP	Enterprise Resource Planning
EUL	Efficient Unit Load
HE	Handlungsempfehlung
i.e.S.	im engeren Sinne
KAM	Key Account Management
KGaA	Kommanditgesellschaft auf Aktien
LLP	Lead Logistics Provider
Mgmt.	Management
OR	Ordnungsrahmen
PPS	Produktionsplanungs- und Steuerung
PV	Paarweiser Vergleich
RFID	Radio Frequency Identification
SCEM	Supply Chain Event Management
SC Eng.	Supply Chain Engineering
SC Mon.	Supply Chain Monitoring
TQM	Total Quality Management
TUL	Transport, Umschlag, Lagerung
VMI	Vendor Managed Inventory
VR	Vektorraum

1 Einleitung

1.1 Ausgangssituation

Im Anschluss an eine in der Vergangenheit übliche Fokussierung auf Optimierungsbemühungen im Bereich der Produktion fand in den letzten Jahrzehnten eine Entwicklung statt, die die Distributionslogistik als zentrale Managementfunktion stärker in den Mittelpunkt rückte (vgl. Vastag 2008, S. 405). Neben der Internationalisierung der Märkte und der verstärkten Suche nach internen Kosteneinsparpotenzialen ist hierfür auch das Verständnis der Logistik als System verantwortlich (vgl. Rushton, Croucher & Baker 2010, S. 3). Die Systemperspektive ermöglicht ein ganzheitliches Management der Logistik über eine Berücksichtigung von Interaktionen und Verbindungen zwischen den Teilelementen und spielt aus diesem Grund eine zentrale Rolle in der aktuellen Logistikforschung.

Der Systembegriff findet sich in vielen verschiedenen Bereichen der Wissenschaft und des alltäglichen Lebens. So werden in der Physik von der Planetenbewegung bis hin zu den Bewegungszuständen von Molekülen in Gasen Phänomene jeder Größenordnung als Systeme beschrieben. Viele Gemeinsamkeiten gibt es zu der Beschreibung lebender Systeme in der Biologie, die zum Beispiel Stoff und Energieaustausch (den Metabolismus) sowie die Blutzirkulation im menschlichen Körper als Systeme beschreibt (vgl. Mainzer 1999). Auch außerhalb der Naturwissenschaft wird der Systembegriff als Beschreibungsansatz herangezogen. Während die Auffassung des menschlichen Gehirns als nichtlinear dynamisches System zu neuen Erklärungsansätzen in der Psychologie (zum Beispiel für psychische Störungen) führt, können sogar kulturgeschichtliche Aspekte wie die Entwicklung der menschlichen Gesellschaft als System aufgefasst werden (vgl. Emrich, Leweke & Schneider 1999; Weidlich 1999).

Systeme bestehen aus Elementen und Beziehungen zwischen diesen Elementen. Die Existenz dieser Beziehungen ist der Grund dafür, dass Probleme des Systems auf Elementebene nicht unabhängig voneinander lösbar sind (vgl. Hanssmann 1993, S. 9). Jedes System besitzt dabei einen gewissen, auf dessen Struktur und Dynamik basierenden, Komplexitätsgrad. Als grundlegende Eigenschaft von Systemen beschreibt der Begriff der Komplexität dabei die Tatsache, dass das Gesamtverhalten des Systems nicht vollständig durch Kenntnis des Verhaltens der Systemkomponenten sowie derer Wechselwirkungen untereinander beschreibbar ist. Die Komplexität selber ist hierbei jedoch ein schwer greifbarer Begriff, der je nach Betrachtungsperspektive auf unterschiedliche Weise definiert wird (vgl. Érdi 2007, S. 5 ff.). Ebenso unterschiedlich und vielfältig fallen die existierenden Methoden zur Beurteilung des Maßes der Komplexität und deren Auswirkungen aus. Der Komplexitätsgrad eines operativen Systems hat Einfluss auf Effizienz und Effektivität dieses Systems. Eine Optimierung des Komplexitätsgrades steht also in direktem Zusammenhang mit einer Verbesserung der Leistungsfähigkeit des Systems (vgl. Perona & Miragliotta 2004, S. 110 f.).

In der Literatur herrscht weitgehend Übereinstimmung, dass es für den Komplexitätsgrad eines Systems ein unter Effizienzgesichtspunkten bestes Niveau gibt. Hierbei muss es sich nicht zwangsläufig um ein Komplexitätsminimum handeln. Vielmehr wird für einen bestimmten Zeitpunkt nach einem, der Leistungsfähigkeit eines Systems förderlichen Komplexitätsoptimum gesucht (vgl. Kirchhof 2003, S. 65; Köster 1998, S. 221; Malik 2008, S. 191). Die Messung der Komplexität, welche in dieser Arbeit als strukturbeschreibende Eigenschaft von Systemen aufgefasst wird, stellt selber ein komplexes Unterfangen dar. Der Komplexitätsgrad eines Systems steht allgemein im Zusammenhang mit der Anzahl und der Unterschiedlichkeit der Elemente (Varietät) und Beziehungen (Konnektivität) des Systems (vgl. Luhmann 1980; Patzak 1982). Darüber hinaus kann auch mit der Dynamik die zeitliche Veränderung der eben genannten Größen als eigenständiger Messparameter den komplexitätsbestimmenden Systemeigenschaften hinzugefügt werden (vgl. Bronner 1992).

Im betriebswirtschaftlichen Kontext sorgen der Wettbewerb in der globalisierten Welt sowie immer differenziertere Kundenwünsche für einen Zielkonflikt der Unternehmung, der sich zwischen externem Kostendruck und gleichzeitig verlangter Produktindividualisierung und Verkürzung der Produktlebenszyklen ergibt. Diesem Konflikt kann durch unterschiedliche Ansätze des Komplexitätsmanagements wie etwa der Modularisierung entgegnet werden (vgl. Koppenhagen 2004, S. 2).

Komplexe Architekturen von Netzwerken mit Ihren Elementen und deren Interaktionsmöglichkeiten sind laut FUHSE (2009, S. 74) ohne den Systembegriff nur schwer zu beherrschen. Auch logistische Netzwerke lassen sich als Systeme begreifen, welche sich kontinuierlich verändern und anpassen müssen, um auf durch externe Fluktuationen induzierte Veränderungen reagieren zu können. Hierbei spielen neben der Komplexität auch die Systemeigenschaften Flexibilität, Robustheit und Determiniertheit eine entscheidende Rolle. Eine isolierte Betrachtung einzelner systeminterner Funktionen, wie sie vermehrt anzutreffen ist, vernachlässigt jedoch Effekte, die durch die vorhandenen Wechselwirkungen sowohl innerhalb des Systems, als auch in Bezug auf angrenzende Systeme entstehen (vgl. Filz, Fuhrmann & Giehl 1998).

Logistische Netzwerke ziehen sich von der Beschaffung über die Produktion bis hin zur Distribution durch die komplette Wertschöpfungskette und sind daher auf vielen Ebenen von Komplexitätsauswirkungen betroffen. Komplexität in logistischen Netzwerken ist ein dauerhaft bestehendes Problem, das durch anhaltende Trends wie die verstärkte Berücksichtigung von Kundenwünschen sowie durch jüngere Trends wie e-business fortwährend von hoher

Relevanz ist (vgl. Baumgarten, Darkow & Walter 2000; Kersten & Meyer 2005). Für das Distributionssystem, als wertstromabwärts gerichteter Teil der Supply Chain, können sich viele Variablen und Marktmechanismen als direkte Komplexitätstreiber auswirken. Hierzu zählen unter anderem die stetig steigende Produktvielfalt sowie Fluktuationen bei der Nachfrage und den Losgrößen. Die immer stärker werdende Verflechtung von internationalen Standorten führt zu einer steigenden Bedeutung von Komplexitätseffekten in der Distribution, da eine steigende Anzahl von Schnittstellen oft für das Entstehen von Reibungsverlusten verantwortlich ist (vgl. Butz u. a. 2010, S. 21). Distributionssysteme werden im heutigen Wettbewerbsumfeld mit einer Unvorhersehbarkeit hinsichtlich Variantenvielfalt, Bedarfsschwankungen und Losgrößen der Transporteinheiten konfrontiert, die eine souveräne Reaktion erfordern. Eine steigende Anzahl von Marketingkanälen kann ebenso zu einem Komplexitätsanstieg in der Distribution führen, der sich negativ auf die Wirtschaftlichkeit der Supply Chain auswirkt (vgl. Wirtz 2008, S. 77). Im Hinblick auf die Gesamtheit der in den Material- und Informationsfluss zwischen Unternehmen und Kunden involvierten Elemente, lässt sich darüber hinaus davon ausgehen, dass Distributionssysteme eine besonders hohe Sensibilität in Bezug auf Komplexität aufweisen (vgl. Rall u. a. 2006).

Die Distribution wird dabei als ein spezielles logistisches System verstanden, dessen Management die Gesamtheit aller Maßnahmen umfasst, die notwendig sind, um den Warenfluss vom Punkt der Fertigstellung im Unternehmen (Produktion) bis zum Kunden vorbereiten und durchführen zu können (vgl. Heidenblut & ten Hompel 2008, S. 60; Specht & Fritz 2005, S. 115). Für die Wirtschaftlichkeit eines Unternehmens stellt die Distribution einen Schlüsselbereich dar, da sowohl die Supply Chain-Kosten, als auch die Kundenzufriedenheit direkt von ihr abhängen (vgl. Chopra & Meindl 2010, S. 75). Bei logistischen Systemen müssen Probleme von einem holistischen Standpunkt aus bearbeitet werden. Die Alternative, ein reduktionistischer Ansatz, kann nur bei nicht komplexen Systemen helfen, die im Feld der Distributionslogistik heutzutage keine Rolle mehr spielen.

Wie in allen Bereichen aktueller Forschung werden auch in den Wirtschaftswissenschaften unterschiedliche Methoden und Herangehensweisen zur Handhabung komplexer Systeme mit dem allgemeinen Begriff „Management" beschrieben (vgl. Ludwig 2001, S. 10; Schlange 1994, S. 5). Es werden Treiber für Komplexität in Unternehmen identifiziert sowie vielseitige Ansätze zur Messung und Bewertung von Komplexität entwickelt. Neuere Ansätze bringen bereits konkret das Systemdenken mit der Logistik in Verbindung. So beschäftigen sich Choi, Dooley & Rungtusanatham (2001) sowie Wycisk u. a. (2008) mit der Beschreibung von Supply Netzwerken als komplexe adaptive Systeme und nehmen damit Bezug auf Gell-Manns (1995a) interdisziplinäre Überlegungen zur Emergenz der Komplexität in der heutigen Welt. Einen noch konkreteren Beitrag leisten Vachon & Klassen (2002), die einen Effekt der Kompliziertheit von Produkt und Prozess auf die Auslieferungsleistung einer Unternehmung nachweisen konnten. Im Teilbereich der Produktion konnte KOPPENHAGEN (2004) mit der Methode des Modular Engineering ein Vorgehen zur komplexitätsvermeidenden Gestaltung modularer Produktarchitekturen in frühen Phasen der Produktentwicklung entwickeln und einen Aufteilungsvorgang einzelner Komponenten komplexer Produkte auf Module strukturieren und objektivieren. Anschließend konnte KOEPPEN (2008) diesen Ansatz durch die Berücksichtigung eines breiteren Feldes von Modultreibern entscheidend weiterentwickeln.

Im Bereich der Logistik wurden in vergangenen Arbeiten bereits die Auswirkungen der Systemkomplexität untersucht. BLECKER, KERSTEN & MEYER (2005) entwickeln einen allgemeinen Ansatz zur Analyse von Komplexität in Wertschöpfungsnetzwerken, während KERSTEN & MEYER (2005) sich mit der Integration des Komplexitätsmanagements in den Bereich des Logistikmanagements beschäftigen. Die strategische Dimension konnte hierbei von MEYER (2007) abgedeckt werden, der einen Ansatz zur ganzheitlichen Betrachtung des Komplexitätsmanagement für die Logistik liefert und diesen organisatorisch im Logistikmanagement verankert. In dem von GEIMER (2005, S. 42) vorgeschlagenen Vorgehen zum Management von Komplexität in globalen Supply Chains wird bereits die Optimierung des Distributionsnetzwerkes als potenzielle Maßnahme identifiziert.

Ein Ansatz, der im Speziellen auf Komplexitätswirkungen im Bereich der Distribution eingeht und damit auf die spezifischen Belange der Distributionslogistik zugeschnitten ist, wurde bis jetzt jedoch noch nicht entwickelt. Eine detailliertere Betrachtung von Komplexitätsursachen innerhalb des Distributionsnetzes wurde ebenso noch nicht abschließend durchgeführt. Mit der auf umfassenden Recherchen von Maßnahmen zur Komplexitätsbewertung basierenden Entwicklung eines Ansatzes zur Messung und Darstellung von Komplexität im Bereich der Distribution leistet diese Arbeit einen Beitrag zur Vervollständigung der komplexitätsbezogenen Analyse logistischer Systeme.

1.2 Zielsetzung und Forschungsansatz

Die Hauptzielsetzung dieser Arbeit besteht in der Entwicklung einer Methodik zur Handhabung von Komplexität in Distributionssystemen. Der zu entwickelnde Ansatz zur Komplexitätsmessung soll dabei, unter Berücksichtigung distributionsspezifischer Anforderungen, eine Möglichkeit zur Konzentration auf komplexitätskritische Teilbereiche der Distribution enthalten und eine Ableitung von wirtschaftlich sinnvollen Handlungsempfehlungen ermöglichen.

Im Rahmen dieser Arbeit wird Komplexität als Systemeigenschaft und die Distribution als logistisches System aufgefasst. Der gewählte systemtheoretische Ansatz erlaubt dementsprechend die Analyse von Distributionsaktivitäten im Hinblick auf deren Komplexität. Des Weiteren wird durch diesen Ansatz ein möglichst hohes Maß an Übertragbarkeit der distributionsspezifischen Ergebnisse auf andere Systeme gewährleistet.

Zur Bearbeitung der Problemstellung wird an existierende Vorarbeiten zur Komplexitätsbewertung in verschiedenen Bereichen der Wissenschaft angeknüpft und eine Fokussierung der Perspektive auf spezielle Systemeigenschaften der Distribution vorgenommen. Neben der distributionsspezifischen inhaltlichen Ausrichtung soll insbesondere im Bereich der Ergebnisdarstellung ein Weg zur Visualisierung des Komplexitätsmaßes gefunden werden, der über bisherige Ansätze hinausgeht.

Auf methodischer Ebene wird eine Übersicht über den Stand der Forschung mit Hilfe einer ausführlichen Literaturanalyse erarbeitet. Der aktuelle Stand der Praxis wird über eine qualitative Inhaltsanalyse auf Basis von Expertengesprächen untersucht. Im Rahmen der Konzeptentwicklung wird mit Hilfe von Workshops und Detailbefragungen der Praxisbezug gewährleistet. Abschließend werden die Validität und die Praktikabilität der entwickelten Methodik anhand von mehreren Fallstudien praktisch evaluiert.

Aus der Hauptzielsetzung ergeben sich die im Laufe der Arbeit zu erreichenden Teilziele (s. Tabelle 1):

	Erarbeitung...
Erstes Teilziel	...von Anforderungen an ein Komplexitätsmanagement in der Distribution
Zweites Teilziel	...einer Übersicht der distributionsrelevanten Komplexitätstreiber
Drittes Teilziel	...eines Ordnungsrahmens zur Allokation von Komplexitätstreibern
Viertes Teilziel	...einer Messgröße für Komplexität in Distributionssystemen
Fünftes Teilziel	...eines Referenzmodells zur Ableitung von Handlungsempfehlungen
Sechstes Teilziel	...eines Maßnahmenkataloges

Tabelle 1: Teilziele der Arbeit

Ein fundiertes Komplexitätsmanagement setzt die Möglichkeit einer Komplexitätsbewertung voraus. Umgekehrt soll eine Methodik zur Komplexitätsbewertung den Anforderungen an anschließende Optimierungsansätze Rechnung tragen. Der praxisgestützten Erarbeitung von Anforderungen an ein Komplexitätsmanagement wird daher im **ersten Teilziel** nachgegangen.

Das **zweite Teilziel** beinhaltet die Identifikation von Komplexitätstreibern, die insbesondere einen Einfluss auf die Komplexität der Distribution haben und die strukturierte Aufbereitung und Darstellung dieser Treiber.

Die Zuordnung der Komplexitätstreiber zu unterschiedlichen, im **dritten Teilziel** zu bestimmenden, organisatorischen Ebenen des Distributionssystems liefert damit die Grundlage für das Erstellen einer zur Komplexitätsmessung benötigten Ordnungsstruktur.

Mit der Erarbeitung eines Ansatzes zur Komplexitätsmessung und -darstellung wird im **vierten Teilziel** ein Beitrag zum anwenderfreundlichen Komplexitätsmanagement in Distributionssystemen erbracht. Hierbei besteht der Anspruch, die Vollständigkeit der erfassten Daten und die Handhabbarkeit im praktischen Rahmen in ein für Unternehmen sinnvolles Verhältnis zu setzen.

Zur strukturierten Ableitung von Handlungsempfehlungen aus der Komplexitätsbewertung des Distributionssystems werden Kategorien erstellt, die eine sinnvolle Gliederung distributionsrelevanter Komplexitätstreiber auf der einen und Empfehlungen zu methodisch gestütztem Handeln auf der anderen Seite ermöglichen. Die Zusammenfassung dieser Kategorien zu einem Referenzmodell stellt das **fünfte Teilziel** der Arbeit dar.

Im **sechsten Teilziel** wird der hierfür notwendige Katalog relevanter Managementmaßnahmen erstellt.

1.3 Aufbau der Arbeit

Die vorliegende Arbeit gliedert sich, wie in Abbildung 1 dargestellt, in acht Kapitel.

Im Anschluss an die Einleitung werden in **Kapitel zwei** die für diese Arbeit grundlegenden Definitionen erarbeitet. Beginnend mit dem Systembegriff werden die Komplexität und die Distribution als zentrale Betrachtungselemente erläutert. Durch die Einordnung der Komplexität als Systemeigenschaft und der Distribution als ein spezielles System wird der logische Zusammenhang zwischen den Begriffen identifiziert.

In **Kapitel drei** wird der Stand der Forschung bezüglich des Managements von Komplexität in Distributionssystemen vorgestellt. Hierzu soll die Größe der Schnittmenge von bisher existierenden Managementverfahren in Bezug auf deren Distributionsfokus und Komplexitätsbezug definiert werden.

Kapitel vier liefert einen Überblick über den Stand der Praxis bezogen auf die Handhabung von Komplexität in der Distribution. An dieser Stelle lässt sich ein Handlungsbedarf in Form eines Anforderungsprofils aus der Befragung von Experten ableiten. Außerdem ergibt sich über die Identifikation wichtiger Stellhebel, Erfolgsindikatoren und bereits verwendeter Managementkonzepte ein praxisbezogener Input für die folgende Entwicklung der Methodik.

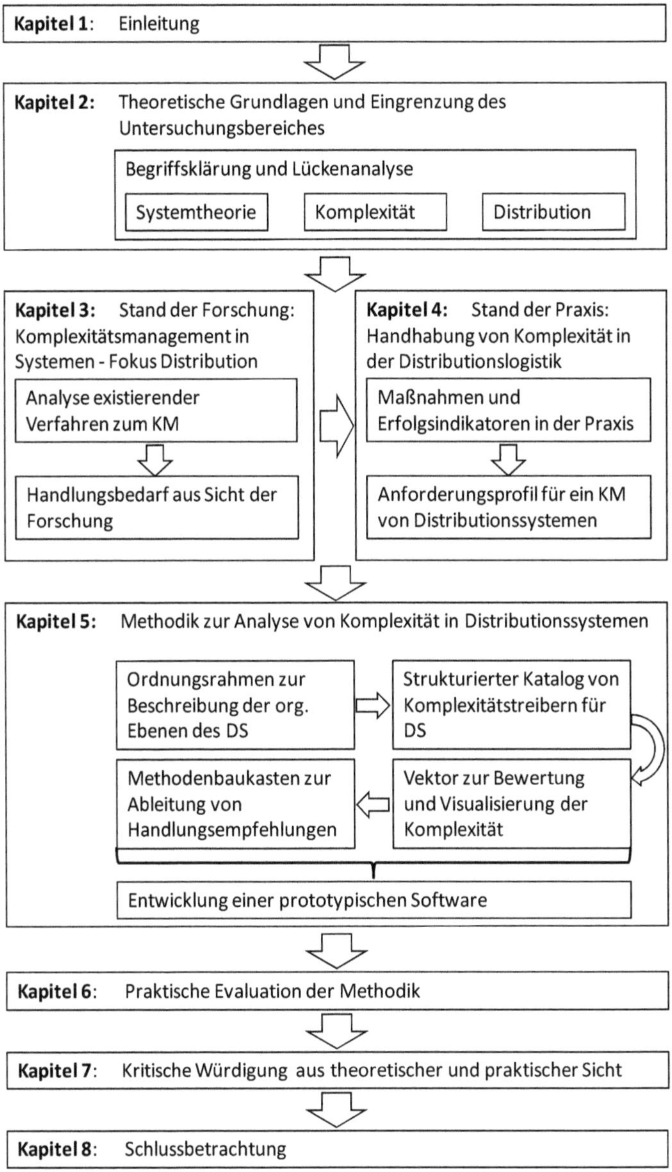

Abbildung 1: Aufbau und Ablauf der Arbeit
(eigene Darstellung)

Auf Basis der vorangegangenen Teilergebnisse wird in **Kapitel fünf** eine Methodik zur Messung und Bewertung von Komplexität in Distributionssystemen entwickelt. Hierzu werden ein Ordnungsrahmen zur Differenzierung verschiedener Bereiche des Distributionssystems und ein strukturierter Katalog von distributionsspezifischen Komplexitätstreibern als Grundlage für die Bewertung erstellt. Zuletzt wird die Umsetzung der entwickelten Vorgehensweise in einen Excel-basierten Softwaredemonstrator erläutert. Das erstellte Tool vereinfacht die Durchführung der Methodik im Unternehmenskontext über einen automatisierten Ablauf von Abfragen und entsprechende Auswertungen.

Kapitel sechs beschreibt die projekthafte Umsetzung der entwickelten Methodik im Unternehmenskontext. Anhand mehrerer Fallstudien werden die Ergebnisse der Methodenanwendung dargestellt und in Interviews mit den Unternehmensvertretern im Hinblick auf Ihre Funktionalität und Validität untersucht.

In **Kapitel sieben** werden die Ergebnisse der Konzeptentwicklung und -anwendung interpretiert und in Bezug auf ihre Implikationen für Theorie und Praxis diskutiert.

Kapitel acht beschließt die Arbeit mit einer Zusammenfassung sowie einer Diskussion der Limitationen und einem Ausblick auf weiterführende Forschungen.

2 Theoretische Grundlagen und Eingrenzung des Untersuchungsbereiches

Im folgenden Kapitel werden die zum Verständnis der Arbeit erforderlichen Grundlagen in den Bereichen der Systemtheorie, des Komplexitäts- sowie des Distributionsmanagements erarbeitet. In diesem Rahmen sollen die für die Arbeit relevanten Begriffe definitorisch abgegrenzt und ein Ausgangspunkt zur fokussierten Analyse des Untersuchungsgegenstandes in den nachfolgenden Abschnitten geschaffen werden.

2.1 Einführung in die Systemtheorie

Die systemtheoretische Sichtweise liegt dieser Arbeit als Forschungsansatz zugrunde. Die Systemtheorie übernimmt eine Brückenfunktion bei der inhaltlichen Verknüpfung der Themenfelder Komplexität und Distribution. Durch eine kurze Zusammenfassung der Entwicklung des Systembegriffs unter spezieller Berücksichtigung der Auswirkungen auf das Forschungsgebiet der Wirtschaftswissenschaften wird ein Einstieg in die Thematik erreicht. Im Anschluss werden mit wichtigen Systemarten auf der einen und den gebräuchlichsten Systemeigenschaften auf der anderen Seite die über den Systembegriff integrierten Teilaspekte dargestellt, durch die eine Einordnung der zu untersuchenden Gebiete Distribution und Komplexität erfolgen kann.

2.1.1 Zur Entwicklung des Systembegriffes in der wirtschaftswissenschaftlichen Forschung

Traditionell wurde in der Wissenschaft versucht, komplexe Realitäten in einfacher, universeller und zeitloser Form abzubilden. Die sogenannte und vor allem durch Newton im 17. und 18. Jahrhundert geprägte „naturwissenschaftliche Methode“ fand sogar Anwendung in der Philosophie in Form eines Bestrebens nach Allgemeingültigkeit, Bestimmtheit und Einfachheit (vgl. Mitchell 2008, S. 19 ff.).

Eine wesentliche Aufgabe der betriebswirtschaftlichen Forschung liegt darin, Erklärungsansätze für das Entscheidungsumfeld des Managements zu liefern. Hierzu kann es nützlich sein, die zu untersuchenden Vorgänge aus einem neuen Blickwinkel oder vor dem Hintergrund unterschiedlicher wissenschaftlicher Ansätze, wie der System- oder Komplexitätsforschung zu betrachten (vgl. Fawcett & Waller 2011, S. 2 f.).

Das Wort System leitet sich vom Griechischen *sýstema* ab und bedeutet „das Zusammengesetzte“ oder „das Gebilde“. Gemeint ist hiermit ein aus mehreren Teilen zusammengesetztes Gebilde, das als Ganzes wahrgenommen werden kann (vgl. von der Stein 1968, S. 2 f.).

Ein System „besteht aus einer Systemgrenze, einem Systemkern, Systemelementen, dem Zusammenwirken dieser Elemente sowie aus Energie oder Signalen“ (Sedlacek 2010, S. 17). Dabei umfasst ein System eine bestimmte Anzahl von Elementen, „die in einem abgegrenzten oder abgrenzbaren Bereich so zusammenwirken, dass dabei ein vollständiges, sinnvolles, zweck- und zielgerichtetes Zusammenwirken in einem funktionellen Sinne erzielbar wird“ (Sedlacek 2010, S. 18). Da ein System als Ganzes kraft der Interaktionen seiner Teile funktioniert, muss eine Definition nicht nur die Systemelemente, sondern auch die Beziehungen zwischen diesen Elementen mit einbeziehen (vgl. Érdi 2007, S. 35). Die Grenze zwischen einem System und seiner Umwelt kann dabei identifiziert werden über das Wirken eigener Gesetze für die Interaktionsprozesse zwischen Systemelementen, das nicht nur in der Systemanalyse, sondern im System selbst verankert sein muss (vgl. Fuhse 2009, S. 69; Luhmann 1994, S. 30 ff.).

Als Ausgangspunkt einer ersten Benutzung des Systembegriffs im wirtschaftlichen Kontext kann Smith genannt werden (vgl. Kade 1968, S. 105 ff.). In seinem 1776 erstmals erschienenen Hauptwerk „An Inquiry into the Nature and Causes of the Wealth of Nations“ beschäftigt sich Smith (1924) mit der Zeitabhängigkeit innerhalb des (sozialen) Systems und der Stabilität als zentrale Systemeigenschaft. Er erkennt, dass ein System aus einer Anzahl von durch Individuen getroffenen Entscheidungen besteht und weitestgehend keiner zentralen, autoritären Lenkung bedarf (vgl. Tsoulfidis 2009, S. 23). Bei Smith wird der wirtschaftliche Systembegriff, wie oben dargestellt, zwar erstmalig erwähnt, hat aber noch nicht ganz den Charakter eines Aussagensystems und bezieht sich auf gesamtökonomische Zusammenhänge. Der Wandel hin zu einem konstitutiven methodischen Prinzip wurde erst einige Jahrhunderte später vollzogen.

Im Rahmen der Managementwissenschaften geht die Verwendung eines moderneren Systembegriffes insbesondere auf von Bertalanffy (1950; 1968), Wiener (1965) und Ulrich (1968) zurück.

Auf Basis seiner Arbeiten mit biologischen Systemen schlägt von Bertalanffy eine allgemeine Systemtheorie vor, deren Anwendung auch für soziale Systeme und Organisationen die Möglichkeit eröffnet, alternative Lösungen abzuwägen und kosteneffizientes Handeln zu begünstigen. Er erkennt in diesem Zusammenhang Prinzipen wie Selbstregulierung und Komplexität als allgemeine Eigenschaften von Systemen, die in verschiedenen Wissenschaftsbereichen formulierbar sind (von Bertalanffy 1968, S. 34).

Bei seinen Arbeiten im Feld der Ingenieurs- und Naturwissenschaften beschreibt Wiener das von ihm als Kybernetik bezeichnete Prinzip der Lenkung und Steuerung von Systemen mit Hilfe von Reglern, das aufgrund seiner breiten Gültigkeit auch Anwendung im Management sozialer Systeme der Betriebswirtschaft gefunden hat (vgl. Zielowski 2006, S. 25). Eine weitere, bereits bekannte mögliche Eigenschaft von Systemen, die Autoregulation (exemplarisch ist das Homöostaseprinzip in der Biologie), wurde im Folgenden durch das von WIENER begründete Feld der Kybernetik auf das Systemkonzept übertragen (vgl. Kade 1968, S. 113). Die Idee der Kybernetik ist es, die Prinzipien der Autoregulation und Steuerung, mit Hilfe von Analogieschlüssen von z. B. Lebewesen auf andere Systeme zu übertragen.

Für die Anwendung systemtheoretischen Denkens auf das Management im Unternehmenskontext leistet ULRICH einen weiteren entscheidenden Beitrag. In Anlehnung an den von WIENER eingeführten Begriff der Kybernetik beschreibt ULRICH Unternehmen als produktive und soziale Systeme, die durch Steuerung und Lenkung geführt werden können. Eine solche Darstellung der Unternehmung lässt die ihm innewohnende Regelungsproblematik schnell erkennen und verdeutlicht darüber hinaus die Notwendigkeit, die Unternehmung als offenes, von Umwelteinflüssen abhängiges Gefüge wahrzunehmen (vgl. Schanz 2004, S. 120 ff.; Ulrich 1968, S. 153 ff.).

Als zentrale Merkmale des Unternehmens als System fasst THODE (2003, S. 16 ff.) Offenheit, Dynamik, Komplexität, Zweck- und Zielorientierung, Determiniertheit und die soziotechnische Ausprägung zusammen, auf die im weiteren Verlauf dieser Arbeit noch konkreter Bezug genommen wird.

Grundsätzlich bleibt festzuhalten, dass die Systemtheorie im konkreten Rahmen der Betriebswirtschaft und auch im Allgemeinen ihre Berechtigung insbesondere durch die Tatsache erlangt, dass durch sie die Formulierung eines interdisziplinären Bezugsrahmens ermöglicht wird. Auf diese Weise können unterschiedliche Konzepte verschiedener Wissenschaftsbereiche einfacher formalisiert und verglichen werden. Eine Füllung der abstrakt gehaltenen Terminologie mit fachspezifischem Inhalt ist jedoch in jedem Falle notwendig (vgl. Schanz 2004, S. 126; Ulrich 1988, S. 181).

2.1.2 Abgrenzung der Begriffe System und Netzwerk

Das Vorgehen der vorliegenden Arbeit erfordert die Zusammenführung der Begriffe Komplexität und Distribution, wobei die Komplexität als Systemeigenschaft und die Distribution oft als Netzwerk charakterisiert werden. Die Möglichkeit einer begrifflichen Zusammenführung ergibt sich nicht unmittelbar. Zur Gewährleistung einer systemtheoretischen Fundierung des zu entwickelnden Vorgehens soll daher eine klare Abgrenzung der beiden Begriffe System und Netzwerk für die zu bearbeitende Problematik und damit zu einer Klarifizierung der verwendeten Begrifflichkeiten beitragen.

Aufgrund des weiten Bedeutungshorizontes sind höchst unterschiedliche Antworten auf die Frage möglich, in welcher Relation der Netzwerkbegriff zum Systembegriff steht. Von der synonymen Verwendung der Begriffe, über die Definition des Netzwerkes als spezieller Systemtypus bis hin zur Interpretation des Netzwerks als Inter-System-Beziehung in den Zwischenräumen der Systeme reicht das definitorische Spektrum (vgl. Holzer 2008, S. 156). Als gemeinsamer Bezugspunkt von Netzwerken und sozialen Systemen wird oft das vor allem aus der Systemtheorie bekannte Stichwort „Komplexität“ angeführt (vgl. Urry 2003, S. 31).

Im Allgemeinen kann die Frage nach der Unterscheidung der Begriffe System und Netzwerk als nicht abschließend geklärt angesehen werden. ADERHOLD (2004, S. 192 ff.) erläutert hierzu, dass durch eine unscharfe Abgrenzung, nicht selten hervorgerufen durch eine unscharfe Formulierung der Begriffe System und Netzwerk selbst, die Gefahr besteht, Veränderungen zu übersehen, die gerade durch die Unterscheidung der beiden Begriffe dargestellt und untersucht werden können. Im betriebswirtschaftlichen Kontext lässt sich dies anhand zwischenbetrieblicher Kooperationen veranschaulichen: eine Kooperation weist Systemeigenschaften auf, ist aber nicht mit einem Netzwerk zu verwechseln. Netzwerke stellen nur eine Möglichkeit dar, Kooperationsbeziehungen auf struktureller Ebene zu realisieren. Ein Mangel an definitorischer Trennschärfe von System und Netzwerk ergibt sich nun aus der Tatsache, dass zwischenbetriebliche Interdependenzen oft als Unternehmensnetzwerke gedeutet werden. Die sich unter anderem hieraus ergebende Forderung nach einer theoretischen Abgrenzung der Begriffe System und Netzwerk muss dabei in der Lage sein, nicht nur das Verhältnis, sondern auch den sozialen Systemkontext und dessen Konstruktionsprinzipien zu erläutern.

Auch im Bereich der Logistik werden die Begriffe bereits auf unterschiedliche Weise in Zusammenhang gebracht. PFOHL (2009, S. 26) interpretiert die Zusammenhänge zwischen Elementen eines logistischen Systems als Input-Output-Beziehungen durch die die Beziehungsstruktur des Netzwerkes hergestellt wird.

Nach BRETZKE (2010, S. 273) ist ein logistisches Netzwerk „[...]ein geordnetes System von geografisch angeordneten, im Hinblick auf ein Leistungsziel komplementären Ressourcenknoten und diese Knoten verbindenden Flüssen („Kanten“), dem die Aufgabe zufällt, in einem Leistungsverbund Quellen (z. B. Produktionsstätten) bedarfsgerecht und wirtschaftlich mit Senken (Abnehmern) zu verbinden.“ Wichtig seien hierbei vor allem die Netzwerkeigenschaften der gesamtheitlichen Gestaltbarkeit und der Beeinflussbarkeit vom Netzbetreiber.

OTTO (2002, S. 246 ff.) beschreibt die Möglichkeit, die hohe Komplexität von Logistiksystemen durch eine Modellierung des Gesamtsystems in mehreren Partialnetzwerken beherrschbar zu machen. Hierbei werden bei ihm die institutionelle Ebene, die Informationsebene und die Prozess- und Ressourcenebene als unterscheidbare Partialnetze genannt, die zusammen das gesamte Logistiknetz bilden.

Logistiknetzwerke können laut SUCKY (2008, S. 934) als „eine durch Abstraktion gewonnene, vereinfachte Abbildung eines realen Logistiksystems" definiert werden. Die in einem Netzwerk definierten Knoten und Pfeile werden dabei im konkreten Fall des Logistiknetzwerkes durch die entsprechenden Teile des durch Abstraktion gewonnen Abbildes der Realität repräsentiert. HÖNSCHEIDT & SUCKY (2007, S. 61) beschränken in diesem Zusammenhang die Darstellbarkeit eines Logistiksystems durch ein Netzwerk auf die physische Ebenen, wohingegen CHOI, DOOLEY & RUNGTUSANATHAM (2001, S. 352) das Wertschöpfungssystem in Subnetzwerke des Material- sowie des Wissensflusses unterteilen.

Einen konkreten Bezug zur Distributionslogistik stellt STIEGLITZ (1999, S. 90 ff.) her, für die ein Distributionssystem durch eine graphentheoretische Darstellung von Systemzusammenhängen als logistisches Netzwerk charakterisiert wird. Innerhalb der Knoten des Netzwerkes werden physische und informatorische Prozesse der Produktion und Lagerhaltung durchgeführt, während die Kanten des Netzwerkes für die notwendigen Transportleistungen und Informationsübertragungen stehen. Die Beschreibbarkeit durch einen Graphen ist auch bei JUNGNICKEL (1994, S. 89) das Unterscheidungsmerkmal zwischen Netzwerk und System.

Im Rahmen der Graphentheorie lassen sich die symmetrischen Beziehungen zwischen Elementen oder Knoten als ungerichtete Graphen bezeichnen. Dabei weist jeder Knoten A die gleiche Beziehung zu Knoten B auf, wie B zu A. In Systemen gibt es jedoch unterschiedliche Verbindungen zwischen den Knoten, denen jeweils eine Richtung und ein Wert zugewiesen werden können, was zu den Begriffen gerichteter bzw. bewerteter Graph führt (vgl. Trappmann, Hummell & Sodeur 2005, S. 5).

Aufgrund der vorhergehenden Ausführungen wird in dieser Arbeit die Auffassung vertreten, dass Systeme eine verlustfreie Beschreibung der Realität geben, und die Systemstruktur in vereinfachter Form zu einem Netzwerk modelliert werden kann. Bei den nicht in die Modellierung einfließenden Aspekten handelt es sich um unbekannte oder nicht modellierbare Faktoren.

Insgesamt ist es also möglich, Systeme als Netzwerke zu modellieren (vgl. Schwegler 1992, S. 33; Ebeling, Freund & Schweitzer 1998, S. 14; Mainzer 2008, S. 28; Pfohl 2009, S. 26). Dabei ist das System die direkte Abbildung der Realität und das Netzwerk „eine auf das jeweilige System bezogene Repräsentation und Reduktion der unüberschaubaren Komplexität der sozialen Umwelt" (Holzer 2008, S. 157).

Je nach Anforderung an das Modell werden deshalb bestimmte Aspekte der Struktur erfasst oder weggelassen. So stimmt das erstellte Netzwerk mehr oder weniger stark mit der realen Systemstruktur überein und je komplexer die Realität ist, desto komplexer müssen auch ihre Abbildungen und Modelle sein (vgl. Mitchell 2008, S. 20 ff.).

Neben dem legitimen oder offiziellen Teil eines Systems wird in der Komplexitätsforschung ein weiteres, durch spontane und informelle Beziehungen, geprägtes System charakterisiert. In diesem Schattensystem entwickeln sich abseits der offiziellen Kommunikationskultur individuelle Normen, die eine präzise Erfassung unmöglich machen (vgl. Stacey 1997, S. 3 ff.). Das Management und die Gestaltung dieses informellen Beziehungsgeflechts stellt hohe Anforderungen an die Verantwortlichen, gilt jedoch, zusammen mit der Erfüllung der Bedürfnisse der Mitarbeiter, als wichtige Voraussetzung zur Erreichung der Ziele der Unternehmung (vgl. Scherm & Pietsch 2008, S. 435).

Hierbei bleibt zu beachten, dass das erarbeitete Verständnis des Netzwerkbegriffs nicht als Widerspruch zu einer anderen, in der Literatur verbreiteten, Auffassung zu verstehen ist, in der unter dem Begriff „Unternehmensnetzwerk" ein Beziehungsgeflecht zwischen kooperierenden Unternehmen verstanden wird. In diesem Zusammenhang wird der Netzwerkbegriff im Vergleich zum Systembegriff als umfassender verstanden, da durch ihn auch der Charakter der Beziehungen hinterfragt wird (vgl. Corsten 2001, S. 2). Diesen Beziehungscharakter beschreibt Sydow (1992, S. 92) als „komplex-reziproke, eher kooperative denn kompetitive und relativ stabile Beziehungen zwischen rechtlich selbständigen, wirtschaftlich jedoch zumeist unabhängigen Unternehmungen."

Letztlich sind diese beiden Definitionsansätze auf unterschiedliche Betrachtungsebenen zurückzuführen. Die Charakterisierung von Netzwerkbeziehungen setzt Bekanntheit und Modellierbarkeit der Beziehungen voraus.

Einen Überblick über das erarbeitete Verständnis des Zusammenhangs der Begriffe System und Netzwerk liefert Abbildung 2, in der auf vertikaler Ebene eine Fokussierung vom allgemeinen Systembegriff hin zum Distributionssystem im Speziellen und auf horizontaler Ebene eine Begriffsunterscheidung auf jeder dieser Ebenen vorgenommen wird, bei denen sich als Differenz jeweils ein Schattensystem und nicht modellierbare Aspekte identifizieren lassen.

Im Hinblick auf die Zielsetzung dieser Arbeit bleibt festzuhalten, dass die vorgenommene Begriffsabgrenzung bei der Ableitung von Handlungsempfehlungen zu berücksichtigen ist. So können im Gegensatz zu netzwerkinternen Aspekten bei Treibern, deren Komplexitätsursachen nicht modellierbar oder Teil des Schattensystems sind, lediglich Maßnahmen zur Handhabung der Komplexitätswirkungen im Netzwerk vorgeschlagen werden.

Für die Verwendung von Netzwerken als Methode zur Abbildung von Systemen gibt es viele Beispiele. So können in der Distribution Produktlieferungen eines Unternehmens als gerichteter Graph mit einer bestimmten Menge dargestellt werden. Umgekehrt sind die Rücksendungen auf Grund von Qualitätsmängeln auch ein gerichteter Graph, jedoch einer oftmals geringeren Menge. Dementsprechend können die Warenströme eines Distributionssystems als Netzwerk modelliert werden. Auch die Informations- und Finanzströme eines Distributionssystems sind in Netzwerken modellierbar.

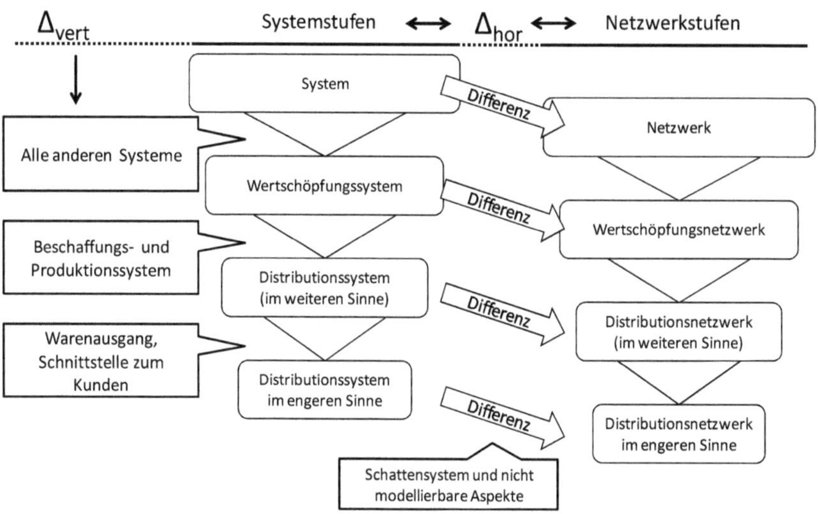

Abbildung 2: Abgrenzung der Begriffe System und Netzwerk im Rahmen dieser Arbeit (eigene Darstellung)

Auf Basis der in diesem Abschnitt erarbeiteten Begriffsabgrenzung ist es im weiteren Verlauf der Untersuchung möglich, die Komplexität als Systemeigenschaft der Distribution als Netzwerk zu diskutieren. Die hierbei vorgenommene Idealisierung der Realität im Sinne der Herstellung einer Modellierbarkeit ist bei der Bewertung der Aussagekraft der zu entwickelnden Methodik zur Komplexitätsmessung und -visualisierung zu berücksichtigen.

2.1.3 Komplexität als Systemeigenschaft

Ein Vergleich der Literatur zeigt, dass der Begriff der Komplexität weder einheitlich verwendet noch definiert wird. Je nach Forschungsziel und -methodik weichen die Interpretationen zum Teil stark voneinander ab (vgl. Rall & Dalhöfer 2004, S. 624; Stacey 1997; Scherf 2003; Kirchhof 2003). Der Begriff Komplexität wird seit einiger Zeit nahezu inflationär verwendet (vgl. Bliss 2000, S. 89). Selbst einfache Systeme, die in ihrem Verhalten nicht deterministischen Regeln folgen, werden als Systeme hoher Komplexität bezeichnet. Diese Verwendung wird der eigentlichen Bedeutung des Begriffs jedoch nur zum Teil gerecht, da Komplexität vielfältige Facetten aufweist (vgl. Kersten & Meyer 2005).

Im alltäglichen Gebrauch wird der Begriff Komplexität häufig mit Eigenschaften wie „Unübersichtlichkeit", „Undurchschaubarkeit", „Verwirrung" oder „Unverständlichkeit" assoziiert (vgl. Malik 2008). Etymologisch leitet sich der Begriff Komplexität aus dem Lateinischen „complexus" ab, was sich mit „umfassend" oder „umschlingend" übersetzen lässt (vgl. Kluge & Seebold 2002, S. 516).

Die grundlegenden Bausteine zur Beschreibung der Komplexität sind nach OESER (1987) die Elemente innerhalb eines Systems sowie die Relationen oder Beziehungen zwischen diesen Elementen. Elemente stellen „die materiellen, personellen oder ideellen Teile eines Systems" dar, während Relationen „die Verbindungen zwischen solchen Systembausteinen" charakterisieren (Bronner 1992, S. 1122). Sowohl bei den Elementen als auch bei den Beziehungen kann zwischen der Art und der Anzahl unterschieden werden. So kann es sich beispielsweise bei Elementen eines logistischen Systems um verschiedene Standorte, Verkehrsmittel und beteiligte Personen handeln, während die zwischen ihnen auftretenden Beziehungen u. a. als Material- oder Informationsfluss gekennzeichnet werden können. Die Begriffe Inhalt, Dichte, Vielfalt und Umfang ergeben somit die vier strukturbildenden Aspekte eines Systems, und bilden eine Definitionsgrundlage der Komplexität (s. Abbildung 3).

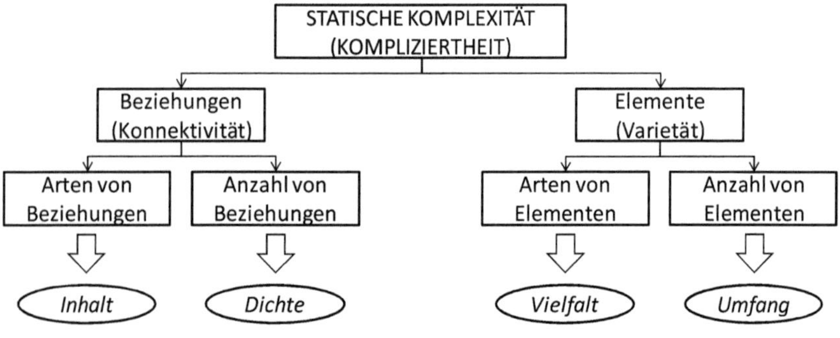

Abbildung 3: Statische Komplexität als definitorische Dimension der Komplexität (in Anlehnung an Budin 1996, S. 10; Meyer 2007, S. 26)

Im Rahmen dieser Arbeit soll der so entstehende Komplexitätsbegriff als statische Komplexität oder Kompliziertheit bezeichnet und wie folgt definiert werden:

> Statische Komplexität wird als eine Systemeigenschaft verstanden, die sich über die Konnektivität und die Varietät eines Systems aus den vier strukturbildenden Aspekten *Inhalt, Dichte, Vielfalt* und *Umfang* bestimmen lässt.

Einen entscheidenden Erweiterungsschritt dieses Definitionsansatzes unternehmen ULRICH & PROBST (1995, S. 61), die der strukturellen Dimension der Komplexität eine dynamische hinzufügen (s. Abbildung 4). Die konkrete Einarbeitung der Zeitdimension als definitorische Komponente eines erweiterten Komplexitätsbegriffs geht dabei zurück auf LUHMANN (1980, S. 1164), der bereits mögliche Auswirkungen einer temporalen Komplexität anspricht.

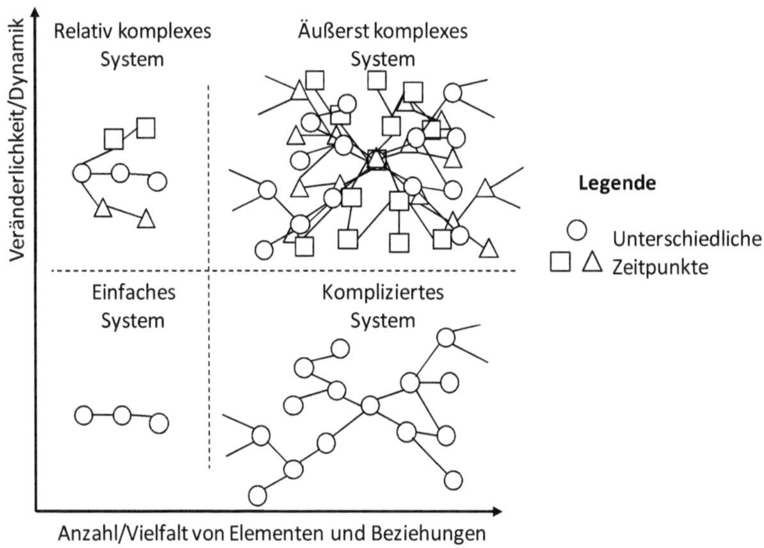

Abbildung 4: Erweiterung des Kompliziertheitsbegriffs zur Komplexität (in Anlehnung an Ulrich & Probst 1995, S. 61)

Die (oft unvorhersehbare) Veränderung der Systemstruktur im Zeitverlauf ist auf die nichtlineare Veränderlichkeit der Elemente und auf deren unterschiedliche Reaktion auf externe Stimulation zurückzuführen und bewirkt eine Störung der Vorhersagbarkeit des Systemverhaltens (vgl. Scherer 1998, S. 104). Insbesondere die intentionale und zweckgerichtete Beeinflussung des Systems durch einen Beobachter kann durch die Zeitvarianz des Systems zu Auswirkungen führen, deren Kausalität sich nicht zwangsläufig aus der Initialkonfiguration des Systems erschließen lässt. Es ist dementsprechend in jedem komplexen System ein gewisses Maß an chaotischen, also nicht deterministischen Verhalten zu finden (vgl. Goodwin 1994, S. 182). Der durch die zeitliche Komponente erweiterte Komplexitätsbegriff soll im Folgenden als dynamische Komplexität bezeichnet werden. MEYER (2007, S. 25) bildet zusammenfassend aus den strukturellen und dynamischen Systemkomponenten einen Komplexitätsbegriff, auf dessen Grundlage die dynamische Komplexität wie folgt definiert werden soll:

> Dynamische Komplexität wird als eine Systemeigenschaft verstanden, die sich aus der statischen Komplexität und deren Veränderung im Zeitablauf bestimmen lässt.

Die Definition der Komplexität eines Systems durch den Systeminhalt kann als Ansatz auf Mikroebene verstanden werden und stellt ein in der Literatur weit verbreitetes Vorgehen zur Abgrenzung des Komplexitätsbegriffes dar. Neben den hier beispielhaft genannten Quellen zeigt sich u. a. auch in den Arbeiten von BAUMANN (2008, S. 11) und PRIGOGINE (1988, S. 161) ein solches, auf dem Verhalten der Elemente basierendes, Komplexitätsverständnis.

Demgegenüber steht der Ansatz, die Komplexität auf Systemebene als Ganzes zu erfassen. Bemühungen hierzu gehen im Wesentlichen auf den durch SHANNON & WEAVER (1949) geprägten Begriff der Informationsentropie zurück (s. Abschnitt 2.1.4.5). Die verschiedenen Ausarbeitungen zum makroskopischen Komplexitätsbegriff haben dabei jeweils die zur umfassenden Beschreibung des Systems und all seiner Konfigurationszustände erforderliche Informationsmenge als Komplexitätsmaß im Fokus (vgl. Scherf 2003, S. 80). Die Informationsmenge wird dabei u. a. als benötigte Anzahl an Codezeilen eines Programms zur Beschreibung des Systemverhaltens (vgl. Kolmogorov 1965; Chaitin 1987; Bliss 2000) oder darüberhinausgehend über den für die Systembeschreibung erforderlichen Ressourcenverzehr bestimmt (vgl. Hopcroft & Ullmann 1979).

Aufgrund der Existenz des nur auf Systemebene sichtbaren Emergenzphänomens liegt der durch einen makroskopischen Analyseansatz ermittelten Komplexität ein, im Gegensatz zur mikroskopisch ermittelten Komplexität, umfassenderes Begriffsverständnis zugrunde. Das hierbei auftretende Delta beinhaltet genau diese Emergenzeffekte. Eine genauere Beschreibung der Systemeigenschaft der Emergenz und ihrer Rolle als Unterscheidungsmerkmal zwischen mikroskopisch und makroskopisch definierter Komplexität findet in Abschnitt 2.1.4.1 statt. Die Unterteilung des Systems in eine Mikro- und eine Makroebene erfolgt damit im Einklang mit der von COLEMAN (1991) für den sozialwissenschaftlichen Kontext entwickelten These, dass sich allgemeine Systeme oft nicht nur anhand der Summe der Individualeigenschaften der Systemelemente erfassen lassen. Die makroskopisch ermittelte Komplexität wird in dieser Arbeit als generische Komplexität bezeichnet und wie folgt definiert:

> Generische Komplexität ist eine Systemeigenschaft, die sich über die zur umfassenden Beschreibung des Systems und all seiner Konfigurationszustände erforderliche Informationsmenge bestimmen lässt. Dabei setzt sich die generische Komplexität ei-

nes Systems aus der dynamischen Komplexität auf Mikroebene sowie zusätzlichen auf Makroebene auftretenden Emergenzeffekten zusammen.

Eine übersichtliche Darstellung der vorgenommenen definitorischen Komplexitätsstrukturierung findet sich in Abbildung 5. Es wird hierbei davon ausgegangen, dass die generische Komplexität aufgrund ihrer Zusammensetzung aus verschiedenen Teilaspekten der Komplexität die vollständigste Beschreibung liefert, ihre Darstellung jedoch am aufwendigsten ist. Die Wahl der, auf einen bestimmten Untersuchungskontext bezogenen, passenden Komplexitätsperspektive mit dem Ziel einer effizienten Zielerreichung stellt sich also als zentraler Aspekt bei der Komplexitätsanalyse heraus.

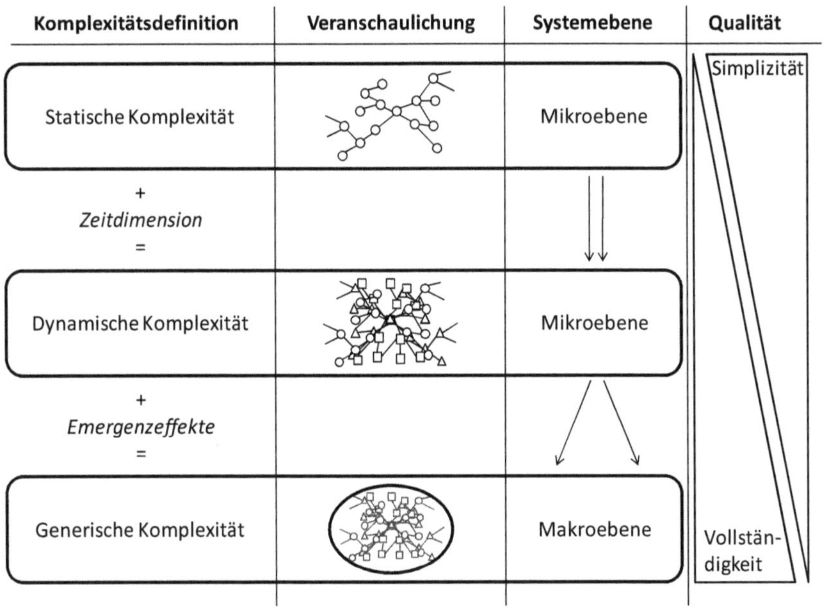

Abbildung 5: Zusammenhang verschiedener Beschreibungsebenen der Komplexität (eigene Darstellung)

Zusammenfassend lässt sich feststellen, dass die Darstellung und Bewertung von Komplexität nur erfolgreich sein kann, wenn man diese als mehrdimensionale Größe versteht (vgl. Adam & Johannwille 1998, S. 10). Die Wahl der Dimensionen basiert dabei auf unterschiedlichen Überlegungen und kann sich aus der Definition der betrachteten Komplexität genauso ergeben, wie aus dem Wunsch nach Erfüllung komplexitätsinduzierter Anforderungen (vgl. Gießmann 2010, S. 202 ff.; Gehle 2006, S. 78 ff.).

2.1.4 Bezug von Komplexität zu weiteren Systemeigenschaften

Nach DANGELMAIER (1990, S. 33) ist eine Systemeigenschaft „eine Merkmalsausprägung eines Systems, durch die sich dieses einer Klasse von Systemen zuordnen lässt". Im Folgenden sollen die Systemeigenschaften erläutert werden, die in besonderer struktureller und definitorischer Abhängigkeit zur Eigenschaft der Komplexität stehen (vgl. Masak 2009, S. 270). Untersucht werden aus diesem Grund die Systemeigenschaften Emergenz, Flexibilität, Robustheit, Dynamik, Wechselwirkungsfähigkeit und Determiniertheit. Jede Systemeigenschaft soll hierbei durch ein Beispiel veranschaulicht und deren Verbindung zur Komplexität herausgearbeitet werden.

2.1.4.1 Emergenz

„Die Alltagswirklichkeit [ist] ein Phänomen kollektiver Organisation" - Diese Konsequenz zieht LAUGHLIN (2009, S. 59) aus seiner Untersuchung der Supraleitung als emergentes Phänomen in der Physik. Die Alltagswirklichkeit steht allgemein für ein emergentes System, dessen Gesetzmäßigkeiten sich nicht nur anhand seiner Bestandteile erklären lassen.

Zur Definition des Begriffes der Emergenz muss zwischen der Makroebene (der Alltagswirklichkeit) und der Mikroebene (alle Bestandteile der Alltagswirklichkeit) eines Systems unterschieden werden. Das Phänomen des Entstehens von Eigenschaften oder Strukturen auf der Makroebene eines Systems, die sich nicht unmittelbar aus den Eigenschaften der Systemelemente auf Mikroebene erklären lassen, wird als Emergenz bezeichnet (vgl. Sedlacek 2010, S. 44). Die Emergenz ist eine systemische Eigenschaft. Der Begriff systemisch bezeichnet dabei den Teil der Systemeigenschaften, die, für den Fall des Auftretens in einem System, gleichzeitig bei keinem Systembestandteil festzustellen sind (vgl. Stephan 2000, S. 37). Da die Elemente selber also nicht hauptverantwortlich für das Entstehen von Emergenz sind, darf die systemkonstituierende Bedeutung der Beziehungen zwischen den Elementen nicht vernachlässigt werden (vgl. J. Göpfert 2009, S. 27). Zusammengefasst unter dem Begriff der Varietät sind die Art und die Anzahl der Beziehungen zwischen den Systemelementen in dieser Arbeit bereits ein Bestandteil der Definition der statischen Komplexität auf Mikroebene. So können auf dieser Ebene Berechnungsmodelle für ein Komplexitätsmaß erstellt werden, die die Beziehungsanzahl und unterschiedliche Formen der Beziehungen (z. B. Informations- oder Materialaustausch) als Variable berücksichtigen. Die tatsächlichen Ausprägungen der stattfindenden Interaktionen zwischen den Systemelementen, die nach UEDA, LENGYEL & HATANO (2004, S. 385) eine Basis für das Auftreten emergenter Eigenschaften darstellen, sind in der Realität selbst komplex (vgl. Hartig-Perschke 2009, S. 141; Bouncken, Jochims & Küsters 2008). Daher können sie durch eine Beschreibung auf Mikroebene nur begrenzt erfasst werden und es entsteht, analog zu der in Abschnitt 2.1.2 vorgenommenen Unterscheidung der Begriffe System und Netzwerk, eine Lücke zwischen formalem Modell des Systems und seinem tatsächlichen Verhalten (vgl. Licata 2008, S. 1 ff.). Einer grundsätzlichen Abhängigkeit des Zustandekommens systemischer Eigenschaften von den Eigenschaften und Bestandteilen der Systemelemente wird hierbei jedoch nicht widersprochen (vgl. Rasco 2009, S. 44). Die Stärke dieser Abhängigkeit kann dabei als Unterscheidungsmerkmal zwischen starker und schwacher Emergenz dienen. Charakteristisch für ein System ist die Existenz bestimmter, das Verhalten der Systemelemente bestimmender, Gesetzmäßigkeiten. Diese Verhaltensvorschriften stellen zwar auf der einen Seite eine Beschränkung der Freiheitsgrade der Systemelemente dar, die nicht mehr beliebige, sondern nur noch systemkonforme Zustände annehmen können, gewährleisten jedoch auf der anderen Seite koordinierte Verhaltensmuster, die die Grundlage für das Entstehen emergenter Eigenschaften darstellen (vgl. Wilke 1993, S. 157).

Als Beispiel kann hier die Eigenschaft der Liquidität des Systems „Wasser" herangezogen werden, die sich nicht aus der Beschaffenheit der Systembestandteile (Wassermoleküle) erklären lässt (vgl. Fromm 2004, S. 19). Im Rahmen des Supply Chain Managements können beispielsweise die nachfolgend genauer erläuterten Begriffe Flexibilität und Robustheit als emergente Eigenschaften logistischer Systeme bezeichnet werden (vgl. Scholz-Reiter u. a. 2008, S. 130). In Bezug auf die Komplexität stellt sich die Emergenz als treibender Faktor dar und zeigt auf, dass eine Komplexitätsdefinition auf Mikroebene (durch die Beschreibung von Systemelementen) als unvollständig betrachtet werden muss, da sie keine vollständigen Rückschlüsse auf emergente Systemeigenschaften zulässt. Vielmehr können die Emergenz und die Komplexitätsdefinition auf Mikroebene als Grundlage einer Komplexitätsdefinition auf Makroebene aufgefasst werden (s. Abbildung 5).

2.1.4.2 Flexibilität

Allgemein wird unter Flexibilität die Fähigkeit verstanden, auf Veränderungen reagieren zu können (vgl. Krämer 2006, S. 141). Vor einem systemtheoretischen Hintergrund bilden die Anzahl und die Verschiedenartigkeit grundsätzlich einnehmbarer Systemzustände in Kombination mit der für einen Wechsel zwischen Systemzuständen benötigten Zeit die Grundlage für die Bestimmung eines Flexibilitätsmaßes (vgl. Nagel 2003, S. 12). Im Gegensatz zum Begriff der Agilität, der lediglich die Schnelligkeit beschreibt, mit der ein System auf Veränderungen reagieren kann, beinhaltet der Flexibilitätsbegriff zusätzliche Effizienzaspekte (vgl. Saleh, Hastings & Newman 2001, S. 3 f.). Flexibel ist ein System erst dann, wenn es ohne ungewünschte Nebeneffekte bezogen auf ein vorgegebenes Ziel zeit- und kosteneffektiv zu reagieren in der Lage ist. Zusammengefasst kann die Agilität also als die zeitliche Komponente der Flexibilität aufgefasst werden (vgl. Baumgarten, Sommer-Dittrich & Friese 2003, S. 27). Besonders im betriebswirtschaftlichen Kontext werden für ein strukturiertes Flexibilitätsmanagement drei Flexibilitätsdimensionen unterschieden (vgl. Meffert 1985, S. 125). Brehm (2003, S. 243) fasst diese präzise zusammen:

- Aktionsflexibilität: Menge der Handlungsspielräume in den Funktionsbereichen der Unternehmung. Sicherung von Handlungsspielräumen durch Flexibilitätssteigerungen in den Funktionsbereichen.
- Prozessflexibilität: Steigerung der Handlungsschnelligkeit durch verkürzte Reaktionszeiten im Bereich der Planung und Entscheidungsumsetzung bei unerwarteten Veränderungen.
- Strukturflexibilität: Steigerung der Handlungsbereitschaft vor allem in den Bereichen Organisation, Personal und Management.

Die drei diesen Dimensionen zugrundeliegenden Untersuchungsbereiche erläutert Hillmer (1987, S. 21 ff.) genauer: Der Handlungsspielraum wird definiert über die im zu untersuchenden System (in diesem Fall die Unternehmung) vorherrschende Varietät der Elemente und Strukturen, während die Handlungsschnelligkeit die zur Chancennutzung oder Gefahrenabwehr zur Verfügung stehende Zeit beschreibt. Die Handlungsbereitschaft kombiniert die beiden vorhergehenden Bereiche und umschreibt die Bereitschaft, den Handlungsspielraum mit der vorgegebenen Handlungsschnelligkeit bei der Entscheidungsfindung auszunutzen.

Ein Vergleich der Systemeigenschaften Flexibilität und Komplexität zeigt, dass sowohl der Flexibilitäts- als auch der Komplexitätsgrad auf der Zusammensetzung eines Systems aus Systemelementen und deren Beziehungen untereinander basieren. Die gewünschte Erhöhung der Flexibilität ist oft mit einem gleichzeitigen Anstieg der Komplexität verknüpft, der sich negativ in der Planbarkeit und Beherrschbarkeit von Systemprozessen widerspiegelt (vgl. Köster 1998, S. 29). Der Übergang von einer starren, hin zu einer flexiblen Verteilung von Ressourcen in der Leistungserstellung einer Unternehmung hilft beispielsweise bei der Kompensation von Engpässen und dem Erfüllen individueller Kundenwünsche, führt jedoch auch unmittelbar zu erschwerten Erfassbarkeit der Systemprozesse durch einen ansteigenden Komplexitätsgrad (vgl. Schluh 1992, S. 631).

2.1.4.3 Robustheit

Der Begriff Robustheit beschreibt die Fähigkeit eines Systems, trotz ungünstiger Umweltbedingungen zuverlässig zu funktionieren und akzeptable Ergebnisse zu liefern. Robuste Systeme können Ihre Funktionen also auch bei inneren und äußeren Beeinträchtigungen aufrechterhalten (vgl. Bretzke 2010, S. 89). Selbst unvorhergesehene Abweichungen oder Störungen durch die Umwelt oder die Komponenten des Systems gefährden dabei nicht wichtige Systemeigenschaften. Der Begriff der Robustheit beschreibt somit die Anpassungsfähigkeit hinsichtlich zukünftiger Ereignisse (vgl. Freiwald 2005). Grundlegender Erfolgsfaktor ist die Entscheidungsunterstützung der beteiligten Einheiten des Systems im Kontext komplexer Entscheidungssituationen. In der Informatik werden beispielsweise Algorithmen als robust bezeichnet, die auch im „worst case"-Szenario noch Ergebnisse liefern, bzw. in der Lage sind, den „worst case" zu erkennen und diesen zu umgehen. Die Robustheit gehört zu den grundlegenden, überall zu beobachtenden Phänomenen auf Systemebene, die man nicht verstehen kann, wenn man nur die Einzelbestandteile betrachtet (s. auch 2.1.4.1). Hierbei bedeutet Robustheit nicht, dass ein System trotz äußerer sowie innerer Impulse unverändert bleibt. Vielmehr ist das Aufrechterhalten einer grundlegenden Funktionalität gemeint, was sogar eine Anpassung des Systems voraussetzen kann (vgl. Kitano 2004, S. 826). Über diese, auch als Adaptivität bezeichnete, Anpassungsfähigkeit eines Systems an seine Umwelt wird die systemeigene Eigenschaft beschrieben, ein Gleichgewicht zur Systemumwelt herzustellen (vgl. Scheuchl 2006, S. 8).

Folglich ist der Robustheitsbegriff eng mit den Systemeigenschaften Adaptivität, Emergenz und Flexibilität verwandt (s. auch Abschnitt 2.1.4.1 und 2.1.4.2). Für das Verständnis der Robustheit können diese Systemeigenschaften somit als Voraussetzungen angesehen werden. Gerade bei komplexen Systemen, deren Interaktionen a priori nicht vollständig verstanden werden können, stellt das Erreichen von Robustheit eine besondere Herausforderung dar, da mögliche Szenarien nicht durch umfassende Vorkenntnisse des Systemverhaltens abgeschätzt werden können (vgl. Gribble 2001, S. 21 f.). So ist beispielsweise die Fähigkeit eines logistischen Systems, über die intelligente Steuerung von Transportfahrzeugen schnell auf extreme Nachfrageschwankungen reagieren zu können, ein Zeichen für Robustheit (vgl. ten Hompel 2011).

2.1.4.4 Dynamik

Innerhalb der Systemtheorie wird Dynamik als ein Prozess der Zustandsänderung von Systemen bzw. deren Elementen und Beziehungen im Zeitverlauf verstanden. Auch Umweltelemente, die sich für eine begrenzte Zeit innerhalb des Systems befinden, werden in der Definition berücksichtigt (vgl. Strohmeier 2007, S. 19; Haberfellner 1975, S. 47). Auf den verschiedenen Aggregationsebenen des Systems bzw. der Systemelemente können so durchaus verschiedene Evolutionsgeschwindigkeiten auftreten.

Die Systemeigenschaft der Dynamik stellt neben der Anzahl und der Vielfalt der Elemente und der Beziehungen zwischen diesen Elementen den dritten grundlegenden Aspekt der Komplexitätsdefinition auf Mikroebene dar (s. Abbildung 5). Nach BUDIN (1996, S. 188) ist die Dynamik zusammen mit den sich aus ihr ergebenden (und daher hier nicht weiter erläuterten) Systemeigenschaften Fluktuation und Diversität für eine ständige Veränderung der Komplexität und Determiniertheit von Systemelementen verantwortlich. Die starke begriffliche Abhängigkeit von Komplexität und Dynamik wird in besonderem Maße bei GERBERICH (2004, S. 236) deutlich, der dem gemeinsamen Auftreten von sich beschleunigendem Wandel und zunehmender Komplexität den Begriff „Dynaxität" widmet. Für GEIMER (2005) ist eine zunehmende Dynamik im Produktlebenszyklus, der Supply-Chain Konfiguration sowie der Managementprozesse sogar der entscheidende Treiber von Komplexität in Supply Chains.

2.1.4.5 Wechselwirkungsfähigkeit

Im Rahmen der Systemtheorie beschreibt die Wechselwirkung einen Austausch, der zwischen System und Systemumgebung stattfindet. Anhand des Zusammenspiels mit seiner Umwelt kann man zwischen verschiedenen Systemtypen unterscheiden (s. Tabelle 2). Ein isoliertes System tauscht weder Elemente (dm, in der Physik auch Masse) noch Informationen (dI) mit seiner Umwelt aus.

System	d*m*	d*I*
Isoliert	=0	=0
Geschlossen	=0	≠0
Offen	≠0	≠0

Tabelle 2: Systemwechselwirkungen mit der Umwelt (in Anlehnung an Bergmann & Schäfer 1998, S. 1016)

In einem solchen System können die darin enthaltenen Elemente nicht auf die Änderung von Elementeigenschaften des Umsystems reagieren und ihrerseits auch keinen Einfluss auf Elemente des Umsystems ausüben (vgl. Drumm 1970, S. 35). Ein geschlossenes System ist im Hinblick auf seine Elemente von der Umwelt isoliert, lässt jedoch einen Austausch im Informationsfluss zu. In einem offenen System findet ein Austausch mit der Umwelt sowohl auf Element-, also auch auf Informationsebene statt (vgl. von Bertalanffy 1950).

Lebewesen können hierbei klar als offenes System identifiziert werden, da sie sich selbst durch einen kontinuierlichen Austausch von Substanz erhalten. Eine Unternehmung als Teil einer Supply Chain stellt ein weiteres Beispiel für ein offenes System dar, da sie durch Material- und Informationsflüsse in beide Richtungen des Wertstroms mit ihren Supply Chain Partnern in Verbindung steht (vgl. Premkumar 2000). Offene Systeme weisen in der Regel eine höhere Komplexität auf, da sie von einem permanenten Durchfluss von Materie und Informationen abhängen und dadurch konstant lokale Gleichgewichtszustände erreichen, die dann wiederum instabil werden (vgl. Mainzer 2004, S. 8). Ein geschlossenes System hingegen erreicht irgendwann einen Gleichgewichtszustand, der durch die maximale Entropie als Maß für die Unordnung eines Systems gekennzeichnet ist (vgl. I. Müller 2001, S. 165). Systeme im Gleichgewicht lassen sich wesentlich einfacher beschreiben. Das Verhalten eines vollständig geschlossenen Systems ist komplett von innen erklärbar (vgl. von Bertalanffy 1968, S. 40). Als einziges vollständig geschlossenes System kann jedoch nur das Universum als Ganzes angesehen werden (vgl. Moore 1990, S. 148). Im Gegensatz zur physikalischen Entropie, die in einem System im Gleichgewicht einen Maximalwert annimmt, wird ein auf die informationstheoretischen Arbeiten von SHANNON & WEAVER (1949) zurückgehender Entropiebegriff auch als Messgröße der Systemkomplexität verwendet (vgl. Scherf 2003, S. 111).

2.1.4.6 Determiniertheit

Als Eigenschaft von Systemen beschreibt der Begriff der Determiniertheit das Maß an Vorhersagbarkeit von Systemzuständen. Ein System kann als determiniert bezeichnet werden, wenn „sich für jeden möglichen Zustand und für jede Menge an Eingangsinformationen eine eindeutige Menge von Ausgabeinformationen und ein eindeutiger nächster Zustand bestimmen lassen“ (Lauber & Göhner 1999, S. 186) und wenn die Systemelemente „in vollständig voraussagbarer Weise aufeinander einwirken“ (Beer 1984, S. 27). Dies ist nur erreichbar, wenn die Anzahl der möglichen Zustände eines Systems endlich ist. In einem determinierten System ist die Reaktionsfähigkeit des Systems zu jedem Zeitpunkt gewährleistet. Als Gegenteil der Determiniertheit kann die Systemeigenschaft der Probabilistik gelten. In einem vollständig probabilistischen System sind Aussagen über den Systemzustand nur als statistische Vorhersage möglich. Der Grad der Ausprägung der beiden komplementären Systemeigenschaften wird demnach über das Maß der exakten Vorhersagbarkeit von zukünftigen Systemzuständen festgelegt (vgl. Ulrich 1968, S. 117). Mit Hilfe der Anzahl der Freiheitsgrade als Messgröße lässt sich die Undeterminiertheit eines Systems bestimmen. Der Freiheitsgrad beschreibt hierbei die Anzahl der Veränderungsmöglichkeiten eines Systems.

Mit einer zunehmenden Anzahl an Freiheitsgraden, und damit einer abnehmenden Determiniertheit, nimmt die Systemkomplexität zu. Für das Management von Systemen spielt in diesem Zusammenhang die Kenntnis der Systemeigenschaften eine wichtige Rolle. Aufgrund des beschränkten Wissen des Managers ergeben sich auch für deterministische Systeme oft nur probabilistisch fundierte Handlungsalternativen (vgl. Güldenberg 2003, S. 59). Ein gutes

Beispiel hierfür sind Unternehmen oder Unternehmensnetzwerke, über die für den Manager, selbst für den modellierbaren Teil, aufgrund der Masse existierender Informationen ein vollständiges Wissen nicht erreichbar scheint.

2.2 Management von komplexen Systemen

Im folgenden Abschnitt wird der bereits Abschnitt 2.1.3 eingeführte Begriff der Komplexität als für diese Arbeit fundamentale Systemeigenschaft näher erläutert. Nach einem einleitenden Abschnitt zur Entwicklung des Begriffs als Managementkonzept im betriebswirtschaftlichen Kontext soll ein Einblick in bestehende Konzepte zur Komplexitätshandhabung erstellt werden. Im letzten Teilabschnitt wird die Möglichkeit diskutiert, den Komplexitätsgrad über Komplexitätstreiber als Einflussfaktoren zu bestimmen.

Ein komplexes System ist ein System mit einer großen Anzahl an Elementen, die in der Lage sind untereinander und mit der Systemumwelt zu interagieren. Komplexe Systeme zeigen Organisation, ohne dass ein externes Organisationsprinzip angewendet werden muss. Das Ganze ist also mehr, als die Summe seiner Teile. Die Möglichkeit der exakten Vorhersage nach Newton ist nicht möglich. Auch SCHERF (2003, S. 66 f.) beschreibt Komplexität als einen Gradbegriff, dessen Messung nur im Vergleich zu anderen Systemen oder Systemzuständen Sinn macht. In der Folgerung nimmt man also eine Abstraktion des Untersuchungsgegenstandes vor. Hieraus ergibt sich der weitere Vorteil, dass man nur die relevanten Eigenschaften des Netzwerkes betrachtet. In einem kritischen Zustand zählen bei einem Netzwerk oft nicht alle, sondern nur wenige Einflussfaktoren (vgl. Amaral & Ottino 2004, S. 148 ff.).

2.2.1 Komplexität als Managementkonzept im betriebswirtschaftlichen Kontext

Die Internationalisierung der Wertschöpfungsnetze und die damit einhergehende Veränderung von Produktlebenszyklen, Distributionssystemen und Schnittstellen zu anderen Systemen erzeugen Varietät, Abhängigkeiten und Dynamik. Eine systematische Herangehensweise zur effizienten Gestaltung dieser drei Eigenschaften wird als Komplexitätsmanagement bezeichnet (vgl. Krumm & Creutz-Adams 2010, S. 4). Das Management von Komplexität wird daher nicht als einmaliges Projekt gesehen, sondern umfasst ein kontinuierliches Streben nach einem optimalen Komplexitätsgrad. Im Unternehmensumfeld sind die damit verbunden Aufgaben auf strategischer Ebene oft nicht über bestehende Routinen zu lösen und erfordern die Berücksichtigung einer Vielzahl von Einflussgrößen und deren Wirkmechanismen (vgl. Fisch & Beck 2004, S. 12).

Um ein komplexes System kontrollieren zu können, muss das Kontrollsystem mindestens ebensoviel Varietät aufweisen, wie das zu kontrollierende System (vgl. Malik 2004, S. 23). Dieses, in allgemeiner Form als Erweiterung des in Abschnitt 2.1.1 erwähnten kybernetischen Prinzips, bereits von ASHBY (1957, S. 124 ff.) formulierte Gesetz von der erforderlichen Varietät gilt auch bei der Anwendung im betriebswirtschaftlichen Umfeld. „Wer Komplexität bewältigen will, muss selbst komplex sein" (Reither 1997, S. 144).

Durch die Anwendung solcher Steuerungssysteme wird die Erreichung eines maximalen Beitrags zum Kundennutzen in Zusammenhang mit einer hohen Wirtschaftlichkeit bei der Wertschöpfung angestrebt (vgl. Schuh 2005, S. 37 ff.). Aus den genannten Erläuterungen zum Komplexitätsmanagement ergibt sich, dass nur ein durchgängiger Ansatz, der vollständig in das allgemeine Management der fokalen Organisation integriert ist, zu nachhaltigem Erfolg führen kann (vgl. Bleicher 2004, S. 56). Über den Begriff des Komplexitätsmanagements werden im Feld der Unternehmensführung deshalb überwiegend globale, auf strategisch-abstrakter Ebene angesiedelte Methoden und eine bestimmte Perspektive auf die Ursachen von in komplexen Umfeldern auftretende Problemfelder beschrieben, die das Erkennen von mehrdimensionalen Ursache-Wirkungs-Beziehungen ermöglichen. Die Verwendung der in der Komplexitätstheorie gebräuchlichen Begrifflichkeiten ermöglicht es, alte Probleme unter einem neuen Betrachtungswinkel zu analysieren und zu reinterpretieren. Eine solche komplexitätstheoretisch fundierte Umformulierung bestehender Problemfelder ermöglicht die Anwendung neuartiger Managementansätze (vgl. Kappelhoff 2002, S. 57 f.). Die Ableitung konkreter Handlungsempfehlungen als nächster Schritt ist hingegen nicht ausschließlich auf Basis einer komplexitätsorientierten Betrachtung des Systems möglich. Auf der so geschaffenen Grundlage lassen sich jedoch konkrete Maßnahmenkataloge zur fallspezifischen Komplexitätshandhabung entwickeln, deren Wirksamkeit auf ein globales Komplexitätsoptimum auf ebendiese Perspektive zurückzuführen ist (vgl. Dalhöfer 2009, S. 34 f.).

2.2.2 Strategien zur Bewertung und zum Management von Komplexität

Die Methoden zur Bewertung von Komplexität stehen in ihrer Vielfalt den ihnen zugrunde liegenden Annahmen in nichts nach (vgl. Butts 2001, S. 32). Ein einheitliches Maß zur Komplexitätsmessung existiert nicht (vgl. Masak 2009, S. 261). Zur Bewertung von Komplexität als Systemeigenschaft existiert demnach eine Vielzahl an auf unterschiedlichen Ansätzen basierenden Vorgehensweisen, wie z. B. FELDMAN & CRUTCHFIELD (1998) aufzeigen. Als eine zentrale Aufgabe zur Bestimmung von im Rahmen dieser Arbeit relevanten Bewertungsansätzen und zur Ableitung entsprechender Implikationen für die Konzeptentwicklung stellt sich die themenbezogen sinnvolle Strukturierung existierender Methoden dar. Einen Ansatz liefern HORVÁTH & GLEICH (1998, S. 175), die zwischen Produkt-, Prozess- und Stabilitätskomplexität unterscheiden. KHURANA (1999, S. 86) hingegen nimmt eine Kategorisierung durch die Ebenen der technologischen, logistischen, organisatorischen und umweltbedingten Komplexität vor. Für die Erstellung einer Übersicht der für diese Arbeit sachdienlichen Methoden zur Beschreibung von Komplexität ist eine solche, auf Unternehmensbereichen basierende Ordnung nicht zielführend, da sowohl in der Supply Chain als auch im Subsystem der Distribution alle genannten Kategorien von Bedeutung sind. Eine vereinfachte Darstellung durch Fokussierung auf distributionsrelevante Methoden ist anhand dieser Strukturierungsansätze also nicht möglich.

BUTTS (2001, S. 32 ff.) bietet einen anderen, verstärkt auf der Art der Bestimmung basierenden Ansatz, indem er zwischen rechenbetonter, algorithmischer, thermodynamischer, statistischer und struktureller Komplexität unterscheidet. Dieselbe Ausgangsbasis wählen BLECKER, KERSTEN & MEYER (2005, S. 53) für ihre Unterscheidung in vier Kategorien der Bewertungsmethoden. Die erste Kategorie umfasst dabei alle Ansätze, die sich basierend auf der Systemtheorie mit der Leistung und Flexibilität des Systems befassen. Sie ist gleichzusetzen mit einer Kombination der von BUTTS aufgestellten Kategorien der statistischen und strukturellen Komplexität. In der zweiten Kategorie werden alle Ansätze zusammengefasst, die die Komplexität mit Hilfe der Entropie zu messen versuchen. Grundlegend ist hierbei die Menge der zur Systembeschreibung notwendigen Informationen (s. auch Abschnitt 2.1.3). Analog hierzu definiert BUTTS die thermodynamische Komplexität. Hierauf aufbauend ergibt sich die Kategorie der informationstheoretischen Bewertungsmethoden, welche die Idee der Entropie aufgreifen und sie mit der Darstellung durch Algorithmen der Informationstechnik verknüpfen (vgl. Kolmogorov 1965). Bei BUTTS wird diese Kategorie durch die Gruppen der rechenbetonten sowie der algorithmischen Komplexität repräsentiert. Die letzte Kategorie erweitert die von BUTTS vorgenommene Unterscheidung um die Kategorie der wirtschaftlichen Komplexität in der die Ansätze zusammengefasst werden, die die Komplexität anhand ihrer Kostenwirkungen bewerten (vgl. Kaiser 1995; Kersten u. a. 2009).

Die Messung der Komplexität anhand Ihrer Auswirkungen auf die Wirtschaftlichkeit stellt dabei einen indirekten Messungsansatz dar, der unter anderem von SCHUH (1989), ROSENBERG (2002) und PUHL (1999) angewendet wird. Solche Ansätze basieren oft auf Rechnungsmodellen wie der Prozesskostenrechnung. Durch sie können aber aufgrund Ihrer quantitativen Natur nur abgegrenzte Teilbereiche untersucht werden (vgl. Meyer 2007, S. 62).

Bei der Bestimmung eines Komplexitätsmaßes für ein System ist es von Bedeutung, sich auf einen bestimmten Detaillierungsgrad festzulegen, der fallspezifisch variieren kann (vgl. Gell-Mann 1995b, S. 29). Dabei fällt auf, dass sich auch die im betriebswirtschaftlichen Kontext verwendeten Komplexitätsmaße bereits auf unterschiedlichen Detailebenen befinden. So ist für SAEED & YOUNG (1998) die Komplexität der Effekt, den die Anzahl verschiedener Produkte,

Kunden, Märkte, Prozesse, Teile und Organisationseinheiten auf Aktivitäten, Strukturen und Informationsflüsse haben und befindet sich damit auf einer sehr allgemeinen Systemebene. Auf einer feineren Systemebene kann nach EHRLENSPIEL, KIEWERT & LINDEMANN (2005, S. 284) bereits die Unterschiedlichkeit von Teilen und Komponenten als Hauptverursacher für steigende Komplexität angeführt werden. Die Wahl der passenden Systemebene als Grundlage zur Beschreibung der Komplexität für das zu lösende Problem stellt also eine Voraussetzung zur Bildung eines fallbezogenen Ansatzes zur Komplexitätsmessung dar.

Zur Durchführung eines zielgerichteten Managements der Komplexität in unternehmensübergreifenden Netzwerken stellt sich GILBERT (2003, S. 200 ff.) die Frage, inwieweit direkte Eingriffe in das System von außen zu einem Erfolg führen können. Er kommt zu dem Ergebnis, dass ein, von ihm als Kontextsteuerung bezeichnetes Vorgehen ein vielversprechender Ansatz ist. Anstelle von direkten Eingriffen in die zu optimierenden Subsysteme rückt ein Einwirken auf die Rahmenparameter des übergeordneten Gesamtsystems in den Mittelpunkt, durch das positive Anreize auf die Fähigkeit zur Selbststeuerung der Subsysteme gesetzt werden können. Die Steuerungsebene wird auf diese Weise von einem direkten Eingriff wegverlagert, um besonders bei Systemen und Organisationen, die aufgrund ihrer Komplexität kaum direkt steuerbar sind, zumindest eine Einflussnahme auf das Systemverhalten über eine Modulierung der Rahmenparameter zu erreichen (vgl. Kappelhoff 2002, S. 57 f.). Vor diesem Hintergrund lassen sich verschiedene Ansätze zum Management von Komplexität im Unternehmenskontext unterscheiden.

Zur erfolgreichen Einführung eines durchgängigen Komplexitätsmanagements empfiehlt WILDEMANN (1999; 2004, S. 70 ff.) die Unterscheidung in die drei Strategien der *Komplexitätsreduktion, Komplexitätsbeherrschung und Komplexitätsvermeidung*, deren spezifische Ausgestaltung sich nach dem zeitlichen Wirkbereich richtet (s. Abbildung 6). WILDEMANN sieht hierbei den Anwendungsschwerpunkt seines Komplexitätsmanagements in der Produktion und angrenzenden Gebieten.

Ziel der Komplexitätsreduzierung ist es, durch die Wahl geeigneter Maßnahmen die bereits bestehende Komplexität zu senken, während die Strategie der Komplexitätsbeherrschung durch eine „Optimierung der Rahmenbedingungen entlang der gesamten Entwicklungs- und Wertschöpfungskette" zum Erfolg führen soll (Wildemann 2004, S. 78). Aufbauend hierauf kann durch vorausschauendes Marketing im Rahmen der Komplexitätsvermeidung ein Informationsvorsprung gegenüber den Wettbewerbern erreicht werden und somit Komplexität vor dem Zeitpunkt der Entstehung vermieden werden.

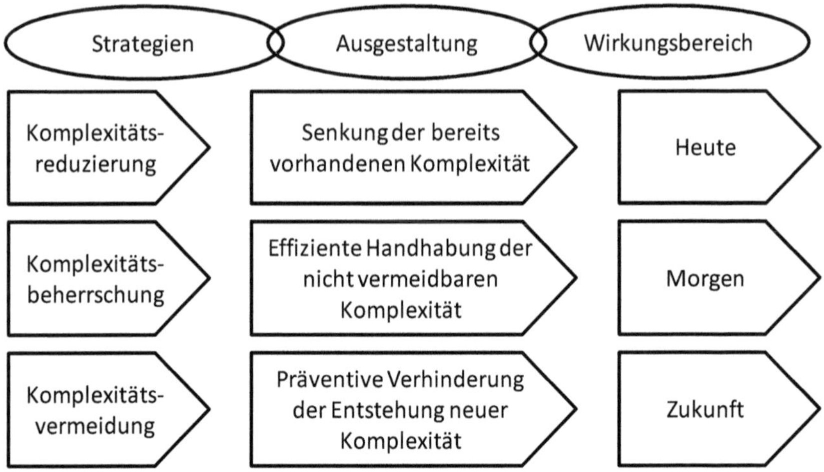

Abbildung 6: Strategien des Komplexitätsmanagements (Wildemann 2004, S. 76)

Ein asymmetrisches Verhalten der Kosteneffekte beim Auf- bzw. Abbau von Komplexität beschreibt RATHNOW (1993). Die Komplexität, die bei steigender Produktvielfalt aufgebaut wird, kann durch nachträgliche Reduktionsvorhaben nicht in gleichem Maße wieder gesenkt werden (vgl. Rathnow 1993, S. 25 f.). Hieraus lässt sich ableiten, dass die Vermeidung von Komplexität vor ihrem Entstehen im Vergleich zur Strategie der Komplexitätsreduktion als wirkungsvoller angesehen werden kann

MEIER & HANENKAMP (2004, S. 118 f.) integrieren die genannten Strategien zu einem Vorgehensmodell des Komplexitätsmanagements, bei dem es das Ziel ist, durch Vernetzung der einzelnen Phasen eine übergreifende Gestaltung der Komplexität mit entsprechenden Methoden, Modellen und Werkzeugen zu ermöglichen (s. Abbildung 7).

Eine Erweiterung dieser Einteilung in drei Strategien nehmen PFOHL, GALLUS & KÖHLER (2008, S. 66) im Rahmen des Supply Chain Risikomanagements vor, indem sie die Strategien der Vemeidung und Reduzierung als ursachenbezogene Maßnahmen und die in die Unterkategorien *Übertragen, Teilen und Selbst Tragen* weiter differenzierte Strategie der Beherrschung als wirkungsbezogen bezeichnen. Durch ein geschicktes Management der Ursachen komplexitätstreibender Faktoren kann Komplexität, je nach Zeitpunkt des Auftretens, reduziert oder sogar vermieden werden. Der Teil der Komplexität, dessen Ursachen sich außerhalb des beeinflussbaren Bereiches befinden, muss im Hinblick auf seine Auswirkungen beherrscht werden.

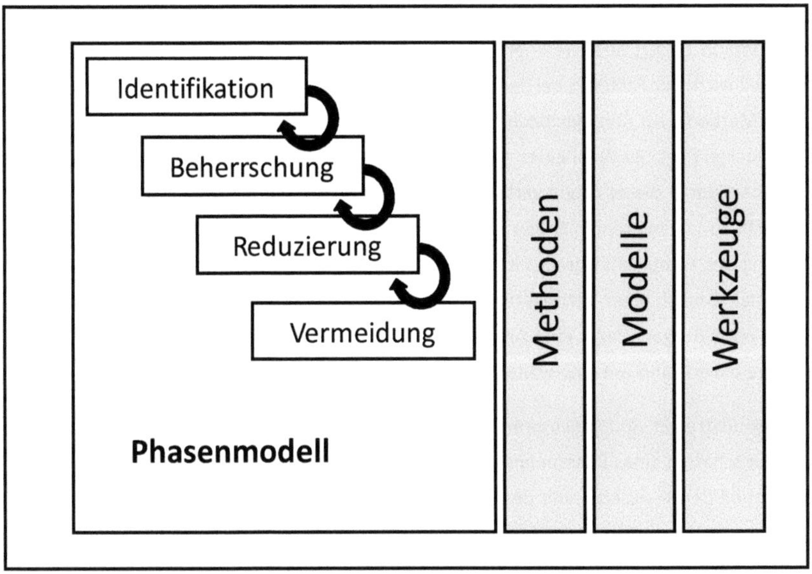

Abbildung 7: Vorgehensmodell zum integrierten Komplexitätsmanagement (Meier & Hanenkamp 2004, S. 118)

2.2.3 Komplexitätstreiber als Einflussfaktoren auf den Komplexitätsgrad

Komplexität ist eine nur unscharf bewertbare Größe (vgl. Dalhöfer 2009, S. 15). Das Erfassen komplexitätsbeeinflussender Faktoren und die Identifikation von Komplexitätstreibern innerhalb der Geschäftsprozesse eines Unternehmens stellen daher einen zentralen Aspekt für ein erfolgreiches Komplexitätsmanagement dar (vgl. Wildemann 1995, S. 21).

Als Treiber wird grundsätzlich eine Gegebenheit oder Entscheidung bezeichnet, die als Konsequenz ihres eigenen Vorkommens nachfolgende Gegebenheiten oder Entscheidungen verursacht. Aus systemtheoretischer Sicht können Treiber als Systemelemente verstanden werden, die einen kritischen Einfluss auf benachbarte Systemelemente oder sogar das ganze System besitzen (vgl. BusinessDictionary 2010). Im Rahmen des Komplexitätsmanagements können Treiber demnach als Faktoren verstanden werden, die einen bedeutenden Einfluss auf die Komplexität des zu betrachtenden Systems ausüben.

Im Gegensatz zur Auffassung von MEYER (2007, S. 26), für den Komplexitätstreiber als Einflussfaktoren zu verstehen sind, „die zu einer Erhöhung des Komplexitätsniveaus im Vergleich zu einer Ausgangssituation führen", sollen Komplexitätstreiber im Rahmen dieser Arbeit allgemeiner als Einflussfaktoren verstanden werden, die zu einer Veränderung des

Komplexitätsniveaus im Vergleich zu einer Ausgangssituation führen. Diese Generalisierung der Definition erfolgt aus zweierlei Gründen: Zum Einen soll ein frühzeitiges Ausschließen potenziell wichtiger Faktoren bei der vorzunehmenden Entwicklung einer auf Treibern basierenden Methodik zur Komplexitätshandhabung in Distributionssystemen verhindert werden. Zum Anderen folgt die Wahl eines allgemeineren Verständnisses des Begriffs des Komplexitätstreibers der in dieser Arbeit vertretenen Auffassung der Komplexität als zu optimierende (und nicht zu minimierende) Größe (vgl. Kirchhof 2003, S. 65; Schuh 2005, S. 292). Eine Veränderung des Komplexitätsgrades innerhalb des zu betrachtenden Systems durch Komplexitätstreiber kann zu einer Verringerung oder Erhöhung der generischen Komplexität führen, was, je nach Ausgangslage, eine Annäherung an den optimalen Komplexitätsgrad genauso zur Folge haben kann wie eine weitere Entfernung von diesem.

Komplexitätstreiber sind Indikatoren für Komplexität. Indikatoren beschreiben allerdings nie alle Eigenschaften eines Phänomens (vgl. G. Payne & J. Payne 2004, S. 71). So kann vor dem Hintergrund der Realisierbarkeit des zu entwickelnden Konzeptes und nach der in Abschnitt 2.1.2 beschriebenen Reduzierung des die Realität wiedergebenden Systems auf ein modellierbares Netzwerk eine zweite Idealisierung der zugrunde liegenden Wirklichkeit an dieser Stelle nicht ausgeschlossen werden. In diesem Zusammenhang unterscheiden BERENS & SCHMITTING (1998, S. 98) zwischen „Komplexitätsphänomenen [...] im Sinne von Manifestierung vorhandener Komplexität in ihren Auswirkungen" und Komplexitätstreibern im Sinne von „ursächlichen Einflussfaktoren".

Ein globales Ziel der Bestimmung adäquater Komplexitätstreiber stellt die anschließende Möglichkeit zur Ableitung von Handlungsempfehlungen für das Komplexitätsmanagement dar. Die Kenntnis derjenigen Einflussfaktoren mit den stärksten Auswirkungen auf das untersuchte System stellt eine zentrale Herausforderung dar, da auf diesem Wege eine Verschwendung von Ressourcen durch das Management auf weniger einflussreiche Komplexitätstreiber vermieden werden kann (vgl. Bogaschewsky u. a. 2010, S. 155; Geimer 2005, S. 46). Auch SCHMITT, VORSPEL-RUETER & WIENHOLDT (2010, S. 55) empfehlen eine bewusste Ressourcenkonzentration auf die Gruppe von Komplexitätstreibern, die das System im größten Umfang beeinflusst und verweisen hierbei zur Treiberauswahl und Bestimmung der Anzahl der zu betrachtenden Treiber auf das Paretoprinzip. Dieses, auch als 80/20-Prinzip bekannte Konzept beschreibt ein statistisches Phänomen, das besagt, dass eine kleine Anzahl von hohen Werten einer Wertemenge mehr zu dem Gesamtwert beiträgt als die übrigbleibende hohe Anzahl an kleinen Werten (vgl. Koch 2008). Um 80 Prozent der Gesamtwirkung zu berücksichtigen wird eine typische Separierung der Treibergruppen hierbei oft nach 20 Prozent der Treiber mit den stärksten Implikationen vorgenommen.

Im Rahmen des Supply Chain Managements definieren MIRAGLIOTTA, PERONA & PORTIOLI-STAUDACHER (2002, S. 386) für die Auswahl leicht messbarer Komplexitätstreiber zur Bewertung des Komplexitätsgrades zwei Anforderungen:

- Die ausgewählten Treiber sollen zur Bestimmung eines Satzes von Komplexitätsindizes effektiv zusammengefasst werden können. Des Weiteren muss zur Bestimmung der Anzahl der zu betrachtenden Treiber zuvor die Analysetiefe bestimmt werden, um am Ende mit Ergebnissen rechnen zu können, die sowohl einen starken Realitätsbezug aufweisen als auch operativ handhabbar sind.
- Die ausgewählten Treiber sollen die Implikationen der Komplexität entlang der gesamten Supply Chain widerspiegeln.

Eine erfolgreiche Bewältigung von Komplexität kann nur durch Identifikation der wesentlichen Komplexitätstreiber erfolgen. Hierbei ist zu beachten, dass zwischen den Komplexitätstreibern hochgradige Interdependenzen bestehen können. Auch wenn eine vollkommene Reduktion eines Treibers auf einen anderen nicht möglich ist, führen solche wechselseitigen Abhängigkeiten doch zur Notwendigkeit, die Treiber zur Erreichung eines globalen Komplexitätsoptimums aufeinander abzustimmen, anstatt sie einzeln in Extremstellungen zu führen. Diese gezielte Ausbalancierung der Treiber stellt eine zentrale Herausforderung für jedes Unternehmen dar (vgl. Schuh 2005, S. 8).

Zur strukturierten Handhabung identifizierter Komplexitätstreiber bieten sich verschiedene Klassifizierungen an. Die Unterscheidung zwischen internen und externen Komplexitätstreibern stellt einen häufig verwendeten Ansatz dar (vgl. Meffert 2000, S. 1033; Wildemann 1998, S. 48 ff.; Ebert 2006, S. 35 ff.). Externe Komplexitätstreiber werden nicht oder nur in geringem Maße vom fokalen System beeinflusst, sondern extern determiniert. Als Beispiele hierfür seien *Witterungsbedingungen* oder *gesetzliche Regularien* genannt (vgl. Held & Lammers 2009). Von den externen Komplexitätstreibern geht zum Teil eine wesentliche Beeinflussung auf die internen Treiber aus, die aus dem System selbst entstammen und somit im Einflussgebiet des Systemmanagements liegen. Beispielhaft für interne Komplexitätstreiber seien an dieser Stelle *Bereichsegoismen* und die *Anzahl der Lagerstandorte* erwähnt. In Bezug hierzu liefert BLISS (2000, S. 6) eine noch präzisere Formulierung, indem er direkt durch die (externe) Marktkomplexität beeinflusste interne Komplexitätstreiber unter dem Begriff der korrelierten Komplexität zusammenfasst und vom Markt nicht beeinflusste interne Treiber als autonom bezeichnet. Je nach Anwendungsfeld ergeben sich Möglichkeiten zur weiteren Substrukturierung. So lassen sich die externen Komplexitätstreiber nach KLEPSCH (2004, S. 8) weiter durch Nachfrage-, Wettbewerbs- und Technologiekomplexität unterteilen, während für die internen Komplexitätstreiber eine Unterscheidung von Produkt-, Prozess- und Organisationskomplexität sinnvoll scheint (vgl. Klabunde 2003, S. 7 ff.). Einen anderen Ansatz wählt an dieser Stelle Westphal (2001, S. 76), der die internen Komplexitätstreiber weiter aufteilt in strukturelle, informations- und kommunikationsbezogene sowie individuelle Treiber. In welchem Maße eine solche Feinunterscheidung sinnvoll erscheint, sollte fallspezifisch anhand der angestrebten Forschungsziele entschieden werden.

Eine weitere Klassifizierungsmöglichkeit ergibt sich durch die Abgrenzung von direkten und indirekten Komplexitätstreibern. Als direkte Komplexitätstreiber werden die Einflussfaktoren bezeichnet, die einen direkten Einfluss auf die Komplexität des fokalen Systems ausüben. Indirekte Komplexitätstreiber haben nur einen mittelbaren Einfluss auf die Systemkomplexität durch von Ihnen verursachte komplexitätstreibende Effekte (vgl. Kersten u. a. 2009). An dieser Stelle sei die Erkenntnis erwähnt, dass die Konsequenzen einzelner Komplexitätstreiber selbst wiederum Komplexitätstreiber sein können. So beschreiben Blecker, Kersten & Meyer (2005, S. 50) beispielhaft den zum Teil indirekten Charakter des Treibers *Wettbewerb auf dem Beschaffungsmarkt* mit Hilfe des von ihm verursachten, aus Sicht des Subsystems der Beschaffungslogistik, direkten Komplexitätstreibers der *weitgefächerten Zuliefererstruktur*.

In einem dritten Unterscheidungsmodell wird zwischen systeminternen und systemexternen Auswirkungen der Komplexitätstreiber unterschieden. Grundsätzlich kann für jeden Treiber ein Ort der Ursache und ein Wirkbereich unterschieden und auf diese Weise eine Antwort auf die im betrieblichen Kontext auftretende Problematik unscharfer Ursache-Wirkbeziehungen geliefert werden (vgl. Maznevski, Steger & Amann 2007, S. 2). Diesem Ansatz liegt die Überlegung zugrunde, dass der Ort des Auftretens eines Komplexitätstreibers selber nicht zwangsläufig mit dem Ort des Auftretens seiner Komplexitätswirkung deckungsgleich sein muss und die Unterscheidung von Ursache und Wirkung zu einer vollständigeren Darstellung wichtiger Zusammenhänge beitragen kann (vgl. Berner 2008). Der Ort der Ursache (systemintern oder -extern) wird dabei bereits über die Klassifizierung in interne und externe Treiber abgedeckt. Die nun darüber hinaus vorgenommene Unterteilung der Treiber anhand ihrer Wirkbereiche ermöglicht die Aussortierung der Treiber, deren Wirkbereich systemextern angesiedelt ist, da sie für die Beschreibung der Systemkomplexität nicht relevant sind. Das vollständige Klassifizierungsschema ist in Abbildung 8 dargestellt. Das Aussortieren der Treiber mit systemexterner Auswirkungsebene wird dabei anhand der dargestellten Trennfläche visualisiert.

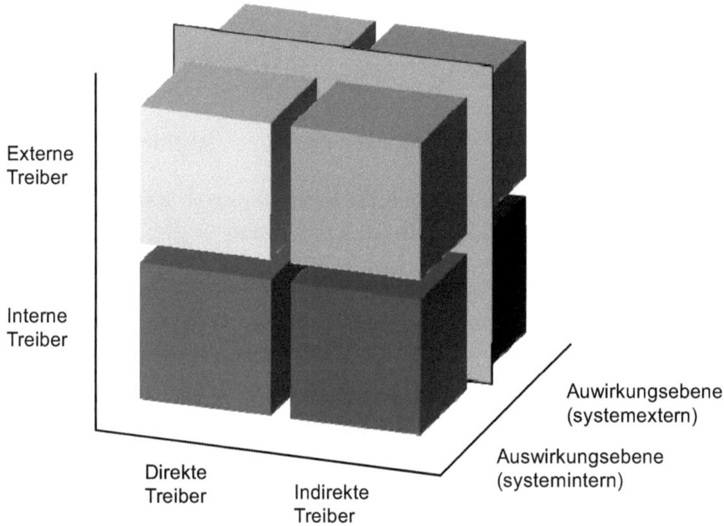

Abbildung 8: Klassifizierungsschema für Komplexitätstreiber (in Anlehnung an Kersten, Lammers & Skirde 2011, S. 23)

Auf Basis des hier beschriebenen Klassifizierungsschemas kann im weiteren Verlauf der Arbeit ein strukturiertes Vorgehen zur Entwicklung eines spezifischen Kataloges von Komplexitätstreibern für die Distribution angewendet werden (s. Abschnitt 5.3).

2.3 Distribution im Kontext der Systemtheorie

Der folgende Abschnitt beschreibt die Grundlagen der Distribution als zweites für diese Arbeit fundamentales Themengebiet. Im Anschluss an eine kurze Einbettung des Begriffes der Distribution in den übergeordneten Kontext des Supply Chain Managements werden relevante Aspekte zur Auffassung der Distribution als logistisches System diskutiert. Hier wird die in dieser Arbeit verwendete strategisch-systemzentrierte Perspektive der Distribution erläutert. Nachfolgend wird eine kurze Übersicht bestehender Managementaktivitäten von Distributionsprozessen erstellt.

2.3.1 Einordnung der Distribution in das Supply Chain Management

Um eine exakte Positionsbestimmung der Distributionslogistik vornehmen zu können, soll zunächst in aller Kürze das Verhältnis der Begriffe Logistik und Supply Chain Management diskutiert werden. Abbildung 9 veranschaulicht vier grundlegend unterschiedliche Möglichkeiten der Begriffsabgrenzung.

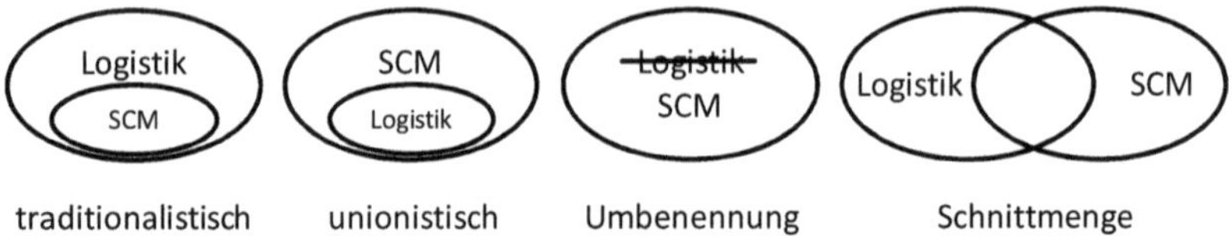

Abbildung 9: Perspektiven der Begriffsabgrenzung „Logistik vs. SCM" (in Anlehnung an Halldorsson & Larson 2004)

Auch wenn die Begriffe Logistik und Supply Chain Management teilweise als Synonyme verwendet werden, geht der Begriff des Supply Chain Managements in seinem definitorischen Umfang oft über den der Logistik hinaus. Diese unionistische Sichtweise soll auch im Rahmen der vorliegenden Arbeit gelten und das Supply Chain Management als ein weiter gespanntes, grenzübergreifendes Konzept interpretiert werden (vgl. Mangan, Lalwani & Butcher 2008, S. 12). So wird zur Definition des Supply Chain Managements die in der Logistik vorgenommene Fokussierung auf Güter und logistische Informationen um eine Betrachtung von akquisitorischen Informationen, Finanzmitteln und Rechten erweitert (vgl. Pfohl 2000, S. 5). Das Supply Chain Managementkonzept macht durch die gesonderte Berücksichtigung der Beziehungen zwischen den so entstehenden Logistik- und Akquisitionskanälen eine verstärkte Zusammenarbeit über Bereichs- und Unternehmensgrenzen hinaus erforderlich. Im Gegensatz zur Logistik beschreibt Christopher (2005, S. 12) einen der wichtigsten Managementschwerpunkte im Supply Chain Management als die Erkenntnis, dass das Ganze mehr sein kann, als die Summe seiner Teile. Diese, vor dem in dieser Arbeit gewählten systemtheoretischen Hintergrund als Emergenz erkennbare Eigenschaft, bestätigt die Wahl der unionistischen Sichtweise als Basis zur begrifflichen Verankerung der Distribution (s. Abschnitt 2.1.4.1). Aber auch im Rahmen des Logistikbegriffes rücken bereits übergreifende Ansätze gegenüber der Optimierung von Transport-, Umschlags- und Lagerungsprozessen als operative Logistikfunktionen in den Vordergrund (vgl. Butz u. a. 2010). Hierfür wird ein erweiterter Logistikbegriff auf Netzwerkebene benötigt. Delfmann u. a. (2010) beschreiben die Logistik daher als Wissenschaftsdisziplin, die „arbeitsteilige Wirtschaftssysteme als Flüsse von Objekten in Netzwerken durch Zeit und Raum [analysiert und modelliert] und Handlungsempfehlungen zu ihrer Gestaltung und Implementierung [liefert]". Durch diesen speziellen Ansatz alle logistischen Vorgänge als Flüsse in Netzwerken aufzufassen und hierbei mit einer technischen, einer organisatorischen und einer sozialen Sichtweise verschiedene Perspektiven einzunehmen, wird die Notwendigkeit unterschiedlicher methodischer Herangehensweisen verdeutlicht. Einen ähnlichen multiperspektivischen Ansatz, der auf dem Netzwerkbegriff basiert, verfolgen Gleissner & Femerling (2007, S. 167). Für sie können logistische Netze mit Knoten und Kanten anhand der Graphentheorie abgebildet werden. Knoten stehen für die Durchführung physischer Prozesse während Kanten die Flüsse von Gütern und Informationen im Netz beschreiben. Produktionsstätten stellen hierbei Güterquellen und Konsumstätten Gütersenken dar. Eine Aufteilung des logistischen Netzes in eine funktionale, eine prozessbezogene, eine räumliche und eine institutionelle Ebene ermöglicht einen höheren Detaillierungsgrad bei der Beschreibung. Eine für den systemtheoretischen Horizont dieser Arbeit nötige Unterscheidung der Begriffe System und Netzwerk hat in Abschnitt 2.1.2 stattgefunden.

2.3.2 Auffassung von Logistik und Distribution als System

Die aus wissenschaftlicher Sicht entscheidenden Fragestellungen der Logistik beschäftigen sich mit dem Management der Logistik als Netzwerk (also als modelliertes System) zur Erreichung von Fortschritten im Sinne der ökonomischen, ökologischen und sozialen Nachhaltigkeit. Wirtschaftliche Vorgänge können dabei als Flüsse von Gütern und Informationen interpretiert werden. Diese Flüsse ermöglichen eine ganzheitliche Betrachtung dieser Vorgänge und können abstrakt beschrieben werden (vgl. Delfmann u. a. 2010, S. 3 ff.). Das System Logistik besteht aus den Subsystemen Beschaffungslogistik, Produktionslogistik und Distributionslogistik (vgl. Ihde 1991, S. 41). Da es die Verbindung zum Kunden repräsentiert, handelt es sich bei der Distribution um das marktverbundene Subsystem der Logistik (vgl. Pfohl 2009, S. 198). Die Distributionslogistik wird als Prozess der Planung, Implementierung und Steuerung des effizienten und effektiven Transports und der Lagerung von Gütern, Dienstleistungen und damit verbundenen Informationen vom Herkunfts- zum Konsumort verstanden (vgl. Ballou 2004, S. 4). Dabei umfasst die Distributionslogistik nach TEN HOMPEL & HEIDENBLUT (2008, S. 60) „die Gesamtheit der Aufgaben und Maßnahmen zur Vorbereitung und Durchführung des Warenflusses von der Produktion bis hin zum Endkunden/Verbraucher“. Sie lässt sich als Bindeglied zwischen der Produktion von Gütern und Dienstleistungen und deren Konsum seitens der Kunden verstehen (vgl. Ahlert 1985, S. 8 ff.). Die Distributionslogistik verbindet die Produktionslogistik eines Unternehmens mit der Beschaffungslogistik des Kunden und findet damit zwischen jedem Paar von benachbarten Supply Chain-Stufen statt (vgl. Pfohl 2009, S. 198; Chopra & Meindl 2010, S. 75). Zu unterscheiden sind in Bezug auf die Struktur des Distributionssystems die vertikale und die horizontale Struktur. Während die vertikale Struktur die Anzahl der unterschiedlichen im Netz vorhandenen Lagerstufen (Werkslager, Zentrallager, Regionallager, Auslieferungslager) beschreibt, umfasst die horizontale Distributionsstruktur die Anzahl der Lager pro Stufe sowie deren Infrastruktur (vgl. Wannenwetsch 2009, S. 379 ff.).

Bei dem Transport von Produkten hängt die Struktur des Distributionssystems vom Produkttyp ab. Anlage- und Investitionsgüter werden einmalig oder nur sehr selten über spezielle Transportverbindungen ausgeliefert, wohingegen Produktionsmaterialien regelmäßig über dieselbe Verbindung zu Industriekunden gelangen müssen. Gebrauchsgüter für private Endkunden sind sehr häufig kleine Einzelbestellungen und sollten konsolidiert transportiert werden. In einem typischen Distributionssystem für Konsumgüter findet ein Materialfluss vieler Einzelprodukte von einigen Produktionsstätten zu einer großen Zahl von Kunden statt. Oft wird hierbei die Menge der zu produzierenden Produkte prognostiziert und anschließend in einem Distributionszentrum bis zur tatsächlichen Auslieferung an den Kunden gelagert (vgl. Fleischmann 2005, S. 232 ff.).

Die verschiedenen Tätigkeitsfelder und Funktionsbereiche (Auftragsabwicklung, Lagerhaltung, Transport etc.) können als Elemente eines Distributionssystems verstanden werden, dessen effiziente Gestaltung nur unter Berücksichtigung der Beziehung zwischen den Elementen möglich ist. Es ist zu berücksichtigen, dass die Distribution nur in Kombination mit anderen Unternehmensbereichen ein wichtiger Faktor zur Erreichung von Kundenzufriedenheit ist. In der Vergangenheit wurden meist nur einzelne Elemente des Distributionssystems untersucht und optimiert. Zum Erreichen eines Gesamtoptimums reicht es aber nicht, alle Teiloptima aneinanderzureihen. Das System muss als Ganzes betrachtet werden (vgl. Hoppe & Conzen 2002). Daher wird mittlerweile ein Konzept der integrierten Logistik angewandt, das die Logistik als Querschnittsfunktion betrachtet, die verschiedene sich überlagernde Bereiche umfasst. Nur eine integrative Betrachtung der Funktionsbereiche in Verbindung mit der Einbeziehung externer Systemeinflüsse kann zu einem globalen Systemoptimum führen (vgl. Vastag 2008, S. 409 ff.). Durch eine systemorientierte Sichtweise lassen sich Suboptima in den Komponenten der Distributionslogistik vermeiden (vgl. Specht & Fritz 2005, S. 116; Rüegge 1975).

Zur Befriedigung der Bedürfnisse des Kunden, der den Bestandteil der Supply Chain repräsentiert, der dem Distributionssystem nachgelagert ist, ist nur eine unternehmensübergreifende Kooperation innerhalb der gesamten Wertkette zielführend (vgl. Pfohl 2009, S. 200 f.). Butz (2010, S. 21) erkennt in diesem Zusammenhang, dass jedes Distributionsnetzwerk unternehmens-, produkt-, und kundenspezifische Eigenheiten aufweist und Aussagen zur Eignung von zentralen oder dezentralen Netzwerkstrukturen deshalb nur generisch möglich sind und bei jedem Unternehmen individuell ausgelegt werden müssen. Anhand von Kennzahlen wie Kosten, Servicegrad, Flexibilität und Umweltauswirkungen lasse sich je nach Unternehmenssituation eine fallspezifisch optimale Struktur ermitteln.

Die Auffassung der Distribution als Subsystem eines übergeordneten Logistiksystems legt eine Betrachtung der Systemschnittstellen nahe. Die Distributionslogistik grenzt zum einen an die Produktionslogistik und zum anderen an den Absatzmarkt (s. Abbildung 10). Mit beiden angrenzenden Systemen werden sowohl Material als auch Informationen ausgetauscht, wodurch zwei Partialflüsse entstehen deren Hauptfließrichtungen entgegengesetzt sind.

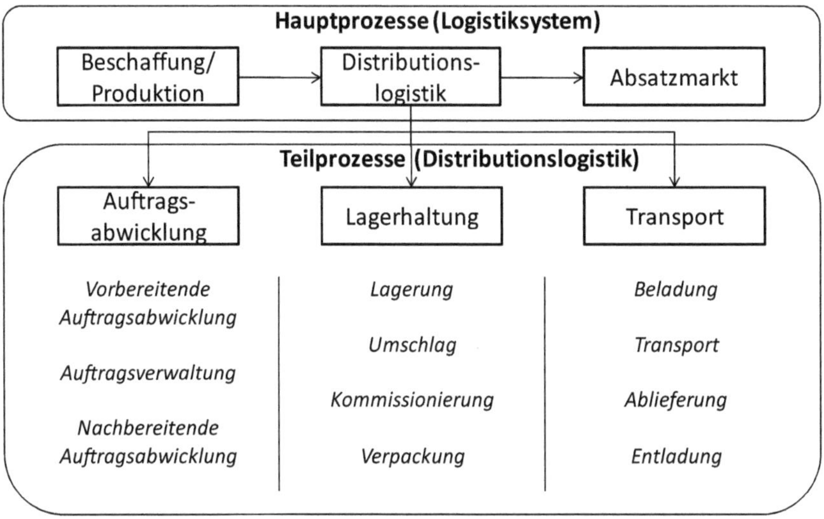

Abbildung 10: Elemente der Distributionslogistik (in Anlehnung an Filz, Fuhrmann & Giehl 1998)

Die Darstellung dieser Flüsse führt zu einer Erweiterung der systemtheoretischen Betrachtung durch eine prozessorientierte Sichtweise. Hierbei wird die Distributionslogistik als Prozesskette dargestellt, deren Logistikprozesse sich durch Potenzialklassen veranschaulichen lassen. *Lenkungsinstanzen* (Organisation) versehen den Prozess mit Rahmenbedingungen. Eingebettet in *Strukturen* (Aufbau- und Kommunikationsstruktur) laufen die Prozesse unter Nutzung von *Ressourcen* (Personal, Arbeitsmittel, etc.) ab.

Dies zeigt, dass für eine vollständige Darstellung des Subsystems Distributionslogistik eine Vielzahl von Faktoren zu berücksichtigen ist. Zentral ist dabei die Berücksichtigung der Schnittstellen bei der Integration distributionslogistischer Managementaktivitäten in das strategische Management der Unternehmung. Über diese Schnittstellen wird die Distributionslogistik von angrenzenden Systemen durch Produktionsprogramme, Bestellungen und Kundenwünsche beeinflusst (vgl. Vastag 2008, S. 417 ff.).

Die Distributionslogistik ist stark in das Unternehmen eingebunden. Grundlegend ist dabei die Distributionspolitik, die den Absatzkanal festlegt. Dieser fasst Absatzwege und den Außendienst zusammen. Ferner beeinflusst die Distributionslogistik über die Steuerung der Logistikkosten auch die Preispolitik des Unternehmens. Das Distributionsmanagement kann zur Verbesserung des Lieferservices sorgen, der eine große Bedeutung bei der Kaufentscheidung hat oder als Werbeargument dient und höhere Preise rechtfertigt (vgl. Smykay 1973, S. 36 f.). Die dargestellte große Bedeutung des Distributionssystems für den Unternehmenserfolg wird weiter verstärkt, indem diesbezügliche Entscheidungen stark risikobelastet sind, da sie sich auf das nach außen gerichtete Handeln beziehen (vgl. Ihde 1991, S. 42).

Die Aufgaben der Distributionslogistik können in eine akquisitorische und eine physische Komponente gegliedert werden. Die akquisitorische Komponente beinhaltet die Ausgestaltung der rechtlichen, ökonomischen, informatorischen und sozialen Beziehungen sämtlicher am Distributionsprozess beteiligten Akteure (vgl. Domschke & Scholl 2002, S. 212). Die physische Komponente umfasst die logistischen Aktivitäten, die für die Warenverteilung notwendig sind. Sie übernimmt eine Ausgleichsfunktion bezüglich der Dimensionen Raum (z. B. durch Transport), Zeit (z. B. durch Lagerung), Menge und Sortiment (z. B. durch Konfektionierung und Kommissionierung) zwischen Produktion und Absatz, wobei eine begrenzte Anzahl von Quellen mit einer großen Anzahl von Senken verbunden wird (vgl. Bretzke 2010, S. 96). Zum Erfüllen dieser Ausgleichsfunktion sind im Rahmen der Distributionslogistik wiederum die Aktivitäten Auftragsabwicklung, Lagerhaltung und Transport erforderlich.

Auf Basis dieser Ausführungen zum Verständnis der Distribution als logistisches System wird im Verlauf der Erstellung der Methodik ein problemspezifischer Ordnungsrahmen zur Bestimmung der organisatorischen Ebenen der Distribution und zur Definition der Systemgrenzen erstellt (s. Abschnitt 5.2).

2.3.3 Management von Distributionsaktivitäten

Die Forderung nach schnelleren und zuverlässigeren Transportdienstleistungen durch die voranschreitende Globalisierung der Ankaufs- und Verkaufsmärkte und die wachsende räumliche Verteilung von Arbeitsstationen hat sich in den letzten Jahrzehnten stetig verschärft. Diesem Trend kann mit der Etablierung globaler Transportnetzwerke und der Einführung modernerer Informations- und Kommunikationstechnologien begegnet werden (vgl. Flämig 2010, S. 92 f.). Das Konzept der physischen Distribution hat sich dabei erst nach und nach als eigenständige Managementfunktion etabliert (vgl. Kapoor & Kansal 2004, S. 2). Das Ziel distributionslogistischer Aktivitäten ist es, „die richtigen Waren zum richtigen Zeitpunkt am richtigen Ort und in der richtigen Qualität zu liefern" und ist damit analog zum Ziel der Logistik im Allgemeinen definiert (Schulte 2009, S. 221). Es werden zum einen Raum- und Zeitüberbrückungsfunktionen erfüllt, zum anderen sogenannte Warenfunktionen. Letztere setzen sich aus dem Mengenausgleich, das heißt der Umgruppierung der Warenmengen in vom Kunden geforderte Quantitäten, und der Sortimentsfunktion, das heißt der Zusammenfassung von Produkten verschiedener Produktionsstätten an einem Nachfrageort zusammen (vgl. Pfohl 2009, S. 201). Die Verbesserung des Lieferservices und die Senkung der Kosten durch Erschließung neuer Rationalisierungspotenziale müssen hierbei in einem optimalen

Verhältnis zueinander stehen (vgl. Kipshagen 1983). Aus dieser Tatsache ergibt sich der Begriff der Logistikleistung, dessen sechs, als gleichberechtigt anzusehende Bestandteile als Stellhebel zur Optimierung der Distributionsaktivitäten herangezogen werden können. Die Bestandteile sind die Liefertreue, die Lieferzeit, die Lieferfähigkeit, die Lieferqualität, die Lieferflexibilität und die Informationsbereitschaft (vgl. Dombrowski & Schulze 2009, S. 221). Dabei werden alle Tätigkeiten umfasst, „die notwendig sind, um Produkte vom Punkt der Fertigstellung im Unternehmen bis zum letzten Punkt im Absatzkanal zu bringen" (Specht & Fritz 2005).

Die Distribution stellt sich als Zentrum eines Interessenkonfliktes zwischen Flexibilität fordernden Kunden auf der einen und Zulieferern, die Sicherheiten in Bezug auf Durchlaufzeiten und Bestellmengen wünschen, auf der anderen Seite dar (vgl. Zylstra 2006, S. 4 ff.). Wichtige Teilaktivitäten des Distributionsmanagements sind demnach das Design, die Koordination und die Kontrolle von wertstromabwärts gerichteten Problemstellungen mit dem Ziel, Angebot und Nachfrage auszugleichen und den Endkunden zu befriedigen (vgl. Blecker u. a. 2005, S. 1). Dabei lassen sich die zu berücksichtigenden Einflussfaktoren auf die Distributionslogistik in externe, durch Kundenanforderungen implizierte sowie unternehmensinterne Faktoren aufteilen, wobei die jeweils vorherrschenden Rahmenbedingungen mit zu berücksichtigen sind (vgl. Beckmann 2007, S. 186 ff.). Die im Rahmen der Distribution vorgenommenen Managementaktivitäten adressieren in der Regel die in Abbildung 10 dargestellten Teilaspekte der Distribution, können darüber hinaus aber auch globalere Ansätze wie Benchmarking, Outsourcing, Kostenmanagement und die Berücksichtigung von Sicherheitsaspekten beinhalten (vgl. Rushton, Croucher & Baker 2010). Bei der zeitlichen Distributionsplanung kann zwischen mittel- und kurzfristig zu treffenden Entscheidungen unterschieden werden. Die Frequenz der Transporte, die Wahl der Distributionswege und die Bestimmung der aggregierten Transportmengen sind hierbei mittelfristige Aufgaben, während die tatsächlichen Liefermengen und deren Zuordnung auf die Transportmittel dem kurzfristigen Planungshorizont zuzuordnen sind (vgl. Fleischmann 2005, S. 235 f.).

Die integrierte Betrachtung dieser Teilphänomene ist gerade in der Distribution mit Hilfe der Systemtheorie als konzeptionelle Grundlage möglich, da durch sie der Rahmen für eine parallele Koordination von Teilaufgaben zur Erreichung eines systemweiten Optimums geschaffen wird (vgl. McKinnon 1989, S. 5).

Eine detailbezogene, komplexitätsorientierte Auseinandersetzung mit Methoden zum Management der Distribution findet sich im Stand der Forschung (Kapitel 3), im Stand der Praxis (Kapitel 4) und bei der Entwicklung eines Maßnahmenkataloges im Rahmen der Methodenentwicklung (Abschnitt 5.5).

2.4 Zusammenfassende Betrachtung der theoretischen Grundlagen

Die vorhergehenden Abschnitte fassen die zur Erreichung der Zielsetzung in dieser Arbeit notwendigen wissenschaftlichen Grundlagen zusammen. Anhand der durchgeführten Analyse themenbezogener Literatur ergibt sich die Komplexität vor dem Hintergrund einer systemtheoretischen Betrachtung als Systemeigenschaft, die sich auf verschiedenen Aggregationsniveaus bestimmen lässt. Diese lassen sich wiederum zueinander in Beziehung setzen und bilden die Grundlage zur Definition des Komplexitätsbegriffs auf Mikro- und Makroebene. Weiterhin besteht eine enge Verzahnung zwischen der Komplexität und anderen Systemeigenschaften, sowohl in Bezug auf deren Definitionsbasis als auch in Bezug auf Implikationen für das Logistikmanagement. In einer Analyse der Bedeutung des Managements von komplexen Systemen werden neben anderen Vorgehensmodellen insbesondere die Strategien der Beherrschung, Reduzierung und Vermeidung als häufig verwendete Ansätze zur Komplexitätshandhabung identifiziert und Komplexitätstreiber als Möglichkeit zur Bestimmung eines Komplexitätsgrades eingeführt. Als grundlegender Untersuchungsgegenstand wird die Distributionslogistik im Rahmen des Supply Chain Managements verankert. Zur Ermöglichung einer komplexitätsorientierten Betrachtung der Distribution wird diese als System beschrieben, das sich aus verschiedenen Elementen sowie materiellen und immateriellen Flüssen zusammensetzt. Die besonderen Herausforderungen des Distributionsmanagements werden anschließend dargestellt und ergeben sich aus dem Konflikt zwischen Individualitätsanspruch der Kunden auf der einen und dem Streben nach standardisierten Prozessen auf der anderen Seite.

Schlussfolgernd lässt sich die Notwendigkeit ableiten, eine tiefgehende Literaturanalyse zur Beantwortung der Fragstellung durchzuführen, inwieweit es bereits distributionsspezifische Komplexitätsmanagementansätze gibt und welche Kriterien zur Beschreibung von Komplexität herangezogen werden, die bei der Entwicklung eines Managementkonzeptes für die Distribution als theoretische Anforderungen in Betracht gezogen werden müssen.

3 Stand der Forschung: Distributionsspezifische Analyse des Managements von Komplexität in Systemen

Auf Basis der vorhergegangen Erläuterungen von Komplexität als Eigenschaft von Systemen und der Distribution als spezielle Systemausprägung wird in diesem Kapitel ein Überblick aktueller Maßnahmen zum komplexitätsorientierten Management von Distributionsaktivitäten gegeben. Zunächst wird hierzu eine Recherche zum aktuellen Stand des Integrationsgrads des Komplexitätsbegriffs in das vorherrschende Verständnis von Distributionslogistik durchgeführt. Hierauf aufbauend wird eine strukturierte Analyse existierender Verfahren zum Komplexitätsmanagement in der Distribution und deren Implikationen durchgeführt.

3.1 Betrachtung von Komplexität aus distributionsspezifischer Sicht

Komplexität stellt einen in Unternehmen immer stärker in Erscheinung tretenden Kosteneinflussfaktor mit „unangenehmen betriebswirtschaftlichen Eigenschaften" dar (Adam & Johannwille 1998, S. 10). Zu den Folgen überhöhter Komplexität zählen neben Kostensteigerungen auch eine eingeschränkte Flexibilität, der Verlust von Transparenz sowie ein steigender Koordinationsaufwand. Fehlende Transparenz sowie eingeschränkte Flexibilität behindern die Fähigkeit des Systems, auch unter ungünstigen Umweltbedingungen noch zuverlässig zu funktionieren. Die Transparenz der Strukturen und Abläufe ist zudem für eine rechtzeitige Reaktion unerlässlich, ebenso die Flexibilität für die benötigten Freiheitsgrade. Auf Grund ihres interdisziplinären Charakters sind logistische Systeme von solchen Auswirkungen direkt betroffen (vgl. Schweiger & Brunner 2006). Wenn die Komplexität hingegen unter ein bestimmtes Maß gesenkt wird, kann die zufriedenstellende Erfüllung der Distributionsaufgabe nicht mehr gewährleistet werden. Eine erhöhte Komplexität hat demnach direkten Einfluss auf die Effizienz des Distributionssystems, die durch eine entsprechende Optimierung der Komplexität gesteigert werden kann. Folglich stellt eine effiziente Komplexitätsanalyse und -bewertung ein dringend benötigtes Werkzeug dar. Nur durch Maßnahmen, die aus einem umfassenden Komplexitätsmanagement resultieren, das neben der internen und externen Komplexität auch zwischen verschiedenen distributionsbezogenen Strategien des Komplexitätsmanagements unterscheidet, kann die Robustheit des Distributionssystems langfristig aufrechterhalten und gesichert werden.

Auf allen drei definitorischen Ebenen der dynamischen Komplexität (Konnektivität, Varietät, Dynamik; s. Abschnitt 2.1.3) lässt sich ein Bezug zum Betrachtungsgegenstand des Distributionssystems herstellen.

Als Bindeglied weist die Distribution eine hohe Beziehungs- und Elementdichte auf, was sich in den Dimensionen Konnektivität und Varietät direkt auf die Komplexität auswirkt. So hält SYDOW (2010, S. 4) fest, dass sich die Komplexität in Supply Netzwerken unter anderem aus der Zahl der Kooperationspartner sowie der Intensität der Austauschbeziehungen ergibt. Auf der Absatzseite des Unternehmens bedeutet dies vor allem eine „vertrauensvolle Zusammenarbeit zwischen Hersteller und Handel", die auch als „Efficient Consumer Response (ECR)" bezeichnet wird (vgl. Wannenwetsch 2009, S. 383). Informations- und Materialflüsse sollen dadurch optimiert werden, bis eine lückenlose Kette entsteht. Im Bereich der Distributionslogistik stellt sich dies unter anderem durch kontinuierlichen Warennachschub, sogenanntes „Efficient Replenishment" dar, welches über ein automatisches Bestellwesen Kosten und Durchlaufzeiten senken soll. Daten über den Warenbedarf beim Kunden werden automatisch erfasst und an den Lieferanten gemeldet, der somit Verantwortung im Bestandsmanagement übernimmt (vgl. Wannenwetsch & Nicolai 2004, S. 213 f.)

Auch die Anzahl der Standorte im System stellt einen auf Elementebene wirkenden Komplexitätsaspekt dar (vgl. Kersten 2001, S. 8). Da durch die Festlegung der Anzahl der Standorte ein entscheidendes Kriterium für die Anzahl der Transportquellen und -senken bestimmt wird, ist außerdem eine auf Konnektivität basierende Beeinflussung der Distributionskomplexität zu erwarten (vgl. Kestel 1995, S. 92). Dieses Beispiel verdeutlicht erneut die Abhängigkeit der verschiedenen Komplexitätstreiber und die sich daraus ergebende Notwendigkeit zur ganzheitlichen Betrachtung von Komplexität.

Neben der hohen Konnektivität durch Kooperationen stellt die Dynamik des Distributionssystems einen entscheidenden komplexitätsrelevanten Faktor dar. Sie ergibt sich aus Veränderungen der angrenzenden Systeme. Nach SPECHT & FRITZ (2005, S. 33) sind dafür verschiedene Einflüsse verantwortlich. Neue Produkte und wechselnde Kundenanforderungen erfordern neue Absatzwege. Ferner hat sich durch gesamtwirtschaftliche Veränderungen, beispielsweise die Verschärfung des Wettbewerbs, eine größere Marktmacht der Großhändler sowie der Kunden entwickelt, auf die Hersteller unter anderem mit Veränderungen ihrer Distributionslogistik reagieren müssen. Auch die oben erwähnten Kooperationen führen zu Dynamik, indem sie neue und oft aktualisierte Technologien erfordern. Diese Faktoren führen dazu, dass die Flexibilität der Distributionslogistik eines der wichtigsten Erfolgskriterien darstellt.

Vor dem Hintergrund des in Abschnitt 2.1.3 auf Makroebene definierten Begriffs der generischen Komplexität ergibt sich zur Anwendung im Distributionskontext die Möglichkeit, weitere Aussagen zu treffen. In dieser Arbeit zeichnet sich die generische Komplexität im Vergleich zur dynamischen Komplexität durch die zusätzliche Berücksichtigung von Emergenzeffekten aus. Im Falle der Beschreibung distributionslogistischer Aktivitäten ergeben sich Eigenschaften des Gesamtsystems, die sich nicht ausschließlich anhand des Verhaltens der Systembestandteile erklären lassen in verschiedenen Erscheinungsformen. Insbesondere seien an dieser Stelle Eigenschaften, die sich aus verschiedenen Interessenslagen der beteiligten Supply Chain Akteure ergeben, erwähnt. Unterschiedliche Anspruchshaltungen sowie das natürliche Entstehen von Konkurrenzsituationen führen zu einer Verstärkung der Komplexitätsproblematik, die durch die in Logistiksystemen vorherrschende Mannigfaltigkeit der Beziehungen zwischen Lieferanten, Produzenten, Distributoren sowie mit den Kunden besonders stark zum Vorschein kommt (vgl. Belz 2005, S. 2; Pathak u. a. 2007, S. 548). Deutlich wird in diesem Zusammenhang auch die von Choi, Dooley & Rungtusanatham (2001, S. 352) untersuchte Begrenztheit eines auf interorganisationalen Messungen beruhenden Planungs- und Steuerungsansatzes von Supply Chain Aktivitäten, die sich unter der Annahme, dass sich auch die Distribution als komplexes, adaptives System verstehen lässt auf den vorliegenden Untersuchungsgegenstand übertragen lässt. Beispielhaft für in der Distribution auftretende Emergenzeffekte sei an dieser Stelle die im Schattensystem der Distribution auftretende Informationsasymmetrie durch nicht modellierbare zwischenmenschliche Beziehungen der beteiligten Distributionsakteure genannt.

Zur graphischen Erfassung der grundlegenden Analogien zwischen Komplexität, Distribution und dem in dieser Arbeit verwendeten Systembegriff dient Abbildung 11.

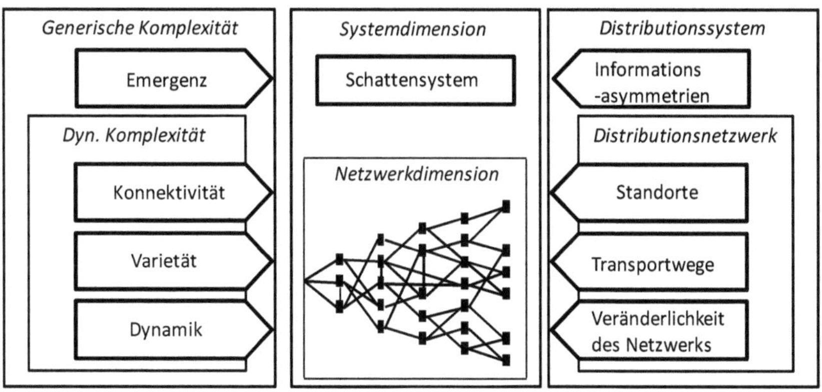

Abbildung 11: Analogie der Definitionsbestandteile von Komplexität und Distribution (eigene Darstellung)

3.2 Analyse existierender Verfahren zur Bewertung und zum Management von Komplexität im Systemumfeld auf verschiedenen Fokusstufen

Im folgenden Abschnitt wird mittels einer Literaturanalyse die Frage beantwortet, in welchem Ausmaß Methoden zur Handhabung von Komplexität bislang für das spezifische Gebiet des Distributionsmanagements betrachtet wurden. In diesem Zusammenhang werden außerdem die Kriterien zusammengefasst, die in den verschiedenen existierenden Ansätzen einen Einfluss auf den Komplexitätsgrad haben und zu seiner Optimierung gesteuert werden können. Ziel dieses Abschnittes ist es, zum einen die Notwendigkeit der Erstellung eines durchgängigen Konzeptes zum komplexitätsorientierten Management der Distribution zu belegen und zum anderen durch die Analyse relevanter Vorgehensweisen im thematischen Umfeld einen Überblick hilfreicher Kriterien vor dem Hintergrund der bevorstehenden Entwicklung der Methodik zu erlangen.

Aufgrund der Tatsache, dass es bisher erst wenige Arbeiten gibt, die sich mit Komplexitätsfragen speziell für die Distribution auseinandersetzen, wird in der folgenden Literaturanalyse ein weiter aufgespanntes Themenfeld abgedeckt. Es werden Maßnahmen und Ansätze zur Bewertung und zum Management von Komplexität auf verschiedenen Abstraktionsniveaus untersucht. Die erste Verallgemeinerungsstufe aus Sicht der Distribution stellt dabei die Betrachtung von Komplexität in Logistiksystemen dar. Auf dieser Ebene gibt es bereits eine deutlich höhere Zahl von Ansätzen in der Literatur. Um dem Anspruch dieser Arbeit zu genügen, das Management von Komplexität in Distributionssystemen allgemein systemtheoretisch zu verankern und auch Kriterien, die aus allgemeineren Ansätzen stammen, zu berücksichtigen, wird die Generalisierung stufenweise weitergeführt. Aufgrund der Vielzahl der insgesamt existierenden Aufsätze wurde für jede Abstraktionsebene nur ein Auszug der relevanten Quellen aufgeführt. Anhand der in Abschnitt 2.3.1 beschriebenen Abgrenzung der Begriffe stellt das Supply Chain Management bzw. das gesamte Wertschöpfungssystem den nächsten Verallgemeinerungsschritt dar. Daran anschließend werden Methoden zur Komplexitätshandhabung untersucht, die sich auf betriebswirtschaftliche Themen im Gesamten beziehen. Zuletzt werden auszugsweise Verfahren untersucht, deren Grundlage die Systemtheorie im Allgemeinen darstellt.

Bei der Untersuchung der einzelnen Quellen wird besonderer Wert auf die Aufdeckung der verwendeten Kriterien zur Analyse, zur Bewertung und zum Management von Komplexität gelegt. Ziel ist es hierbei, wichtige Informationen für die schwerpunktmäßige Ausrichtung der zu entwickelnden Methodik zu erlangen. Die in der Literatur herangezogenen Kriterien werden anhand der in Abschnitt 2.1.3 vorgenommenen Unterscheidung verschiedener Beschreibungsebenen in „statische“, „dynamische“ und „generische“ Kriterien gruppiert. Statische Kriterien beschäftigen sich mit der grundlegenden Struktur des fokalen Systems, während dynamische Kriterien auch den Aspekt der zeitlichen Veränderung mit abdecken. Generische Kriterien beschreiben das System auf einer höheren Ebene ohne explizit auf die einzelnen strukturellen Systembausteine einzugehen. Es wurde zusätzlich unterschieden, ob ein in einer Quelle erwähntes Kriterium sich als entscheidend für den Erfolg des jeweils beschriebenen Vorgehens herausstellt (Primärkriterium) oder ob es sich um eine optional zu betrachtende Präzisierung dieses Vorgehens handelt (Sekundärkriterium).

Im Folgenden werden die für die vorliegende Arbeit entscheidenden Hauptaspekte einer Auswahl der untersuchten Arbeiten genauer erläutert. Das Ergebnis der Analyse ist in Tabelle 3 zusammengefasst. Die Tabelle umfasst neben den im Folgenden beschrieben Ansätzen noch einige weitere Arbeiten, deren Kriterien in die Analyse mit aufgenommen wurden.

Fokusfeld (Distributionsfokus)	Distributionssysteme			Logistiksysteme						Supply Chain / Wertschöpfungssysteme											Betriebswirtschaftliche Systeme								Systemtheorie					
Kriterien	Bretzke 2010	Hauptmann 2006	Vastag 2008	Hofer & Knemeyer 2009	Ivanov 2006	Mayer 2007	Meepetchdee & Shah 2007	Waldraff 2007	Westphal 2001	Blecker 2005	Frizelle & Efstathiou 2002	Geimer u.a. 2005	Hoole 2004	Hu u.a. 2008	Kaluza 2006	Kersten u.a. 2007	Klaus 2005	Mattsson 2003	Milgate 2001	Miragliotta u.a. 2002	Ashmos u.a. 2000	Aurik 2007	Grossmann 1992	Huch 2005	Hundsnes 2000	Kirchhof 2003	Kohlsdorf 2008	Wildemann 1999	Abdelkafi 2008	Ashby 1985	Kappelhoff 1999	Ludwig 2001	Meyer-Ortmanns 2004	Ulrich & Probst 1995
Statische																																		
Varietät	●	○	●			●		●	●			●	●		●	●	●			●	●	○	●	●	●		●			●		●	○	
Konnektivität		○	●		●		●	●	●		●				●	●	●		●	●	●		●	●	●		●			●		●	○	●
Strukturelle Komplexität		●	●	●		●			●	●	●			●		●					●	●	●		●	●		●	●			●	●	
Geographische Erstreckung des Systems	○	●	●	●		●		○				●	○					○		○				○								○		
Mehrstufigkeit des Systemlayouts	●							○																○							●			
Anzahl der beteiligten Akteure / Kooperationen	●	●			●	●					●		●									○		○			●	●						
Produkt- und Prozesscharakteristika		●						●	●			●	●	●		●			●	●		○	○			○	●	●	●			○		
Dynamische																																		
Zeitliche Veränderlichkeit des Systemzustands		○	○		●			●	●	●	●				●	●							●	●	●	○	●		●			●		●
Flexibilität und Adaptivität als Merkmale komplexer Systeme	●		●			●			○												●				●	●					○		●	●
Entropie							○				●			●												○						○		
Kundenspezifische Forderungen		○										●		○		○	●					○	●			○		○	●					
Fähigkeit zur Selbstorganisation																					○		○		●	○					●			
Informationsfluss									●		●	○	●	●									●			○						●		
Wechselwirkungen innen/außen des komplexen Systems	●		●		●	●		●	○							●	●	●		●			●				●				●	●		
Generische																																		
Ganzheitlichkeit von Planung und Steuerung			●			●							●		●	●	●		●		●	●	●		●	●	●	●				○		○
Einnahme einer strategischen Perspektive													●					●		●	●	●			●			●				●		
Hierarchisierung der Planung	●		●			○							○																				●	●
Stabilität und Einfachheit	●				○				●		●		●				●		●		●				●		●				○	●		
Robustheit/Merkmal Selbst. Organisation							●							○		●																		
Transparenz		○				○																●										○		
Prognoseunsicherheiten	●				●								○	○		○			●				○		●							○		●
Komplexitätskosten als Maß des Komplexitätsgrades																●	●					●		●				●						
Komplexität des Ziel- und Steuerungssystems	●					○			●												●						●							
Effektivität und Effizienz	●		●				●									○		○		○	●	○	●				●							

● Als Primärkriterium beschrieben ○ Als Sekundärkriterium beschrieben

Tabelle 3: Übersicht verwendeter Kriterien zur Komplexitätshandhabung (eigene Darstellung)

3.2.1 Fokusstufe Distributionssystem

Mit der Komplexität des Designs von Distributionssystemen befasst sich BRETZKE (2010, S. 95 ff.). Die Gestaltung solcher Systeme unter Kosten- und Serviceaspekten entspricht einer Menge interdependenter Teilprobleme, die simultan gelöst werden müssen. Da die simultane Lösung aufgrund der Komplexität der Gestaltungsaufgabe nicht möglich ist, werden die Teilprobleme sequenziell mit iterativen Rückkoppelungsschleifen gelöst. Teilprobleme der Gestaltung von Distributionsnetzwerken sind die Stufigkeit des Systems, die Knotenzahl je Stufe und die Funktion der Knoten (horizontale Struktur bzw. Netzdichte), die räumliche (Ressourcen-) Allokation, die Gebietsabgrenzung, die Verkehrsträgerwahl, die Wertschöpfungstiefe (Make-or-Buy-Analyse je Stufe, Standort und Funktion) sowie die Wahl der Lieferwege. BRETZKE nennt außerdem eine Vielzahl an Komplexitätsquellen bei der Konfiguration von Distributionsnetzen. Dazu zählen die große Anzahl interdependenter Teilprobleme (so dass ggf. eine Auslagerung mancher Aspekte auf Implementierungsprojekte nötig wird), die Interdependenz zwischen Netzstruktur und Netzbetrieb, der Umgang mit Prognoserisiken und die Begrenzung der Gestaltungsfreiheit durch historisch gewachsene Strukturen. Die Marktdynamik erfordert strukturell adaptive Systeme, wodurch ggf. die „zweitbeste" Lösung anstelle des statischen aber unflexiblen Maximums gewählt wird. Auch die Verschiebung des Tradeoffs zwischen Lagerhaltungs- und Transportkosten durch äußere Einflüsse infolge von überlasteter Infrastruktur, umweltpolitisch motivierter staatlicher Interventionen und der Steigerung des Ölpreises ist eine Komplexitätsquelle im Rahmen der Gestaltung von Distributionsnetzwerken. Weitere Schwierigkeiten bereitet die Tatsache, dass wesentliche Einflussgrößen und funktionale Zusammenhänge oft geschätzt werden müssen und Vorentscheidungen Interdependenzen durch Restriktionen ersetzen. Außerdem entsteht ein Bewertungsproblem, wenn die angewendete Theorie die reale Komplexität nicht erfassen kann.

HAUPTMANN (2006, S. 100 ff.) identifiziert als Einflussgrößen auf die Komplexität von Distributions-, Produktions- und Beschaffungsnetzwerken die Anzahl der Netzwerkknoten, die Zahl der Relationen zwischen diesen Knoten (Anzahl Quelle-Senke-Beziehungen), die Menge der durch das Netzwerk fließenden Stock Keeping Units und deren Sendungsfrequenz sowie die geographische Erstreckung der Wertschöpfungskette. Letztere erhöht die Komplexität eines Netzwerks beispielsweise durch die Berücksichtigung unterschiedlicher länderspezifischer rechtlicher Bestimmungen, Infrastrukturniveaus und kultureller Unterschiede. Die genannten Einflussgrößen erhöhen die Komplexität der Steuerung der Warenströme innerhalb eines Netzwerks. Außerdem betrachtet HAUPTMANN Aspekte, wie die Komplexität von auszulagernden Logistikleistungen. Diese ist laut HAUPTMANN abhängig von dem Ausmaß einer Kooperation (Kooperationstiefe, -breite, -umfang), von netzwerkbezogenen Aspekten wie der Struktur oder der geographischen Ausmaße der Wertschöpfungskette, prozessbezogenen Aspekten, die die Natur der Leistungen und Anforderungen an den Servicegrad beinhalten, und produktbezogenen Aspekten, also Natur und Wert der Güter. Diese Gesichtspunkte beeinflussen wiederum das Ausmaß an Ausgliederungsproblemen.

VASTAG (2008, S. 409 ff.) befasst sich mit der Beschreibung der Distributionslogistik als System und hebt in diesem Zusammenhang hervor, dass sich die Komplexität vor allem aus den systeminternen und -externen Wechselwirkungen der Systemelemente ergibt. Er weist auf eine in der Vergangenheit überwiegend vorgenommene Art der Betrachtung hin, die der Systemkomplexität aufgrund ihrer Isoliertheit nicht gerecht wurde. Das Erreichen eines optimalen Systemzustands ist laut VASTAG nur über eine integrative Berücksichtigung aller relevanten Systemelemente möglich. Hierbei spielen deren Interdependenzen ebenso eine wichtige Rolle, wie systemexterne Einflüsse. Eine Optimierung separat betrachteter Einzelelemente ist nicht zielführend. Besonders zu beachten sind die Funktionen Auftragsabwicklung, Lagerhaltung und Transport als konstitutive Elemente der Distribution (s. Abbildung 10). Darüber hinaus sieht VASTAG einen Einfluss auf den Grad der Komplexität in der strategischen Distributionsplanung durch den Aspekt der Internationalisierung. Die weitgehende Vereinfachung des Warenverkehrs erfordert eine kontinuierliche Bearbeitung des Angebotes an Serviceleistungen und eine stetige Neugestaltung angewandter Distributionsstrategien auf Teilmärkten mit einer schnell fluktuierenden Wettbewerbssituation.

3.2.2 Fokusstufe Logistiksystem

HOFER & KNEMEYER (2009, S. 191) entwickeln eine allgemeine Skala zur Bewertung von Logistikkomplexität. Dabei wird eine Komplexitätsdefinition von RAO & YOUNG (1994) verwendet, die als Ursachen der Komplexität die Menge und Vielfalt logistischer Transaktionen sowie die Divergenz in Zahl und Abfolge der Transaktionen und die Unabhängigkeit der Aufgaben innerhalb einer Supply Chain anführen. Komplexität wird nach RAO & YOUNG aufgespalten in Netzwerk-, Prozess- und Produktkomplexität. Basierend auf dieser Gliederung definieren HOFER & KNEMEYER Messgrößen als Bewertungsmaßstab für allgemeine Logistikkomplexität. Die Netzwerkkomplexität wird demnach getrieben durch die geographische Zerstreutheit der Knoten eines Netzwerks. Die Prozesskomplexität hängt ab von der Anzahl an Aufgaben, die in einer kurzen Zeitspanne durchgeführt und koordiniert werden müssen, also von dem Zeitdruck in der Supply Chain. Dabei können bei hohem Zeitdruck Interdependenzen und Tradeoffs entstehen, die eine engere Zusammenarbeit der Akteure der Supply Chain erfordern können (z. B. co-managed inventory, collaborative product design, synchronous design). Spezielle Produktcharakteristiken, die Transport, Lagerung und Handling beeinflussen, erhöhen die Produktkomplexität (z. B. Haltbarkeit von Waren).

Auch IVANOV (2006, S. 120 ff.) betrachtet die Komplexität von Logistiknetzwerken aus systemtheoretischer Sicht. Ein komplexes System definiert IVANOV als ein solches, dessen Ziele schwer formalisierbar sind und dessen Untersuchung die kombinierte Anwendung mehrerer Theorien und Methoden erfordert. Demnach sind Komplexität und Unsicherheit von Unternehmensnetzwerken in erster Linie durch unsichere Interaktionen zwischen den aktiven Elementen (Unternehmen), höhere Dynamik und externe und interne Störungen gekennzeichnet. Für IVANOV ist die Komplexität eines Netzwerks nicht von der Anzahl seiner Elemente abhängig. Denn lässt sich für jedes Element des Netzwerks eine Problemlösung in Form eines linearen analytischen Gleichungssystems finden, so ist das betrachtete System nicht komplex, egal wie viele Elemente es enthält. Stattdessen ist die Komplexität vom Charakter der Netzwerkstruktur und den unsicheren Interaktionen zwischen den Netzwerkelementen abhängig. Komplexität entsteht in Produktions- und Logistiknetzwerken durch die unvorhersehbare Beeinflussung mehrerer Netzwerkparameter durch Entscheidungen über einen anderen Netzwerkparameter. Dieses dynamische Verhalten des Netzwerks kann nicht mit einfachen analytischen Modellen beschrieben werden und ist somit Ursache für Komplexität in Logistiknetzwerken.

MAYER (2007, S. 96 ff.) untersucht die Auswirkungen von Komplexitätstreibern für Unternehmen auf die Logistik. Im Rahmen einer Fallstudie bewertet er den Einfluss auf die Logistik von sechs Komplexitätstreibern (Wettbewerbs-, Nachfrage-, Absatz-, Beschaffungs-, Produktprogramm-, Produktionsprogramm- und Fertigungskomplexität) als hoch. Die Wettbewerbskomplexität entsteht durch die Globalisierung der Märkte. Um sich gegenüber der neuen Konkurrenz behaupten zu können, signalisieren Unternehmen Flexibilität und erhöhen sowohl die Produktvielfalt als auch die Schnelligkeit und Liefertreue der logistischen Leistungen. Maßnahmen, um die Wettbewerbskomplexität zu senken sind die Implementierung geeigneter Bevorratungsstrategien, späte Variantenbildung und die Verfolgung der Innovationsführerschaft. Die Nachfragekomplexität wird in Absatz- und Beschaffungskomplexität gespalten. Weltweit verstreute Absatzmärkte erhöhen die Absatzkomplexität. Sie führen zu längeren Transportwegen, was einen Flexibilitätsverlust und erhöhte Transportkosten verursachen kann. Möglichkeiten, diese Auswirkungen gering zu halten sind die Berücksichtigung der geographischen Lage der Absatzmärkte bei Standortentscheidungen, optimale Transportmittelauslastungen und die Implementierung von Bevorratungsstrategien zur Minderung des Flexibilitätsverlusts. Des Weiteren erfordern weltweit verteilte Absatzmärkte die Berücksichtigung unterschiedlicher (länderspezifischer) gesetzlicher Bestimmungen (z. B. Zoll- und Einfuhrbeschränkungen) und die Befriedigung heterogener Marktanforderungen durch kulturell unterschiedliche Präferenzen oder Normen. Die Beschaffungskomplexität wächst mit der Entfernung der Beschaffungsmärkte von den Produktionsstätten und der Anzahl der Lieferanten.

Neben den bisher genannten externen Komplexitätstreibern haben auch einige interne Komplexitätstreiber Einfluss auf die Logistik. Produktprogramm- und Produktionsprogrammkomplexität hängen von der Anzahl der angebotenen Produktvarianten und der Vermarktung von Sonderanfertigungen ab und haben durch die notwendige Planung, Steuerung und Durchführung der vielen verschiedenen Aktivitäten großen Einfluss auf die Komplexität der Logistik. Des Weiteren hat die durch eine große Anzahl an Fertigungsschritten bedingte Fertigungskomplexität Auswirkungen auf die Logistik, da diese mit entsprechend vielen Transport- und Rüstvorgängen verbunden ist. Technologiekomplexität, Organisations- und Zielkomplexität, informatorische und individuelle Komplexität haben laut MAYER nur einen geringen bis mittleren Einfluss auf die Logistik eines Unternehmens.

MEEPETCHDEE & SHAH (2007, S. 204 ff.) definieren die Begriffe Komplexität, Robustheit und Effizienz eines logistischen Netzwerks. Auf dieser Basis wird ein mathematisches Modell entworfen und auf eine hypothetische Fallstudie angewendet. Komplexität wird im Folgenden definiert als Verhältnis von der Anzahl der aktuell auftretenden Kanten und der minimal notwendigen Anzahl, um alle Netzwerkknoten zu verbinden. Diese Definition kann äquivalent für Kosten verwendet werden. Effizienz wird im Weiteren über Kosten definiert und die absolute Effizienz des betreffenden Netzwerkes mit einem idealen Netzwerk ins Verhältnis gesetzt. Unter Robustheit verstehen MEEPETCHDEE & SHAH den Grad der Erfüllbarkeit der Funktionen des Netzwerks bei gleichzeitiger Entfernung von Komponenten aus dem Netzwerk. Ein Zusammenhang zwischen den drei genannten Größen besteht laut den Autoren in dem Sinne, dass ein Anstieg des Robustheitsbedürfnisses einen Anstieg der Komplexität bei gleichzeitiger Abnahme der Effizienz verursacht. Die Abschätzung eines optimalen Verhältnisses dieser drei Größen wird als entscheidende Aufgabe beim Management logistischer Systeme angesehen.

WALDRAFF (2007, S. 162 ff.) nennt als Treiber der Komplexität in Logistiknetzwerken die Zahl und Verschiedenartigkeit der Elemente eines Systems sowie die Vielfalt der Beziehungen zwischen den Elementen. Er wählt eine dynamische Interpretation der Komplexität, um Erklärungen für dynamische Effekte (z. B. den Bullwhipeffekt) und deren Überlagerung liefern zu können. Für ihn können komplexe Systeme aufgrund dynamischer Rückkopplungen in Zustände geraten, die nicht mehr statisch zu beschreiben sind. Zur dynamischen Beschreibung wird die Theorie der Kybernetik auf logistische Systeme angewendet (s. Abschnitt 2.1.1). Regler werden zur Beherrschung dynamischer Effekte und Systemstörungen verwendet, systemimmanente Verzögerungen und Trägheit werden als Totzeiten interpretiert.

Die Komplexität von Logistiksystemen teilt sich in longitudinale und laterale Komplexität auf. Longitudinale Komplexität ist von der Stufigkeit der Wertschöpfungskette abhängig und kann durch den Abbau von Stufen oder die Weitergabe von Informationen stromaufwärts in der Supply Chain vermindert werden. Eine erhöhte Variantenvielfalt im Produktprogramm führt zu einer Verbreiterung der Wertschöpfungskette und somit zu erhöhter lateraler Komplexität. Diese Form der Komplexität kann durch eine Reduktion der Variantenzahl oder eine Verringerung des multiple sourcing begrenzt werden. Symptome für dynamische Reaktionen können laut WALDRAFF periodische Kapazitätsengpässe oder typische Über- oder Unterbestände ganzer Branchen sein. Eine schlecht beherrschte Dynamik verursacht Kosten, die sich beispielsweise in Bestandsabwertungen, Sonderfahrten, Überstunden, Feiertagszuschlägen, Unterauslastung, Rüstkosten, Stillstandskosten, Mehrkosten der Beschaffung oder höheren Gemeinkosten durch Umplanung äußern. Durch Komplexitätsreduktion lassen sich dynamische Verhaltensmuster verbessern. Damit lassen sich Kosten vermeiden. Als Veranschaulichung wird ein verbreitetes Unternehmensspiel, das Beer Game, genannt, mit dem das Gleichgewichtsverhalten einer mehrstufigen Logistikkette bezüglich von außen herbeigeführter Störungsimpulse simuliert wird. Zudem ist zu beobachten, dass der Gleichgewichtszustand sogar ohne externe Störungen nach einigen Spielrunden verlassen wird.

3.2.3 Fokusstufe Supply Chain/Wertschöpfungssystem

Laut GEIMER, KÜHN & SALJE (2005) führen eine steigende Variantenzahl und verkürzte Produktlebenszyklen in Verbindung mit Produktneueinführungen, unzureichenden Sortimentsbereinigungen sowie einem Anstieg kundenspezifischer Forderungen zu Produkt- und Dienstleistungsvielfalt und damit zu Komplexität in Produktion und Logistik. Des Weiteren führt eine wachsende Anzahl an Produktionsstätten und Standortverlagerungen ins Ausland zu komplexeren Materialflüssen.

Weitere Ansätze zur Reduktion der Supply Chain Komplexität beschreibt HOOLE (2004). Von besonderem Wert ist für Ihn der Aspekt der Vereinfachung der Supply Chain mit dem Ziel, Kosten zu reduzieren und die Performance zu steigern. Hierzu empfiehlt HOOLE einen integrierten Managementprozess, bei dem ein Führungsteam kontinuierlich Fokussierung, Abgleich und Synchronisation zwischen allen Funktionen der Organisation anstrebt. HOOLE bildet aus den vier Prozesselementen des Supply Chain Operations Reference Model (SCOR) (*plan, source, make* und *deliver)* und fünf von ihm identifizierten Einflussgrößen auf die Supply Chain Performance (*configuration, management practices, external relations, organization* und *systems*) eine Matrix, deren Feldern er Methoden zur Komplexitätsreduktion zuordnet.

HU U. A. (2008, S. 47 f.) beschreiben Komplexität mit Hilfe einer Entropiefunktion, die für die Komplexität als Unsicherheit in einem Zufallsprozess bei der Bewältigung von Produktvielfalt interpretiert wird. Diese Definition wird im Folgenden auf die verschiedenen Bereiche des

Unternehmens angewandt und schlussendlich zu einem Maß für die generische Komplexität zusammengefasst. Zur Bewältigung von Komplexität wird eine geeignete Sequenzierung des Herstellungsverfahrens eines Produktes vorgeschlagen. Hierbei wird die Überlegung angestellt, dass innerhalb des Sequenzierungsprozesses „Transferkomplexität" entsteht. Eine optimale Sequenzierung sollte am Schluss ein Minimum an generischer Komplexität aufweisen.

KERSTEN U. A. (2007, S. 1164 ff.) definieren Komplexität über die Anzahl und die Verschiedenheit der Elemente und Verbindungen im System. Des Weiteren wird je nach Richtung der Komplexitätsinduktion zwischen interner und externer Komplexität unterschieden. Die Effekte interner Komplexität werden in solche mit unmittelbar auftretender Kostenwirkung, wie z. B. erhöhte Qualitätskosten und zusätzlicher Entwicklungsaufwand, und mittelbare Effekte, wie einem steigenden Verwaltungsaufwand unterschieden. Unter Komplexitätsreduktion wird folgend die Herabsetzung interner Komplexität, also die direkte Verkleinerung der Elementverbindungsanzahl bzw. -vielfalt verstanden. Im Zusammenhang mit den Ursachen von Komplexität verweisen KERSTEN U. A. auf die Erfüllung von Kundenwünschen. So werden zum Beispiel Produkte in Nischen, in denen keine großen Stückzahlen zu erwarten sind, angeboten. Darüber hinaus wird festgestellt, dass Komplexitätsendscheidungen häufig auf operativer Ebene fallen.

KLAUS (2005, S. 365 ff.) nennt als Einflussfaktoren auf die Komplexität in Supply Chains die Zahl der Supply Chain Akteure, den Vernetzungsgrad, die Festigkeit der Koppelungen, die Unsicherheit der Verhaltensregeln im System, die Geschwindigkeit, die Zahl und Variantenvielfalt der Produkte und das Ausmaß der Umfeldturbulenzen.
Die Kosten erhöhter Komplexität äußern sich in erhöhten Sicherheitsbeständen, in Warnsystemen und Korrekturprozessen, zusätzlichen Managementebenen und -funktionen sowie einem erhöhten Risiko verlorener Umsätze. Diese Kosten der Komplexität steigen mit den genannten Treibern der Komplexität exponentiell an, wohingegen die Komplexitätsbeherrschungstechniken des Managements dem Gesetz des abnehmenden Grenznutzens unterliegen. KLAUS stellt die These der „Balancierung von Managementkomplexität" auf, die zum einen besagt, dass das systematische Streben nach Abbau bzw. Vermeidung von Überkomplexität sinnvoll ist, wenn ein Unternehmen sich bereits im progressiven Bereich der Komplexitäts-Kostenkurve befindet. Zum anderen ist das Supply Chain-weite Gesamtergebnis optimierbar durch eine selektive Verlagerung von Komplexität auf Supply Chain Partner, die noch über freie Planungs- und Steuerungskapazitäten verfügen und relativ unterfordert sind. Je höher die zu beherrschende generische Komplexität einer Supply Chain, desto höher ist der Druck zur „Balancierung von Komplexität in der Supply Chain". Als praktische Implikatio-

nen aus dieser These empfiehlt KLAUS, die generische Komplexität vor der Durchführung von Vernetzungsprojekten zu bewerten und gegebenenfalls durch Segmentierungsverfahren die Komplexität im Betrachtungsfeld zu reduzieren. Die balancierte Verteilung der nicht weiter reduzierbaren generischen Komplexität auf mehrere Partner in Abhängigkeit von deren „Komplexitäts-Tragfähigkeit" ist eine weitere Empfehlung. Außerdem sind kontinuierliche Vereinfachungsmaßnahmen in den Bereichen der Produkt-, Prozess- und Strukturkomplexität zur Vermeidung eines schleichenden Zuwachses der generischen Komplexität zu ergreifen.

MILGATE (2001, S. 107 ff.) sieht die drei wesentlichen Bestandteile der Komplexität von Supply Chains in der Unsicherheit, der Technologiekomplexität und den Organisationsstrukturen innerhalb und außerhalb des fokalen Unternehmens und untersucht deren Auswirkungen auf die Lieferperformance. Als Ergebnis wird vor allem ein starker Zusammenhang zwischen sowohl wertstromabwärts als auch -aufwärts gerichteter Unsicherheit und der Geschwindigkeit und Verlässlichkeit der Lieferungen festgestellt.

MIRAGLIOTTA, PERONA & PORTIOLI-STAUDACHER (2002, S. 385 ff.) definieren Komplexität vom unternehmerischen Standpunkt zunächst allgemein als Mannigfaltigkeit in den Bereichen Produkt, Komponenten, Zulieferer und Distributionswege. Im Weiteren wird auf die Multidimensionalität von Komplexität verwiesen. Zu diesem Zweck werden mit dem Markt, der Logistik, dem Produktdesign, dem Prozess und dem organisationalen Management fünf Dimensionen der Komplexität isoliert, denen anschließend Komplexitätstreiber zugeordnet werden. Für ein erfolgreiches Komplexitätsmanagement werden zwei Anforderungen an die zu wählenden Komplexitätstreiber identifiziert:

- Festlegung der gewünschten Forschungstiefe zur Bestimmung der hierfür adäquaten Gesamtanzahl der zu betrachtenden Treiber.
- Berücksichtigung der Auswirkungen von Komplexität entlang der Supply Chain (aufwärts und abwärts) durch die Treiber.

Im Rahmen einer methodischen Behandlung von Komplexität wird im Folgenden auf die Schwierigkeit eingegangen, Kennzahlen zur präzisen Messung der Komplexität zu finden und den korrekten Komplexitätsgrad festzulegen. Außerdem wird eine Abgrenzung zwischen Maßnahmen zur Komplexitätsreduktion und Maßnahmen zur Komplexitätshandhabung vorgeschlagen.

3.2.4 Fokusstufe Betriebswirtschaftliche Systeme

ASHMOS, DUCHON & MCDANIEL (2000, S. 578 ff.) identifizieren zwei grundsätzliche Strategien, mit denen Unternehmen auf die Komplexität ihrer Umwelt reagieren können. Unternehmen die sich selbst als komplexe adaptive Systeme wahrnehmen und durch ein Bestreben nach starken Verbindungen mit der komplexen Außenwelt eine Strategie der Komplexitätsabsorption anwenden, sind dabei im Vorteil gegenüber Organisationen, die es durch konsequente Komplexitätsreduktion versäumen, ihre innere Vielfalt der von außen induzierten anzupassen. Als wichtige Erfolgsfaktoren bei der Komplexitätsabsorption werden eine prozessuale Sichtweise auf den Designprozess, dezentrale Strukturen und flache Hierarchien identifiziert.

Bei AURIK (2007) gelten eine strategische und umfassende Sichtweise, eine angemessene Transparenz und nachhaltige Prozesse und Steuerungsmechanismen als elementare Bestandteile zum Komplexitätsmanagement. Ferner wird „gute" von „schlechter" Komplexität unterschieden, indem bewertet wird, in wie fern komplexitätsinduzierte Erträge und Kosten in einem Verhältnis stehen. Die Einnahme einer die ganze Wertschöpfungskette umfassenden Sichtweise soll sicherstellen, dass der Wert der Vielfalt die Kosten der Komplexität übersteigt. Der größte Erfolgsfaktor ist jedoch die Existenz eines Steuersystems, das einen klaren Kontext und Führungsstrukturen zur Entscheidungsfindung schafft. Je nach Komplexitätstoleranz der fokalen Organisation muss dieses Steuersystem dabei näher an der Produktion (keine Toleranz) oder näher am strategischen Marketing (hochinnovative Wettbewerbsfelder) angesiedelt sein.

GROSSMANN (1992, S. 33) leitet einige Grundsätze für das Management komplexer Systeme ab. Ähnlich wie bei ASHMOS, DUCHON & MCDANIEL (2000, S. 578 ff.) wird die Akzeptanz der Komplexität in Systemen einer konsequenten Reduzierung vorgezogen. Dabei besteht die Aufgabe darin, die systeminterne Komplexität mit der systemexternen in Einklang zu bringen. Des Weiteren wird für das Lenksystem eine Varietät vorausgesetzt, die mindestens so groß ist, wie die Varietät des gelenkten Systems. Eine analoge Aussage wird auch von MALIK (2004, S. 23) und ASHBY (1957, S. 124 ff.) getroffen (s. Abschnitt 2.2.1).

Eine Aufteilung der Komplexität in Elemente-, Relationen- und dynamische Komplexität findet sich bei HUCH (2005, S. 25 ff.). Die Elementekomplexität hängt von der Anzahl und Heterogenität der Variablen ab und stellt ein Maß für die Systemgröße dar. Eine Größenreduktion, die meist mit einer Umsatzreduktion einhergeht, kann sinnvoll sein, wenn die optimale Betriebsgröße bereits überschritten wurde. Variantenmanagement und Standardisierung können eine Größenreduzierung ohne Umsatzreduktion ermöglichen. Zur Reduktion der Relationenkomplexität können Methoden des Packaging und der Modularisierung angewandt werden, wodurch für manche Systemelemente nur noch Beziehungen zu bestimmten anderen Elementen erlaubt werden. Auch die Auslagerung der Produktion kompletter Module zu Sublieferanten kann die Komplexität verringern. Die dynamische Komplexität beschreibt die zeitliche Veränderung eines Systems, die meist durch veränderte Umweltbedingungen hervorgerufen wird. Eine Entkoppelung von externen Einflüssen durch eine Verstetigung (z. B. durch Pufferung) und organisatorische Instrumente (z. B. Langzeitverträge) können die dynamische Komplexität reduzieren. Die Kosten der Komplexität eines Systems können nur in Verbindung mit den Produktionskosten betrachtet werden. Laut HUCH entstehen Komplexitätskosten „durch die Produktion mehrerer Produktvarianten und entsprechen der Differenz zwischen den tatsächlichen Durchschnittskosten und denen der günstigsten Produktvariante" (Huch 2005, S. 28).

HUNDSNES (2000) nennt Quellen für die betriebliche Komplexität auf verschiedenen Abstraktionsebenen. So sind für ihn sowohl strukturell bedingte Aspekte, wie Anzahl, Veränderlichkeit und Interaktion der Systemelemente, als auch globalere Gesichtspunkte, wie gesetzliche Regularien und Unsicherheit über zukünftige Systemzustände, Treiber der Komplexität. Als Methode zum Umgang mit Komplexität verweist HUNDSNES als erstes auf die Schaffung von Organisationsstrukturen, die eine Selbstorganisation durch die Interaktion zwischen Mitarbeitern als zentralen Mechanismus zur Komplexitätshandhabung zulassen. Darüber hinaus wird vorgeschlagen, sich vertieft mit dem Erreichen einer strategischen Flexibilität und der Beherrschung von stetig wachsenden Strukturen zu beschäftigen.

KIRCHHOF (2003, S. 62 ff.) identifiziert zwei grundsätzliche Handlungsstrategien für den Umgang mit Komplexität in Unternehmen. Eine Komplexitätserhöhung durch Hinzunehmen von Elementen und Relationen im Unternehmen stellt eine adäquate Reaktion auf eine komplexe Systemumgebung dar (Erweiterung von Märkten, Prozessen, Kooperationen, Technologien etc.). Auf der anderen Seite kann die Strategie der Komplexitätsreduzierung eine Stärkung bestehender Ordnungsstrukturen und eine Verringerung der Freiheitsgrade im System herbeigeführt werden. So können Ansätze wie die Modularisierung, die Standardisierung, die Bildung von Subsystemen und die Einführung von Regeln und Normen zu der Möglichkeit einer besseren Reaktionsfähigkeit auf komplexe Marktmechanismen führen. Zum Management von Komplexität empfiehlt KIRCHHOFF einen ganzheitlichen Ansatz. In einem ersten Analyseschritt werden Informationsflüsse und das Verhalten von Akteuren in Bezug zur Organisationshierarchie gesetzt und analysiert. Darauf aufbauend wird die Komplexität über Komplexitätstreiber für die beteiligten Akteure konfigurierbar gemacht und schließlich in einem iterativen Planungsprozess zur Optimierung verwendet (vgl. Kirchhof 2003, S. 74 ff.).

Für KOHLSDORF (2008, S. 335 f.) muss neben der Unternehmens- und der Netzwerkkultur auch der Branchenkultur erhöhte Aufmerksamkeit geschenkt werden, da auch auf dieser Ebene komplexitätsrelevante Koordinierungs- und Integrationseffekte zugänglich sind, die einen Beitrag zur erfolgreichen Positionierung eines Unternehmens in seinem Umfeld leisten können. Beim Komplexitätsbegriff unterscheidet KOHLSDORF zunächst zwischen zwei Ansätzen - einem struktur- und einem verhaltensorientiertem Ansatz. Auf struktureller Ebene ergibt sich die Komplexität aus Art und Anzahl der Elemente und Verbindungen. Sie kann dabei als statisch angesehen werden. Eine dynamische Komponente kommt bei der verhaltensorientierten Beschreibung hinzu, in der ein komplexes System in die Lage versetzt wird, im Zeitverlauf verschiedene Zustände anzunehmen. Ein Unternehmen wird als relativ geschlossenes System betrachtet und stellt die Grenze zwischen Innen- und Außenkomplexität dar. Daraus ergibt sich die Aufgabe, die Innenkomplexität kontinuierlich der vorherrschenden Außenkomplexität anzupassen, wofür für ihn die drei genannten Kulturdimensionen den relevanten Rahmen bilden.

WILDEMANN (1999) geht zunächst davon aus, dass Komplexität von außen auf ein Unternehmen einwirkt, indem die komplexitätserzeugenden Treiber vom Markt induziert werden. Für die Steuerung der Komplexität bieten sich nach WILDEMANN besonders die Bereiche Variantensteuerung, Entwicklung, Logistik und Beschaffung an. Wichtig ist außerdem die Vereinheitlichung der Ziele und Anreizsysteme für verschiedene Unternehmensbereiche wie Vertrieb und Einkauf. Nachfolgend benennt WILDEMANN verschiedene Methoden zur Komplexitätshandhabung in Teilbereichen der Unternehmensführung. Als erfolgversprechende Vorgehensweisen zur Komplexitätshandhabung sieht er beispielsweise die Plattformstrategie und eine Kontrolle der Variantenzahl.

3.2.5 Fokusstufe Systemtheorie

LUDWIG (2001, S. 21 ff.) wählt als Ausgangspunkt der Definition von sogenannter effektiver Komplexität die Länge einer Beschreibung, die notwendig ist, um die Regelmäßigkeiten eines Systems umfassend zu beschreiben. Systeme, die relativ kurz beschrieben werden können, besitzen demnach keine hohe Komplexität. Dies können Systeme mit hoher und mit niedriger Ordnung sein (vgl. hierzu auch Gell-Mann 1995b). Reale Problemstellungen sind für LUDWIG in der Regel komplex. Das bedeutet, dass zu deren Beschreibung viele Informationen notwendig sind. Im Folgenden unterscheidet auch LUDWIG zwischen struktureller und dynamischer Komplexität. Unter struktureller Komplexität versteht er Anzahl und Art der Elemente und Verknüpfungen eines Systems. Unter dynamischer Komplexität versteht er die Veränderlichkeit im Zeitverlauf. Zum Management komplexer Systeme ist es erforderlich, möglichst viel Wissen über das System zu akquirieren und eine abstrakte Beschreibungsebene einzunehmen, die das Erkennen übergreifender Zusammenhänge ermöglicht. Dadurch wird die Komplexität als Voraussetzung zum Management handhabbar gemacht. Die Schwierigkeit besteht zudem im Finden einer Methodik, die ein Vorgehen auf aggregierter Ebene ermöglicht und trotzdem einen praktischen Erkenntnisgewinn liefert (vgl. Ludwig 2001, S. 39 f.).

ULRICH & PROBST (1995, S. 58 ff.) grenzen den Begriff Komplexität zunächst einmal vom wortverwandten Begriff Kompliziertheit ab. Unter Kompliziertheit werden statische Eigenschaften, wie Anzahl und Art der Elemente und Beziehungen zusammengefasst (s. auch Abschnitt 2.1.3, insbesondere Abbildung 4). Komplexität dagegen wird zusätzlich durch einen sich ständig verändernden Systemzustand charakterisiert und ist definiert als Fähigkeit eines Systems, in der gegebenen Zeitspanne eine große Zahl von verschiedenen Zuständen annehmen zu können. „Ökologische und soziale Systeme sind notwendigerweise nicht-triviale, komplexe Systeme" (Ulrich & Probst 1995, S. 62). Laut ULRICH & PROBST haben komplexe Systeme die Eigenschaft, sich nicht-deterministisch zu verhalten, also dem Beobachter die Auskunft über zukünftige Systemzustände zu verweigern. Dies wird zum Problem, wenn der Versuch unternommen wird, unter der Annahme eines direkten Kausalzusammenhangs von Ursache und Wirkung, Einfluss auf das System zu nehmen. Ein solches Vorgehen ist demnach nicht erfolgsversprechend sondern bedingt eine ausschweifende Systemanalyse, die aber ebenfalls nicht zielführend ist. Wie auch ASHMOS, DUCHON & MCDANIEL (2000, S. 578 ff.) und GROSSMANN (1992, S. 33) widersprechen die Autoren der Annahme, dass ein komplexes System nur durch Modellierung und damit einhergehender Vereinfachung bzw. Komplexitätsreduktion handhabbar gemacht werden kann. Auch der Ansatz, ein komplexes Problem zunächst grundsätzlich oder theoretisch zu lösen und anschließend den Versuch zu unternehmen, durch Hinzufügen von Details Wirklichkeitsnähe zu erreichen ist auf Grund der Unvorhersehbarkeit der Systementwicklung oftmals nicht zielführend. Für das Management von Systemkomplexität wird besonders die Möglichkeit zur iterativen Anwendung als Erfolgsfaktor genannt, da die im Verlauf der Methodenanwendung gewonnenen Erkenntnisse zur Notwendigkeit der Anpassung zuvor getroffener Prozessschritte führen können (vgl. Ulrich & Probst 1995, S. 115).

3.2.6 Auswertung der Kriterien zur Komplexitätshandhabung

Nach der ausführlichen Beschreibung der analysierten Ansätze zur Beschreibung von Komplexität auf verschiedenen Aggregationsebenen des Systembegriffs soll eine Zusammenfassung der in der Literatur diskutierten Kriterien Aufschluss über deren Relevanz in der themenbezogenen Forschung liefern. Zu diesem Zweck werden in Abbildung 12 die Häufigkeiten der genannten Kriterien dargestellt. Hierzu wurde eine Nennung als Primärkriterium mit „1" und eine Nennung als Sekundärkriterium mit „0,5" bewertet.

Abbildung 12: Häufigkeitsanalyse der verwendeten Kriterien zum Komplexitätsmanagement (eigene Darstellung)

Die folgenden Kriterien werden dabei in der Literatur besonders intensiv als wichtige Grundlagen und relevante Methodenbausteine für ein erfolgreiches Komplexitätsmanagement diskutiert:

- **Varietät, Konnektivität, strukturelle Komplexität**
  Die Varietät bezieht sich auf die Anzahl und Art der im System vorhandenen Elemente. Die Konnektivität bezieht sich auf Anzahl und Art der im System vorhandenen Beziehungen. Unter dem Begriff der strukturellen Komplexität werden die Ansätze zu-

sammengefasst, die nicht explizit zwischen Elementen und Beziehungen unterscheiden. Es zeigt sich, dass der Systemstruktur auf Mikroebene auf jeder Fokusstufe der Untersuchung eine hohe Bedeutung bei der Komplexitätshandhabung beigemessen wird. Dies verwundert nicht, da sich im Hinblick auf die Definition des Komplexitätsbegriffs an dieser Stelle der fundamentale Angriffspunkt befindet (s. Abschnitt 2.1.3). In den ebenfalls häufig genannten Kriterien der geographischen Erstreckung des Systems und der Anzahl der beteiligten Akteure und Kooperationen wird ein stärkerer Bezug auf Distributionssysteme deutlich, da sie praktische Veranschaulichungen für Varietät und Konnektivität von Systemen im Logistikbereich darstellen.

- **Produkt- und Prozesscharakteristika**
  Charakteristika von Produkten und Prozessen spielen in der angewandten Komplexitätsanalyse von Systemen eine große Rolle. Im Bereich des Distributionsmanagements stellt sich jedoch die Frage, inwieweit die Beschaffenheit des Produktes als zu transportierendes Element einen Beitrag zur Systemkomplexität leistet. Folgerichtig wird es als Kriterium auch nur in einer der Quellen mit direktem Distributionsbezug erwähnt und dort auch nur auf der Ebene einer Ausweitung von Produktsortimenten und verkürzten Produktlebenszyklen (vgl. Hauptmann 2006, S. 105). Ein Komplexitätseinfluss durch Prozesscharakteristika kann durch eine Erhöhung des Servicegrades und die verstärkt kundenspezifische Ausrichtung der Distributionsprozesse hingegen direkter nachvollzogen werden.

- **Zeitliche Veränderlichkeit des Systemzustands**
  In der Berücksichtigung der Veränderlichkeit des Systemzustands im Zeitverlauf liegt das grundlegende Kriterium der Systemdynamik. Eine Beachtung der Zeitdimension wird in allen Fokusstufen als wichtig für die Steuerung von Komplexität erachtet. Ein einheitliches Vorgehen zur Berücksichtigung der Zeitkomponente in den untersuchten Methoden des Komplexitätsmanagements konnte jedoch nicht festgestellt werden.

- **Wechselwirkungen (innen/außen) des komplexen Systems**
  Ein Faktor, der entscheidend zur Komplexität eines Systems beiträgt, ist die Wechselwirkung zwischen verschiedenen Systemelementen. Die Systemelemente und -prozesse können dabei verschieden gerichtete Ursache-Wirkungs-Beziehungen zueinander haben. Ihre Existenz trägt entscheidend zur Notwendigkeit einer ganzheitlichen Systembetrachtung bei. Über die Systemgrenzen hinaus gibt es zu beachtende Wechselwirkungen zwischen dem System und seiner Umwelt. Zum Management die-

ser Wechselwirkungen können zum Beispiel Modularisierungsstrategien zum Einsatz kommen.

- **Ganzheitlichkeit von Planung und Steuerung**
  Das Management von Komplexität kann nur als ganzheitlicher Ansatz erfolgen, der das System in seiner Gesamtheit und die Wechselwirkungen zwischen separaten Systembereichen berücksichtigt. Dies stimmt mit der häufig in der Literatur anzutreffenden Erkenntnis überein, dass ein auf Teilbereiche des zu optimierenden Systems fokussierter Managementansatz nur zum Erreichen von Teiloptima führen kann, die nicht zwangsläufig positiv mit dem Erreichungsgrad eines globalen Optimums korrelieren (s. Abschnitt 2.3.2). Ein erfolgsversprechendes Vorgehen zur Komplexitätshandhabung darf demnach auch bei potenziell notwendiger Hervorhebung einzelner Systemkomponenten nie das System als Gesamtkonstrukt außer Acht lassen. Diese Tatsache spiegelt sich auch in der häufig geforderten Einnahme einer strategischen Perspektive als weiteres Kriterium der generischen Komplexität wider.

3.3 Ableitung des Handlungsbedarfs aus Sicht der Forschung

In den vorangegangenen Abschnitten wurde eine Literaturrecherche zu Kriterien zur Beschreibung und zum Management von Komplexität auf verschiedenen Abstraktionsebenen durchgeführt. Ausgehend von Ansätzen zur distributionsspezifischen Beschreibung von Komplexität wurde die thematische Reichweite nach und nach erweitert bis hin zu Ansätzen, die sich mit Komplexität auf allgemein systemtheoretischer Ebene auseinandersetzen. Grundsätzlich konnte natürlich nur ein Ausschnitt der Literatur im weiten Themenfeld des Komplexitätsmanagements betrachtet werden. Im Bereich des spezifisch für Distributionssysteme ausgerichteten Komplexitätsmanagements ist die Anzahl der vorhandenen Arbeiten noch sehr klein. Es werden Anforderungen an ein Komplexitätsmanagement in Distributionssystemen genannt. Auch werden Lösungsansätze für Teilprobleme beschrieben. Eine ganzheitliche Betrachtung der Problematik auf strategischer Ebene wurde noch nicht vorgestellt. Dies war einer der Gründe für die Ausweitung der Analyse auf angrenzende und allgemeinere Themenfelder. An dieser Stelle ermöglicht die Wahl einer Betrachtungsweise, die das Distributionsnetz als System beschreibt, eine grundlegende Kompatibilität mit Forschungsansätzen zur Komplexität aus verschiedenen Wissenschaftsbereichen. Durch die so vorgenommene Erweiterung auf angrenzende Fokusstufen konnte die Recherche so lange fortgeführt werden, bis weitere Quellen keine nennenswert neuen Kriterien mehr geliefert haben. Es konnte durch diese Generalisierung also ein möglichst vollständiger Überblick über das Verständnis von Komplexität und deren Handhabung gegeben werden. Im Verlauf der

Untersuchung stellte sich heraus, dass sich trotz Variierung der Fokusstufen das zugrunde liegende Komplexitätsverständnis und die identifizierten Kriterien zum Komplexitätsmanagement nicht wesentlich unterscheiden (s. Tabelle 3). Eine besondere Rolle bei der Beschreibung von Komplexität spielen aus statischer Sicht die Konnektivität und Varietät als elementare Bausteine eines systemtheoretisch orientierten Komplexitätsverständnisses. Aus dynamischer Sicht wird in der untersuchten Literatur vor allem auf die zeitliche Veränderlichkeit des Systemzustandes und die Wechselwirkungen des Systems mit seiner Umwelt eingegangen. Bei der Betrachtung des Systems auf der Makroebene erweisen sich die Forderung nach einer Ganzheitlichkeit von Planungs- und Steuerungsansätzen und die dafür erforderliche Einnahme einer strategischen Sichtweise als Hauptaspekte des Komplexitätsmanagements (s. Abbildung 12). Die häufig genannten Kriterien sollen bei der Entwicklung der Methodik durch eine entsprechende Auswahl an Komplexitätstreibern und der strategischen Ausrichtung des Ansatzes eine besondere Beachtung finden. Auch die Ableitung und Verknüpfung adäquater Handlungsempfehlungen erfolgt unter Berücksichtigung der hier dargestellten Ergebnisse.

Die Gestaltung der Komplexität im Unternehmen ist ein kontinuierlicher Prozess. Um hierbei die Frage nach dem aktuell notwendigen Maß an Komplexität beantworten zu können, müssen nach KIRCHHOF (2003, S. 65) zwei Voraussetzungen erfüllt sein: Zum einen muss Komplexität grundsätzlich messbar sein und es muss immer ein situationsabhängiger, optimaler Komplexitätsgrad existieren. Hierbei ergibt sich die Problematik, dass ein auf Elementen und Relationen basierendes Komplexitätsmaß keine Rückschlüsse auf die Beherrschung der Komplexität zulässt, da die Informationen in hochverdichteter Form auftreten und einen wirtschaftlichen Bezug vermissen lassen. So schreibt auch LUHMANN (2009, S. 256), dass sich ein einheitliches Komplexitätsmaß nur unter Informationsverlust bilden lässt. KAPPELHOFF (1999, S. 351) weist in diesem Zusammenhang außerdem darauf hin, dass eine Übertragung des Komplexitätsgedankens auf einen sozialwissenschaftlichen Kontext nur dann durch das Ermöglichen einer neuen Sichtweise auf bestehende Problemstellungen einen Mehrwert generieren kann, wenn statt einer „schematischen Übertragung" eine „kreative Respezifikation" systemtheoretischer Konzepte erfolgt. Grundsätzlich kann in einem Unternehmen zu viel oder zu wenig Komplexität auftreten. Die Angabe einer absoluten Komplexität besitzt nur einen begrenzten Aussagegehalt. Auch die Feststellung einer Über- oder Unterkomplexität lässt die direkte Ableitung einer Handlungsempfehlung nicht zu, kann aber als vergleichende Größe im Hinblick auf variable externe und interne Einflussgrößen erfolgen (vgl. Lasch & Gießmann 2009, S. 223). Die Komplexität der Wirkbeziehungen in logistischen Netzwerken lässt nur allgemeine Aussagen mit Tendenzcharakter im Hinblick auf Einsparpotenziale zu, die anhand räumlicher, zeitlicher sowie unternehmens- und wettbewerbsbezogener Spezifika an den konkreten Fall angepasst werden müssen (vgl. Stieglitz 1999, S. 11

ff.). Es bietet sich deshalb die Entwicklung einer iterativ anzuwendenden Methodik an, deren Ziel nicht die Optimierung der Komplexität nach einer Anwendung, sondern deren schrittweise Verbesserung in Relation zum vorhergehenden Zustand durch jede neue Anwendungsschleife ist. Ein iteratives Vorgehen wird auch in der Literatur als zielführendes Vorgehen beim Komplexitätsmanagement angesehen (vgl. Bretzke 2010; Kirchhof 2003; Ulrich & Probst 1995).

Ziel muss es also sein, ein Komplexitätsmaß zu entwickeln, dass über die reine Anwendung der in der Literaturanalyse als sehr wichtig eingestuften Kriterien der Konnektivität und Varietät hinausgeht und gleichzeitig eine einfache Handhabbarkeit für die Anwendung in der Praxis ermöglicht. Die Wahl eines ganzheitlichen Betrachtungshorizontes bei gleichzeitiger Beschränkung auf die wesentlichen Elemente, unter deren Berücksichtigung eine Konzentration von Managementressourcen stattfinden kann, wird dabei eine besondere Herausforderung darstellen.

4 Stand der Praxis: Handhabung von Komplexität in der Distributionslogistik

Aufbauend auf den theoretischen Grundlagen sowie dem aktuellen Stand der Forschung im Bereich des Komplexitätsmanagements von Distributionssystemen, wird im folgenden Kapitel der aktuelle Stand der Praxis bei der Realisierung komplexitätsverbessernder Maßnahmen erarbeitet. Zielsetzung der Untersuchung in diesem Kapitel ist die Analyse des Themenkomplexes zur Schaffung einer aus theoretischer und praktischer Sicht stabilen Grundlage zur anschließenden Entwicklung der Methodik. Neben dem im Stand der Forschung identifizierten Handlungsbedarf, werden nun insbesondere aus der Praxis stammende Anforderungen an eine Systematik zum Komplexitätsmanagement aufgezeigt und strukturiert. Darüber hinaus erfolgt die Identifikation von wichtigen Erfolgsindikaotren und Stellhebeln. Im Folgenden Abschnitt wird die Konzeption der Praxisanalyse beschrieben. Anschließend werden die Ergebnisse dargestellt. Das Kapitel schließt mit einer zusammenfassenden Beurteilung des Handlungsbedarfs sowie zu beachtender Aspekte bei der Entwicklung der Methodik.

4.1 Konzeption der Praxisanalyse

Grundsätzlich sollte sich die Wahl einer adäquaten Forschungsmethode am Forschungsgegenstand orientieren (vgl. Corbin & Strauss 2008, S. 12). Im Supply Chain Management können Probleme am besten durch die Analyse von Geschäftsprozessen und der darauf aufbauenden Entwicklung von Theorien zur Erklärung dieser Prozesse gelöst werden. Geschäftsprozesse setzen sich dabei aus natürlichen und sozialen Gegebenheiten zusammen. Im Rahmen der grundsätzlichen Möglichkeit, geschäftsprozessbezogene Systeme und Entscheidungen in Modellen zusammenzufassen, stellt die Berücksichtigung empirischer Daten bei der Entwicklung und Validierung dieser Modelle einen essenziellen Punkt dar (vgl. Boyer & Swink 2008, S. 339).

Zur kontinuierlichen Einbindung eines Praxisbezuges in den vollständigen Verlauf der Entwicklungsphase ist von der Analyse des aktuellen Standes der Praxis, über die konzeptionelle Arbeit bis hin zur ersten Validierung des Vorgehens eine strukturierte Kommunikation mit Unternehmensvertretern aus der Industrie notwendig. Hierfür wird im Rahmen dieser Arbeit ein qualitatives Empiriemodell gewählt. Qualitative Methoden werden in Bezug auf das Ziel der Erreichung eines grundlegenden, tiefen Verständnisses des Untersuchungsgegenstandes auf dem Weg zu neuer Theoriebildung auch im Vergleich zu quantitativen Vorgehensweisen als am effektivsten angesehen (vgl. Miles & Huberman 1984, S. 15). Insbesondere die Erforschung von Fragen nach dem „wie" und dem „warum" spielen bei der Generierung eines substanziellen Handlungsrahmens eine bedeutende Rolle und können über ein qualitatives Vorgehen betrachtet werden (vgl. Ellram 1996, S. 97). Dabei bietet sich die Anwendung qualitativer Forschungsmethoden besonders für Themenfelder an, die aus einer bestimmten Perspektive heraus noch wenig bearbeitet wurden (vgl. Gillham 2000, S. 11). Die Interpretation der zusammenzutragenden Informationen aus der Praxis soll als Grundlage für die Konzeptionierung eines Vorgehens zur Komplexitätshandhabung in Distributionssystemen dienen. Zur theoretischen Konzeptentwicklung auf Basis der Strukturierung empirischer Daten schlagen auch CORBIN & STRAUSS (2008, S. 11) einen qualitativen Forschungsansatz vor. Qualitative Methoden eignen sich besonders für die detaillierte Beschreibung und Analyse subjektiver Phänomene und komplexer Handlungszusammenhänge, wie sie beim Untersuchungsgegenstand der Komplexität in Distributionssystemen zum Ausdruck kommen. Auf Basis qualitativer Untersuchungen lässt sich der analyserelevante Teil der Wirklichkeit auf eine möglichst umfassende Art detailbezogen veranschaulichen. Die vorliegende Arbeit folgt dabei dem Verlauf einer qualitativen Inhaltanalyse als empirisches Vorgehen, bei der auf Basis theoretischer Grundlagen Kategorien gebildet und die aufgenommenen Daten dementsprechend codiert, ausgewertet und interpretiert werden (vgl. Rössler 2005, S. 35 ff.; Früh 2007, S. 27).

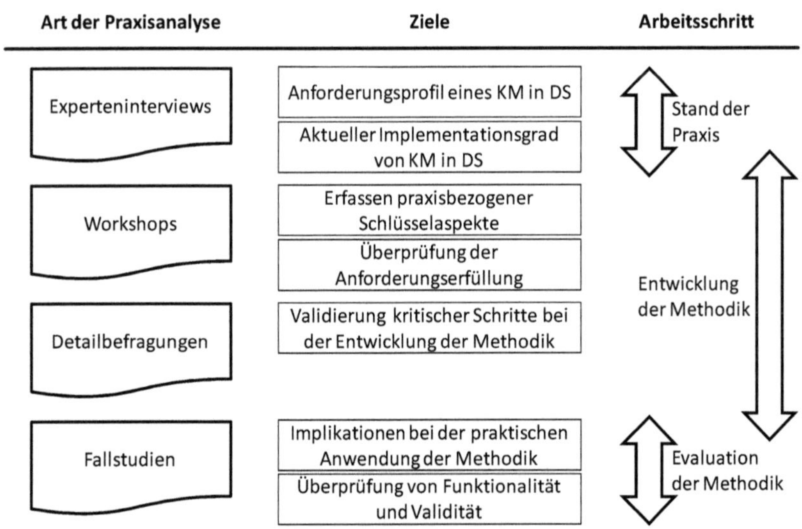

Abbildung 13: Konzeption der Praxisanalyse (eigene Darstellung)

Wie aus den in Kapitel 3 erzielten Ergebnissen ersichtlich wird, handelt es sich beim Komplexitätsmanagement in Distributionssystemen um ein noch wenig betrachtetes Teilgebiet der Logistik- und Komplexitätsforschung. Unter dieser Voraussetzung hilft die für ein exploratives Vorgehen typische Offenheit gegenüber neuen Einflussgrößen und deren Relationen untereinander bei der Analyse der empirischen Wirklichkeit (vgl. Kleemann, Krähnke & Matuschek 2009, S. 19). Die explorative Forschung dient dabei der Ableitung von Hypothesen und der thematischen Strukturierung und stellt damit eine sinnvolle Grundlage zur Methodenentwicklung in noch nicht umfassend beschriebenen, wissenschaftlichen Teilgebieten dar (vgl. Busch, Fuchs & Unger 2008, S. 779). Die Einbeziehung der Kommunikation zwischen Forscher und Praxisvertretern stellt an dieser Stelle nach von Kardorff (1995, S. 4) ein „konstitutives Element des Erkenntnisprozesses" dar. In der vorliegenden Arbeit setzt sich diese Kommunikation aus verschiedenen Teilen zusammen, die in den folgenden Abschnitten näher erläutert werden (s. Abbildung 13).

Die im Stand der Praxis präsentierten Ergebnisse basieren überwiegend auf den durchgeführten Experteninterviews. Die Anwendung der weiteren drei gewählten Methoden der Praxisanalyse verteilt sich über die nachfolgenden Arbeitsschritte der Entwicklung (Workshops, Detailbefragungen) und Evaluation (Fallstudien) der Methodik. Der Einsatz aller vier Datenerhebungsmethoden wird in diesem Kapitel zentral erläutert. Diese Erläuterung erfolgt, nachdem kurz auf die Zusammensetzung der Gruppe der Praxispartner eingegangen wird.

4.1.1 Zusammensetzung des Samples

Für die Zusammensetzung der Gruppe der Gesprächspartner aus der Praxis stehen verschiedene Methoden des Samplings zur Verfügung. Im Rahmen eines „Purposive Sampling" erfolgt die Selektion der Interviewpartner anhand spezieller Kriterien mit dem Ziel, praktische Anforderungen im Vorfeld der Entwicklung der Methodik aufzudecken (vgl. Blumberg, Cooper & Schindler 2008, S. 253). Als erstes Kriterium wird ein starker Distributionsbezug im Aufgabenspektrum der zu befragenden Unternehmen vorausgesetzt. Da das Ziel des in dieser Arbeit beschriebenen Forschungsvorhabens die Entwicklung einer Methodik zur Komplexitätshandhabung auf strategischer Ebene ist, bezieht sich das zweite Kriterium auf die Wahl von Unternehmensvertretern, die dem höheren Management angehören. Das dritte Kriterium zielt auf die Berücksichtigung unterschiedlicher Perspektiven auf das fokale Distributionssystem ab (vgl. Kanwischer 2002, S. 97). Aus diesem Grund wird bei der Zusammensetzung des Samples auf verschiedene Rollen der Unternehmen im Distributionssystem geachtet. Durch die unterschiedlichen Praxispartner werden deshalb nicht nur produzierende Unternehmen und Handelsunternehmen, sondern auch Dienstleister und eine Initiative zur Unterstützung der logistischen Regionalentwicklung repräsentiert, deren Gemeinsamkeit jedoch ihr Bezug zu komplexitätsoptimierenden Managementaktivitäten für das Distributionssystem ist.

Wie in Abbildung 13 dargestellt, findet die Praxisanalyse anhand unterschiedlicher methodischer Vorgehensweisen statt. Ziel ist das Generieren umfangreicher Datensätze in Form von Gesprächsprotokollen, Arbeitsständen aus Workshops und Anmerkungen zu Zwischenergebnissen. Die Größe des Samples soll also im Hinblick auf das Spektrum der angewendeten Methoden zur Praxisanalyse und die Handhabbarkeit der durch sie generierten Daten überschaubar gehalten werden. Auf der anderen Seite soll jedoch die für das dritte Kriterium des Samplings geforderte Perspektivenvielfalt gewährleistet werden. Die Wahl einer Samplegröße von acht wurde vor dem Hintergrund dieser Aspekte gewählt. Die Anzahl der Interviewpartner entspricht zudem der von MacCracken (1988, S. 16 f.) formulierten Richtlinie für qualitative Studien, welche für ihn die Möglichkeit bieten, einen tiefen Einblick in Vorgänge zu erlangen und auf diese Weise Zugang zu systemspezifischen Charakteristika und deren Interdependenzen zu erhalten. Diese Richtlinie hat auch schon bei anderen Arbeiten im Bereich der Logistik Verwendung gefunden (vgl. Garver & Mentzer 2000; Golicic & Mentzer 2005).

Eine Übersicht der einbezogenen Praxisvertreter findet sich in Tabelle 4.

Unternehmen	Branche	Unternehmensart	Interviewte Personen
A	Maritimer Zulieferer	Produzierendes Unternehmen	Kaufmännischer Geschäftsführer & technischer Leiter
B	Chemieindustrie	Produzierendes Unternehmen	Geschäftsleitung
C	Medizintechnik und Sicherheitstechnik	Produzierendes Unternehmen	Head of Transport & Warehouse Management Supply Chain
D	Großhandel C-Teile	Handels-unternehmen	Geschäftsführer
E	Beratung/ Standortentwicklung	Dienstleister	Leiter Clusterentwicklung
F	Spediteur/ Sondertransporte	Logistik-dienstleister	Geschäftsführung
G	Großhandel Backwaren	Handels-unternehmen	Lager- und Logistikleiter
H	Spediteur	Logistik-dienstleister	Geschäftsführung

Tabelle 4: Zusammensetzung der Gruppe der Praxispartner (eigene Darstellung)

4.1.2 Experteninterviews

Als Datenquelle zur Erhebung des Standes der Praxis wurden Experteninterviews mit den im Sample vertretenen Praxispartnern geführt. In den folgenden Abschnitten sollen Ablauf und Zielsetzung der Interviews sowie die anschließende Analyse der aufgenommenen Daten beschrieben werden.

4.1.2.1 Ablauf der Interviews

Ziel der Interviews war es, eine Datenbasis zur Erstellung eines Anforderungsprofils für ein Komplexitätsmanagement in Distributionssystemen sowie zur Analyse des aktuellen Implementierungsgrads zu erlangen. Hierzu wurde insbesondere nach Erfolgsindikatoren für ein Komplexitätsmanagement und nach grundsätzlich zugänglichen Stellhebeln in Distributionssystemen gefragt. Bei Experteninterviews werden nicht der Befragte selbst, sondern „seine Erfahrungen und Interpretationen im Hinblick auf das Forschungsthema" in den Vordergrund gerückt (Borchardt & Göthlich 2007, S. 38).

Die Expertengespräche wurden als semistrukturierte Interviews geführt, für die ein Leitfaden mit offenen Fragen entwickelt wurde (s. Anhang I). Im Gegensatz zu vollstrukturierten Interviews kann das Themenfeld so umfassender erforscht werden, da dem Gesprächspartner die Möglichkeit eingeräumt wird, den Gesprächsverlauf aktiv mitzugestalten. Semistrukturierte Interviews ermöglichen eine Anpassung des Fragenschwerpunktes auf die individuelle Position des Interviewten und auf das durch ihn vertretene Unternehmen, wodurch eine Offenheit für das Einbringen grundlegend neuer Aspekte und die vertiefte Diskussion solcher erreicht wird (vgl. Böger 2010, S. 94). Dem Forscher wird auf diese Weise die Möglichkeit gegeben, die für das Verständnis der Zusammenhänge nötigen Faktoren zu identifizieren (vgl. Blumberg, Cooper & Schindler 2008, S. 386). Außerdem wird so ein strukturierter Ablauf des Gesprächs sowie die Möglichkeit, die Ergebnisse verschiedener Interviews zu vergleichen, sichergestellt (vgl. Lamnek 2005, S. 202). Das gewählte Vorgehen hat sich vielfach in explorativen Studien bewährt, bei denen das Ziel in der Erlangung eines Überblicks über „komplexe Einstellungsmuster und Motivstrukturen" lag (Bortz & Döring 2006, S. 239; vgl. auch Danieels 2003, S. 561 ff.).

Vor dem Hintergrund der zu entwickelnden Systematik werden die geführten Experteninterviews nach Bogner & Menz (2005, S. 38 f.) als „theoriegenerierend" klassifiziert. Sie zielen darauf ab, durch Konzeptionalisierung der Ergebnisse die Grundlage für die Bildung eines theoretisch fundierten Vorgehens zu liefern. Dies erreichen Sie mit Hilfe des durch die Anwendung des Leitfadens vergleichbar gemachten impliziten Wissens verschiedener Experten.

Es wurden insgesamt acht Interviews im Juni und Juli 2010 geführt (vgl. Kersten, Grussenmeyer & Lammers 2011, S. 15 f.). Die Dauer der Interviews betrug in der Praxis zwischen 40 und 90 Minuten. Die Grobstruktur der Interviews gliedert sich in sechs Hauptbereiche (s. Abbildung 14).

Der Interviewleitfaden wurde den Interviewpartnern zur Gesprächsvorbereitung vorab zugeschickt. Er findet sich in Anhang I. Die Interviews wurden mit Erlaubnis der Gesprächspartner aufgezeichnet und anschließend transkribiert.

Einführung

- Begrüßung
- Vorstellung des Unternehmens und des Interviewpartners

Grundlagen von Distribution und Komplexität

- Verständnis von Distribution und Komplexität und dessen Management
- Internes Komplexitätsmanagement im Distributionssystem

Instrumente des Komplexitätsmanagements

- Identifikation und Bewertung von Komplexität in der Distribution
- Strategien zur Handhabung der Komplexität in der Distribution

Erfolg des Komplexitätsmanagements

- Erfolgsfaktoren und Hindernisse des Komplexitätsmanagements in der Distribution
- Einflussfaktoren auf das Komplexitätsmanagement

Ansätze zur Optimierung des Komplexitätsmanagements

- Stellhebel in der Distribution zur Einführung eines Komplexitätsmanagements

Weitere Aspekte

- Nicht behandelte Punkte
- Verabschiedung

Abbildung 14: Grobstruktur der Interviews
(eigene Darstellung)

Nach einer kurzen Begrüßung und dem gegenseitigen Kennenlernen von Unternehmen, dem Forschungsvorhaben und der beteiligten Gesprächspartner wurde im zweiten Gesprächsabschnitt eine gemeinsame Basis in Bezug auf das Verständnis von Distribution und Komplexität sowie den entsprechenden Managementmaßnahmen geschaffen. Der nächste Teil befasste sich mit Instrumenten des Komplexitätsmanagements, die im fokalen Unternehmen zur Anwendung kommen. An dieser Stelle konnte, in Abhängigkeit von der aktuellen Situation im jeweiligen Unternehmen, eine Unterscheidung zwischen Methoden zur Komplexitätsidentifikation und -bewältigung vorgenommen werden. Das Ziel dieses Gesprächsabschnitts war die Erstellung einer Momentaufnahme zur Formulierung eines Handlungsbedarfs. In den anschließenden Teilen vier und fünf wurden Aspekte betrachtet, die zu einer Verbesserung der aktuellen Situation beitragen können. Aus diesem Grund wurden zum einen Erfolgsindikaotren für die Handhabung von Komplexität erörtert und zum anderen grundsätzliche Stellhebel im Rahmen des Distributionsmanagement identifiziert. In der letzten Interviewphase wurde den Gesprächspartnern die Möglichkeit gegeben, sich frei zur Problematik zu äußern und weitere Anreize für die Entwicklung der Methodik zu geben. Aus der Gesamtheit der Interviewabschnitte soll ein umfassendes Anforderungsprofil an eine Methodik zur Bewältigung von Komplexität in Distributionssystemen abgeleitet werden.

4.1.2.2 Datenanalyse

Die Transkription der Interviews erfolgte nach den Regeln von KUCKARTZ U. A. (2007, S. 27 f.). Hervorzuheben ist hierbei die Forderung nach einer wörtlichen Transkription. Es wurde also weder lautsprachlich, noch zusammenfassend transkribiert. Des Weiteren ist eine Anonymisierung aller Angaben, die einen Rückschluss auf die Identität der befragten Person erlauben würden, vorgeschrieben. Eine vollständige Übersicht der Transkriptionsregeln findet sich in Anhang I.

Kodierung	**Auszug aus Interview B**
Institutionalisierung DS *Komplexitätshandhabung...* *Nicht eingesetzte Methoden* *Stellhebel in DS* *Stellhebel in DS* *Komplexitätshandhabung...*	B: In der Distribution, so wie wir aufgestellt sind, da unsere Logistikwege eigentlich relativ klar sind, haben wir dort das Thema nicht. Wir vertreiben im Wesentlichen über unsere eigene Tochtergesellschaft. Von daher ist es eine überschaubare Zahl. Von daher stellt sich jetzt nicht die Frage wie wenn wir jetzt über andere Handelswege gehen würden, dass man doch immer wieder in Frage stellt: „Sind das jetzt noch unsere Handelspartner? Haben wir dort zu viele? Wollen wir dort sozusagen Handelspartner rausnehmen, uns konzentrieren?" Da wir diese Situation so nicht haben, haben wir an der Stelle auch kein Komplexitätsabbauthema in dem Sinne. Bis auf in kleinerer Form natürlich stellt sich unsere Logistikabteilung regelmäßig die Frage: „Mit welchen Logistikdienstleistern arbeiten wir zusammen?" Und dann braucht man auf der einen Seite eine gewisse Vielfalt, um verschiedene Destinationen weltweit gut erreichen zu können, zum einen und zum zweiten natürlich auch um Preise, Konditionen gut aushandeln zu können. Auf der anderen Seite soll es auch nicht zu breit werden, weil es dann zu sehr auseinanderfließt. Also von daher ist es auch an dieser Stelle wie in jedem anderen Bereich auch bei Komplexität.

Abbildung 15: Beispiel für eine kodierte Textpassage aus Interview B (eigene Darstellung)

Die anschließende Kodierung der transkribierten Interviews erfolgte in zwei Phasen: Entsprechend der Methode des theoretischen Kodierens wurden einzelne in den Interviews angesprochene Konzepte zu Kategorien zusammengefasst. Hierzu wurde vor dem Hintergrund der zu beantwortenden Fragestellungen ein aus den Methoden des offenen bzw. initialen und des axialen bzw. fokussierten Kodierens bestehender Hybridansatz zur Analyse der

Interviews gewählt (vgl. M. Schmidt 2009, S. 178 ff.; Charmaz 2007, S. 47 ff.). Die beim offenen Kodieren übliche Vorgehensweise der sukzessiven, satzweisen Bildung von Kategorien, bei der die Gewinnung vieler Kategorien anhand der untersuchten Textpassagen im Vordergrund steht, wurde in ständigem Wechsel mit der zielgerichteten Zusammenfassung zu aussagekräftigen Hauptkategorien durchgeführt, wie sie beim Vorgang des axialen Kodierens angewendet wird (vgl. Flick 1995, S. 443 f.). Ein Beispiel für die finale Kodierung des Quelltextes liefert Abbildung 15. Zur Unterstützung der Organisation der Daten wurde bei der Kodierung die Software MAXQDA 2007 benutzt.

Nach einem ersten Durcharbeiten der Transkripte nacheinander wurde zu diesem Zwecke anschließend ein interviewübergreifender Vergleich gleich kodierter Textpassagen durchgeführt. Die aus der Anwendung dieses Schemas entstandenen finalen Hauptkategorien konnten der Übersicht halber grob den Gliederungspunkten des Interviewleitfadens zugeordnet werden. Tabelle 5 zeigt eine Übersicht der finalen Kodierungskategorien.

Gliederungspunkt	Kodierungskategorie
Einführung	Unternehmensdaten Verständnis „Distribution" Verständnis „Komplexität" Komplexitätstreiber Aktuelle Organisation des Komplexitätsmanagements Aktuelle Organisation des Distributionssystems
Komplexitätsmanagement in Distributionssystemen	Komplexitätsidentifikation und -erfahrung Komplexitätsbewertung und -erfahrung Komplexitätshandhabung und -erfahrung Nicht eingesetzte Methoden Instrumente in anderen Bereichen
Optimierungspotenziale	Erfolgsindikatoren Beurteilung und Bewertung des Erfolgs Unternehmens-/branchenspezifische Einflüsse Optimales Komplexitätsmanagement Stellhebel in Distributionssystemen
Weitere Aspekte	Wünsche an das Projekt

Tabelle 5: Übersicht der Kodierungskategorien (eigene Darstellung)

4.1.3 Weitere Arten der Praxisanalyse

Im weiteren Verlauf der Methodenentwicklung wurde an kritischen Zwischenschritten sowie nach Vorliegen eines finalen Entwicklungsstandes der Kontakt zu den Praxisvertretern gesucht. Auf diese Weise wurde das Entstehen einer praxisnahen Methodik sichergestellt. Die neben den Expertengesprächen etablierten Kontakte zu den Unternehmensvertretern wurden über Workshops, Detailbefragungen und Fallstudien abgewickelt. Während die Workshops und die Detailbefragungen vor allem der Überprüfung entscheidender Zwischenschritte dienten, wurden die Fallstudien zur abschließenden Evaluation des Vorgehens verwendet. In den folgenden Abschnitten, werden die in dieser Hinsicht durchgeführten Arbeiten zusammenfassend beschrieben. Präzisere Angaben zu den einzelnen Analyseschritten finden sich am jeweiligen Punkt der Verwendung in den Kapiteln 5 und 1.

4.1.3.1 Workshops

Mit dem Ziel, einen regelmäßigen Abgleich des Entwicklungsfortschritts der Methodik mit den aus der Unternehmensrealität stammenden Anforderungen zu garantieren, wurden im Zeitraum von Juni 2010 bis Mai 2011 drei Workshops mit den Vertretern aus der Praxis abgehalten. Ein spezifischer Vorteil eines Workshops ist die Möglichkeit, ohne externe Störungen tief in ein Themengebiet einzudringen und auf diese Weise differenzierte Ansichten zu erzeugen und zu diskutieren. Das Vorgehen der gemeinsamen Lösungssuche führt zum einen zu der Möglichkeit, innovative Ergebnisse durch die Nutzung der entstehenden Synergieeffekte zu erzielen und zum anderen zu einer breiten Akzeptanz der erarbeiteten Ergebnisse innerhalb der Arbeitsgruppe (vgl. Lipp u. a. 2008, S. 15). Die in den Workshops besprochenen Themenkomplexe wurden anhand dieser spezifischen Vorteile des Mediums Workshop ausgewählt. Abbildung 16 gibt einen Überblick über die im jeweiligen Workshop behandelten Problemstellungen.

4.1.3.2 Detailbefragungen

Zusätzlich zu den institutionalisierten Treffen mit der Expertengruppe wurden weitere entscheidungsrelevante Aspekte des Entwicklungsfortschritts der Methodik anhand von in der Zwischenzeit durchgeführten Befragungen mit der Praxis abgeglichen. Die Notwendigkeit der zusätzlichen praktischen Überprüfung bestimmter Arbeitsschritte kristallisierte sich hierbei im Diskussionsverlauf der Workshops heraus.

Im Anschluss an eine thematische Abgrenzung der Analyse des Distributionssystems auf strategischer Ebene und der Aufstellung eines umfangreichen Kataloges von distributionsrelevanten Komplexitätstreibern musste eine Zuordnung der Treiber zu den einzelnen organisatorischen Ebenen des Bezugsrahmens erfolgen. Im Entwicklungsverlauf und im Verlauf des fortwährenden Dialogs mit den Unternehmensvertretern stellte sich dieser Punkt als kritisch heraus. Eine Überprüfung der vorgenommenen Zuordnung erfolgte über die Rückmeldungen auf eine an die Praxisvertreter gesendete Arbeitsmappe. Eine detailliertere Beschreibung der hier erwähnten Kriterienzuordnung findet sich in Abschnitt 5.3.

Analog dazu wurden in einer zweiten Detailbefragung die in Form eines Baukastens zusammengestellten Methoden zur komplexitätsspezifischen Optimierung der Distribution sowie deren korrekte Strukturierung und inhaltliche Einordnung in das methodische Gerüst des entwickelten Konzepts überprüft (s. Abschnitt 5.5).

Abbildung 16: Themenschwerpunkte in den durchgeführten Workshops und Detailbefragungen (eigene Darstellung)

4.1.3.3 Fallstudien

Die Funktionalität der zu konzeptionierenden Verfahrensweise zur Handhabung von Komplexität in Distributionssystemen wird in Kapitel 1 mit Hilfe von drei fallstudienartigen Anwendungen überprüft. Auf diese Weise wird ein tiefgehendes Verständnis der Methodik, der bei der Verwendung beteiligten Akteure sowie der Aussagekraft der Ergebnisse angestrebt (vgl. Eisenhardt 1989, S. 534; Woodside 2010, S. 6). Die Untersuchungsmethodik der Fallstudie bietet sich besonders bei der Analyse komplexer Vorgehensweisen unter Berücksichtigung des vollen Kontextes an und kommt daher zur Erprobung der Methodik für das Komplexitätsmanagement in der Distribution zum Einsatz (vgl. Yin 2003). Ziel bei der Durchführung der Fallstudie ist ein Nachweis der Nachvollziehbarkeit und Praktikabilität der produzierten Ergebnisse.

4.2 Ergebnisse der Befragung

Die nachfolgenden Ergebnisse der geführten Expertengespräche werden entsprechend Ihres Nutzens als Vorarbeit zur anschließend erfolgenden Entwicklung der Methodik beschrieben und strukturiert. Neben einer Abbildung des allgemeinen Umgangs mit Komplexität in Distributionssystemen und den hierfür getroffenen Maßnahmen wird zunächst die Frage untersucht, in welcher Form die Einführung eines Verfahrens zum Komplexitätsmanagement am zielführendsten ist. Die beiden anschließenden Abschnitte beschäftigen sich nacheinander mit den Fragen, was den Erfolg des zu entwickelnden Vorgehens ausmacht und welche Gestaltungsfelder es gibt, um diesen Erfolg sicherzustellen. Zunächst wird daher eine spezifische Analyse der Faktoren, die für eine erfolgreiche Entwicklung und -implementierung der Methodik verantwortlich sind vorgenommen. Darauf aufbauend beschäftigt sich der letzte Abschnitt mit einer Untersuchung der grundsätzlichen Stellhebel als Ansatzpunkte zur komplexitätsbezogenen Optimierung von Distributionsaktivitäten.

4.2.1 Genereller Umgang mit Komplexität und angewandte Maßnahmen zur Komplexitätshandhabung

Bezogen auf den konkreten Fall der Distributionslogistik kann vor dem Hintergrund der durchgeführten Expertengespräche festgestellt werden, dass Managementmaßnahmen, die direkt und umfassend auf die Komplexität abzielen, nicht angewendet werden. In den Unternehmen B und C hat sich jedoch ein institutionalisiertes Komplexitätsmanagement in den Bereichen Produktion und Entwicklung bzw. im allgemeinem Management der Supply Chain etabliert. Zumeist wird Komplexität in der untersuchten betrieblichen Praxis aufgrund eines „Bauchgefühls“ (C) gesteuert. Der Begriff der Komplexität wird dabei durchaus im Unternehmensalltag verwendet, jedoch überwiegend als umgangssprachliches Synonym für Kompliziertheit und nicht als Ausdruck eines über spezielle Methoden adressierbaren Problemfelds: „Komplexität ist für uns, wenn auf einen Vorgang eben mehrere Einflussgrößen wirken, die die Effizienz oder die Produktivität dieses Vorgangs beeinflussen.“ (D) „Komplexität ist ja im Grunde das, was [...] zu einer Diversifikation führt, zu einer Erhöhung der Prozessvielfalt. Das können z. B. Anforderungen sein und ähnliches oder aber eben auch Rahmenbedingungen, die letztendlich bestimmte Dinge limitieren bei der Umsetzung." (C)

Es kommt auch der Ansatz vor, den Begriff über seine in dieser Arbeit als Komplexitätstreiber bezeichneten Einflussgrößen und deren Charakter zu beschreiben (s. Abschnitt 2.2.3 und 5.3): „Komplexität selber ist sozusagen die Vielfalt der Einflussmöglichkeiten auf unser Unternehmen. Sei es, dass intern, die internen Faktoren, aber auch die externen Faktoren von Material, Kunden, Lieferantenseite, sonstige Einflussfaktoren die sozusagen den Ablauf unseres Geschäftes sozusagen beeinflussen können." (A)

Die Frage nach dem Begriff des Komplexitätsmanagements verdeutlicht eine teilweise vorherrschende Sensibilität in Bezug auf den dynamischen Charakter: „[Das Komplexitätsmanagement] ist auch wieder ein laufender Prozess für mich, den man im Auge behalten muss." (F)

Gleichwohl zeigt sich, dass vor dem Hintergrund des vorherrschenden Komplexitätsverständnisses (bewusst oder unbewusst) komplexitätsoptimierende Maßnahmen getroffen werden, diese sich jedoch auf einzelne, komplexitätsrelevante Themengebiete ohne integrativen Bezug zu benachbarten Feldern konzentrieren: „Das Komplexitätsmanagement ist eigentlich in den, in den jüngeren Jahren in erster Linie ein Zeitmanagement geworden. Dass nämlich die Informationsvorlaufzeit und die operative Zeit, die man hat, den Auftrag umzusetzen, immer geringer geworden ist, weil Bestände immer weiter zurückgefahren werden und Kundenaufträge in immer kürzerer Reaktionszeit bedient werden." (H)

Genau dieser fachthemenübergreifende Bezugsrahmen ist jedoch einer der wesentlichen Vorteile der Anwendung des Komplexitätsbegriffs. Zunächst unterschiedlich anmutende Probleme zeigen auf strukturell-systemischer Ebene Analogien und können dann beim Lösungsvorgang methodisch zusammengeführt werden. Durch einen erhöhten Bezug der Einzelmaßnahmen zu einem klar umrissenen Komplexitätsbegriff würde sich folglich ein Verbesserungspotenzial ergeben. Die folgende Tabelle 6 ermöglicht eine Übersicht spezifischer Maßnahmen zur Komplexitätshandhabung in der Distribution, die im Bedarfsfall von den befragten Unternehmen durchgeführt werden. Hierzu wird neben der Bezeichnung der Maßnahme eine kurze Beschreibung der inbegriffenen Tätigkeit aufgeführt. Zusätzlich werden die Unternehmen genannt, die die jeweilige Methode erwähnt haben.

Maßnahme	Beschreibung	Unternehmen
ABC-Analyse, Portfolio	Nach erfolgter Klassifizierung und anschließender Bewertung können absatzschwache Produkte mit geringem Umsatz ausgelistet werden.	F, H
Auslagerung der Distribution	Die eigentliche Distribution wird von einem im Joint-Venture- oder Tochtergesellschafts-Verhältnis stehenden Unternehmen ausgeführt.	A, B
Best Practice	Branchenintern wird nach vorbildlichen Methoden und Mustersystemen gesucht um Verbesserungspotenziale zu identifizieren.	E
Bestands- und Bedarfs-management	Über Prognoseverfahren und intelligente Planung wird versucht, Lagerbestände zu reduzieren, bei gleichzeitiger Erhöhung bzw. Erhaltung des Lieferservices.	B
Engpass-analyse	Im Prozess der Leistungserstellung auftretende Engpässe werden lokalisiert und hinsichtlich ihrer betriebswirtschaftlichen Wirkung bewertet.	D
ERP-System und Reporting	Anwendungssoftware zur Unterstützung der Ressourcenplanung.	A, C, D, F, H
Funktionale Matrixorganisation	Verbindung des vertikalen Verrichtungsprinzips mit dem horizontalen Objektprinzip der Organisation.	C
Klare Schnittstellendefinition	Durch eine klare Schnittstellendefinition ist es möglich, Redundanzen zu vermeiden und Arbeiten eindeutig entsprechend ihrer Verantwortlichkeit zuzuordnen. Außerdem ermöglicht es eine Aufteilung der Komplexität in überschaubare und bearbeitbare Bereiche.	A, C
Meeting-struktur	In jedem Meeting nehmen Mitarbeiter aus allen eingebundenen Abteilungen teil und jeder ist dort gleichberechtigt. Außerdem gibt es für jedes Meeting eine klare Ergebnisvorgabe.	A, F, G
Nutzwert-analyse	Analyse einer Menge von Handlungsalternativen um eine der Präferenz des Anwenders entsprechende Rangfolge bestimmen zu können.	E
Prozess-management	Vorhandene Information zu Geschäftsprozessen im Unternehmen wird genutzt, um sich am Kunden auszurichten.	A, B, C, D
Prozess-visualisierung	Prozesse werden auf Benutzerschnittstellen graphisch visualisiert, um Abläufe zu systematisieren.	C
Standardi-sierung	Konvergenz unterschiedlicher Anforderungen mit dem Ziel, die Variablenzahl zu reduzieren.	C, G
Strategische Kooperation	Langfristige Zusammenarbeit mit Speditionspartnern vor Ort, um gemeinsam an dauerhaften Lösungen arbeiten zu können.	D
Verpackungen	Die einzelnen Verpackungen werden so gestaltet, dass sie optimal in Ladungseinheiten passen, Beschädigungen vermeiden und sich modular an der Produktgröße orientieren.	D, F
Wertschöp-fende Tätigkeiten	Überprüfung aller Tätigkeiten im Hinblick auf ihren Beitrag zur Wertschöpfung.	C, E
Wissens-datenbank	Wissen z. B. über Endkunden wird in einer Datenbank zentral gespeichert, um einen allgemeinen, zugänglichen Kenntnisstand zu schaffen.	D, F

Maßnahme	Beschreibung	Unternehmen
Zentrale Strategie-entwicklung	Eine konkrete Abteilung beschäftigt sich mit den Strategien, die sich systemweit auswirken.	C
Zentralisie-rung der Logistik	Zentrale Koordinierung aller logistischen Aufgaben, welche für unterschiedliche Unternehmensbereiche durchgeführt werden.	C, D
Zeit-management	Zur Handhabung der auftretenden Komplexität ist ein detailliertes Zeitmanagement sinnvoll, in dem Termine exakt geplant werden.	H
Zieldefinition	Alle Unternehmensziele werden explizit definiert und kommuniziert, damit diese innerhalb des Unternehmens präsent bleiben.	D

Tabelle 6: Maßnahmenüberblick in den befragten Unternehmen (eigene Darstellung)

Als Ergebnis der Befragung ergibt sich, dass Komplexitätsmanagement laut Aussage der Befragten zwar als sinnvoll erachtet wird und als Führungsaufgabe wahrgenommen werden sollte, in der Praxis jedoch bisher nicht als institutionalisierter Teil des Managements zum Einsatz kommt. Auch zeigt sich anhand der Tabelle, dass zwar viele unterschiedliche Maßnahmen zur Komplexitätshandhabung ergriffen werden, die jeweilige Maßnahme bis auf drei Ausnahmen jedoch nur in maximal zwei der befragten acht Unternehmen Anwendung findet. Aus diesen Punkten lässt sich in Verbindung mit der Tatsache, dass die den Experten bekannten Maßnahmen fast immer auch im jeweiligen Unternehmen zum Einsatz kommen schließen, dass eine weitgehende Methodenkenntnis zu einem verstärkten Methodeneinsatz führen würde. Es fehlt an dieser Stelle ein Verfahren, das zum einen auf einem breit angelegten Methodenpool aufbaut und zum anderen eine Vorgehensweise zur Ableitung von Handlungsempfehlungen bereitstellt, welche sich auf die Methodenauswahl beziehen. Auf diese Weise könnte sowohl die Zugänglichkeit des Anwenders zu einer größeren Anzahl und damit problemspezifischeren Vorgehensweisen, als auch eine sachgerechte Anwendung der jeweils adäquaten Methoden gewährleistet werden.

4.2.2 Erfolgsindikatoren

Speziell für die Aufgabe der Implementierung eines ganzheitlichen Komplexitätsmanagements für die Distribution auf strategischer Ebene wurden im Rahmen der durchgeführten Expertengespräche entscheidende Erfolgsindikatoren diskutiert. Im Gegensatz zum Begriff des Erfolgsfaktors, unter dem in der Literatur ein Einflussfaktor auf die Situation des Unternehmens und seiner Umwelt verstanden wird, der Auswirkungen auf den Erfolg von Prozessen und Funktionen hat, werden unter dem Begriff des Erfolgsindikators die Merkmale abgefragt, die als beobachtbare Sachverhalte für die Bestimmung des Erfolgs der

Konzeptimplementierung herangezogen werden können (vgl. M. W. Müller 1999, S. 7; Kromrey 1994, S. 60). Auf diese Weise wird eine klare Abgrenzung zu den in Abschnitt 4.2.3 diskutierten Stellhebeln erzeugt, die Angriffspunkte für das Management darstellen (s. auch Abbildung 17). Im Distributionssystem als strategische Netzwerkkooperation sind unter Erfolgsindikatoren diejenigen Aspekte zu verstehen, deren gemeinsame Wirkung maßgeblich als Maßstab für den Erfolg des Gesamtnetzwerkes dient (vgl. Knop 2009, S. 44; Meyer & Lorenzen 2002, S. 49). Die Anzahl der in der Literatur identifizierten Parameter zur Erfolgsbestimmung schwankt erheblich je nach Abstraktionsniveau und Fokusbereich (vgl. Fritz 1990, S. 103; Krüger & Schwarz 1990, S. 181).

Erfolgsindikator	Beschreibung	Unternehmen
Abstraktion	Regelmäßiges Einnehmen einer übergeordneten, strategischen Perspektive zur Vermeidung von „Betriebsblindheit“.	E
Akzeptanz	Einheitliches Verständnis der Grundfunktionen der Methodik zur Gewährleistung einer einheitlichen Anwendung und erfolgreichen Praxisumsetzbarkeit durch die Akzeptanz der Mitarbeiter.	B, G
Datenverfügbarkeit	Verfügbarkeit von Zahlen, Daten und Fakten als Input für die Methodik.	C, F, G
Ergebnisvorgabe	Definition klarer Zielvorgaben und kontinuierlicher Abgleich mit dem Erreichten.	A, D, E
Flexibilität	Möglichkeit der schnellen Anpassung auf sich verändernde Rahmenbedingungen im dynamischen Distributionsumfeld.	H
Fokussierung	Konzentration auf die kritischen Problemfelder und kontinuierliche Überprüfung des gesetzten Schwerpunktes.	C, F
Ganzheitlichkeit	Betrachtung des Distributionssystems als Ganzes zur Vermeidung der Generierung von Teiloptima.	C
Konsequenz	Konsequente Durchführung der Methodik auch gegen Widerstände zur vollen Entfaltung ihres Potenzials.	C
Messbarkeit	Messbarkeit und Anschaulichkeit der erzielten Ergebnisse als Anreizsystem für die Verwendung der Methodik und zur verstärkten Zusammenarbeit von Supply Chain Partnern.	B, D, G
Methoden-kompetenz	Aufbau eines breit angelegten Wissens über Existenz und Funktionalität der Methodik.	C
Praxisbezug	Unmittelbare Anwendung theoretisch formulierter Konzepte. Überprüfung der Notwendigkeit der vorhandenen Komplexität.	A
Transparenz	Verständnis der zu Grunde liegenden Komplexität und deren Einflussfaktoren.	B, D

Tabelle 7: Erfolgsindikatoren für ein Komplexitätsmanagement in der Distribution (eigene Darstellung)

Im Zusammenhang mit den in Abschnitt 4.2.3 identifizierten Stellhebeln sollen diese als vorgelagertes Anforderungsprofil eine Hilfestellung für die zu entwickelnde Vorgehensweise darstellen. Aus diesem Grund sind die Erfolgsindikatoren im Rahmen der Expertengespräche nicht für Distributionsaktivitäten im Allgemeinen, sondern als spezielle Aspekte eines erfolgreichen Komplexitätsmanagements der Distribution identifiziert worden. Sie werden im weiteren Verlauf der Arbeit als Größe zur Analyse des Grades der Anforderungserfüllung herangezogen werden. Tabelle 7 fasst die genannten Erfolgsindikatoren zusammen und liefert eine kurze Beschreibung.

4.2.3 Stellhebel

Die im vorhergehenden Abschnitt identifizierten Erfolgsindikatoren geben Auskunft über die Faktoren, deren Erfüllung für die erfolgreiche Umsetzung eines Komplexitätsmanagements in Distributionssystemen aus Sicht der Praxis steht. In Analogie hierzu werden in diesem Abschnitt die aus den Expertengesprächen herausgearbeiteten Stellhebel als Angriffspunkte des Managements zur Erreichung eines erfolgreichen Komplexitätsmanagements dargestellt. Als Stellhebel werden dabei alle grundsätzlichen Beeinflussungsmöglichkeiten durch das Management auf das Distributionssystem bezeichnet (vgl. Jünger 2008, S. 47). Generell muss davon ausgegangen werden, dass trotz der separaten Betrachtung einzelner Stellhebel Wechselwirkungen bei deren Beeinflussung auftreten werden (vgl. Burschel, Losen & Wiendl 2004, S. 583). Auf die Herleitung einer eindeutigen Zuordnung von Stellhebeln zu Erfolgsindikatoren in dem Sinne, welcher Stellhebel zur Beeinflussung welches Erfolgsindikators bearbeitet werden muss, soll an dieser Stelle verzichtet werden. Für den weiteren Verlauf der Arbeit dienen Erfolgsindikatoren und Stellhebel zusammen mit den in Kapitel 3 beschriebenen Kriterien als Richtlinien für die Entwicklung des Vorgehens. Eine Veranschaulichung zum grundsätzlichen Zusammenhang von Stellhebeln, Erfolgsindikatoren und dem fokalen Themenfeld findet in Abbildung 17 statt. Tabelle 8 fasst die aus den Experteninterviews herausgearbeiteten Stellhebel übersichtlich zusammen.

Stellhebel	Beschreibung	Unternehmen
Automatisierung	Steuerung des Verhältnisses von Mensch und Technik als Einflussgröße auf Geschäftsabläufe.	D
Homogenität der Ladung	Homogene Ladung ermöglicht vereinfachte Abbildung der Systemtopologie, Bestandsverwaltung, Versorgungssicherheit und Qualitätsprüfung.	D, F, G
Kooperationspartner und Handelswege	Abwägung der Fragestellung, ob bei der Wahl anderer Handelswege eine Konzentration von Handelspartnern möglich ist. Stärkung des Verhältnisses zu Geschäftspartnern als Weg zur frühzeitigen Problemidentifikation.	B, D, E

Stellhebel	Beschreibung	Unternehmen
Outsourcing	Analyse von Outsourcing-Potenzialen zur optimalen Anpassung an die Anforderungen spezifischer Märkte als grundlegende strategische Fragestellung.	E
Personal	Planung von Personaleinsatz und Einsatz von qualifiziertem Personal in komplexitätskritischen Bereichen.	F, G
Prozesse	Abteilungsübergreifende Analyse und ganzheitliche Optimierung von Geschäftsprozessen (Material- und Informationsflüsse, Datenmanagement) zur Verhinderung der Entstehung von Teiloptima.	C, D, E, G, H
Standardisierung	Vereinheitlichung von Logistikprozessen und Ladungslayout entlang des gesamten Distributionssystems. Insbesondere Verbesserung der Kommunikation zwischen Logistik und Vertrieb.	B, C, F, G, H
Standorte	Wahl der Produktions- und Lagerstandorte im Hinblick auf zu bedienende Märkte und die Optimierung von Beständen. Möglichkeit der Konsolidierung.	B, E
Strategie	Wahl der zu verfolgenden Strategie im Spektrum von Kostenführerschaft, Differenzierung und Fokussierung.	E
Verkehrsträger	Auswahl der Verkehrsträger im Rahmen der Umsetzbarkeit anhand zeitlicher und finanzieller Kriterien.	B, C, F

Tabelle 8: Stellhebel für ein Komplexitätsmanagement in der Distribution (eigene Darstellung)

4.3 Zusammenfassende Beurteilung des Standes der Praxis

Zur Schaffung einer Grundlage, auf der eine praxisbezogene und realistisch anwendbare Methodik zum Komplexitätsmanagement von Distributionssystemen entstehen soll, wurden Vertreter aus der Unternehmenspraxis schon vor Beginn der Entwicklungsphase in den Arbeitsprozess integriert. Ein Überblick über die Anforderungen und Potenziale wurde mit Hilfe von umfangreichen Expertengesprächen realisiert. Darüber hinaus werden wichtige Eckpunkte der Entwicklung mit Hilfe von Workshops und Detailbefragungen praktisch überprüft. Durch die geführten Interviews konnten neben einer Bestandsaufnahme des aktuellen Umgangs mit Komplexität in Distributionssystemen auch Analysen der Erfolgsindikatoren und Stellhebel eines Komplexitätsmanagements durchgeführt werden. Während der Methodenüberblick eine hilfreiche Ausgangsbasis zur Entwicklung eines ganzheitlichen Managementvorgehens bildet, können die Erfolgsindikatoren und Stellhebel darüber hinaus auch noch als Informationslieferant für die Auswahl passender Komplexitätstreiber angesehen werden.

Laut Expertenmeinung stellt ein institutionalisiertes Komplexitätsmanagement auf strategischer Managementebene eine sinnvolle Erweiterung aktueller Managementaufgaben dar, das in dieser Form noch keinen Einzug in strategische Managementvorgänge genommen hat. Hiermit ist eine übergeordnete Entscheidungsmethodik gemeint, die einen strukturierten

Ansatz zur Maßnahmenauswahl ermöglicht. Bisher wird der steigenden Komplexität nur durch isoliert voneinander angewendete Maßnahmen begegnet, die keine ganzheitliche Betrachtung des Komplexitätsgrades ermöglichen. Genau hierin liegt jedoch der Vorteil der Komplexitätsperspektive, der folglich bisher nur unzureichend ausgeschöpft wird. Die Bereitstellung einer breiten methodischen Basis von Maßnahmen zum Komplexitätsmanagement, die spezifische Probleme der Distribution adressieren, in Zusammenhang mit der Einnahme einer strategisch-ganzheitlichen Perspektive stellt aus Sicht der Unternehmensvertreter eine wichtige Grundlage für ein erfolgreiches Tool zur Komplexitätshandhabung dar (vgl. Kersten, Grussenmeyer & Lammers 2012, S. 63 f.).

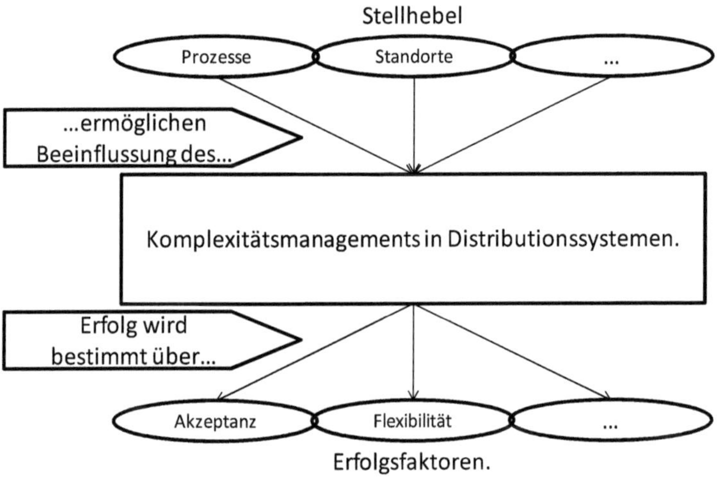

Abbildung 17: Verständnis des Zusammenhangs von Stellhebeln und Erfolgsindikatoren (eigene Darstellung)

Die für den Erfolg der Einführung einer Methodik zum Komplexitätsmanagement von Distributionssystemen sowie deren Verankerung auf strategischer Entscheidungsebene relevanten Faktoren wurden aus dem Expertenwissen abgeleitet. Als sehr wichtiger Aspekt stellt sich die Möglichkeit, die Komplexität messbar zu machen und anschaulich darzustellen heraus. Als Voraussetzung dafür können die Forderung nach einer Transparenz der Komplexitätseffekte sowie die Verfügbarkeit von Informationen als Input für das Vorgehen angesehen werden. Des Weiteren wird in Bezug auf die Aggregationsebene des Ansatzes die Einnahme einer strategischen Perspektive zur Ermöglichung von Abstraktion und Vermeidung der Generierung von Teiloptima der Komplexität gefordert, während zugleich eine Fokussierung der vorhandenen Ressourcen auf die Problemfelder, die den größten Beitrag zur Komplexität leisten, gewünscht wird.

Durch das Herausarbeiten relevanter Stellhebel aus Sicht der Praxis wurde identifiziert, an welchen Stellen im Distributionssystem sich Angriffspunkte zur komplexitätsbezogenen Verbesserung der Managementvorgänge ergeben. Stellhebel repräsentieren dabei Angriffspunkte des Managements, durch deren Optimierung ein höherer Wirkungsgrad des Gesamtsystems, der wiederum über die Erfolgsindikatoren sichtbar wird, erreicht werden kann (s. Abbildung 17). Eine starke Beachtung findet die Möglichkeit, Geschäftsprozesse auf einer abstrakten Ebene zu optimieren. Hierzu werden insbesondere Bemühungen zur Prozessstandardisierung als erfolgversprechend angesehen. Außerdem stellen Anpassungen der Handelswege, der verwendeten Verkehrsträger und der Kooperationspartner wichtige Stellhebel für das Komplexitätsmanagement dar. Die Stellhebel der Komplexität werden bei der Wahl entsprechender Komplexitätstreiber sowie bei der Analyse methodischer Managementansätze als Grundlage dienen.

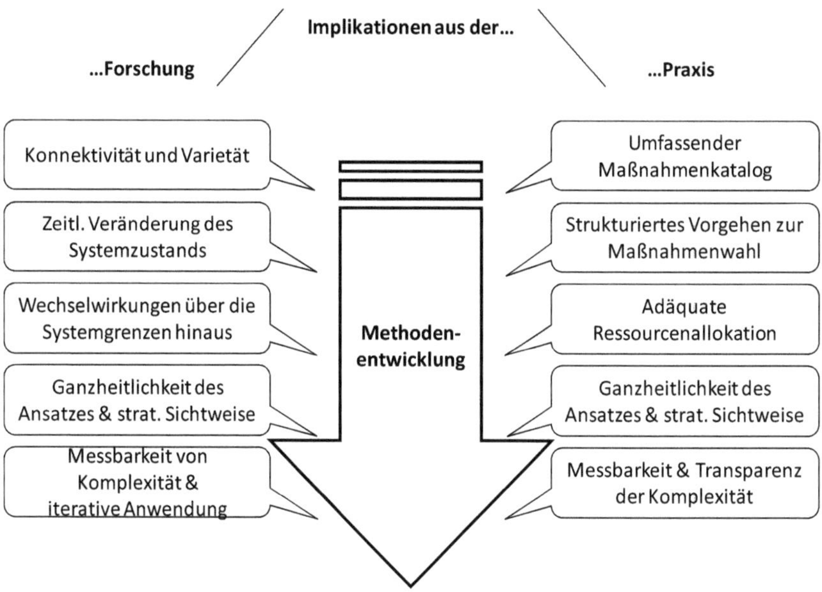

Abbildung 18: Zusammenfassung der Anforderungen an die zu entwickelnde Methodik (eigene Darstellung)

Anhand der erhobenen Daten konnte ein umfangreiches Bild zum aktuellen Stand der Praxis als Anforderungsprofil für die Entwicklung einer Methodik zum Komplexitätsmanagement in Distributionssystemen erstellt werden. Eine nachträgliche Vergrößerung des Samples hat sich vor dem Hintergrund der erzielten Resultate folglich als nicht nötig erwiesen.

In Kombination mit den in Kapitel 3 analysierten Implikationen aus der Komplexitätsforschung im Umfeld der Distributionslogistik ergibt sich durch die Praxisbefragung ein umfassendes Bild über die Anforderungen und zu berücksichtigenden Aspekte für eine Methodik zum Komplexitätsmanagement in der Distribution, das in Abbildung 18 noch einmal komprimiert dargestellt wird.

5 Methodik zur Analyse von Komplexität in Distributionssystemen

Im folgenden Kapitel wird, basierend auf den vorausgegangenen Analysen, ein Vorgehen zur Handhabung von Komplexität in Distributionssystemen entwickelt. Das Ziel ist ein ganzheitlicher Ansatz auf strategischer Ebene, durch dessen Anwendung möglichst konkrete Handlungsempfehlungen für einen möglichst breiten Kreis an unterschiedlichen Akteuren des Distributionsmanagements gegeben werden können.

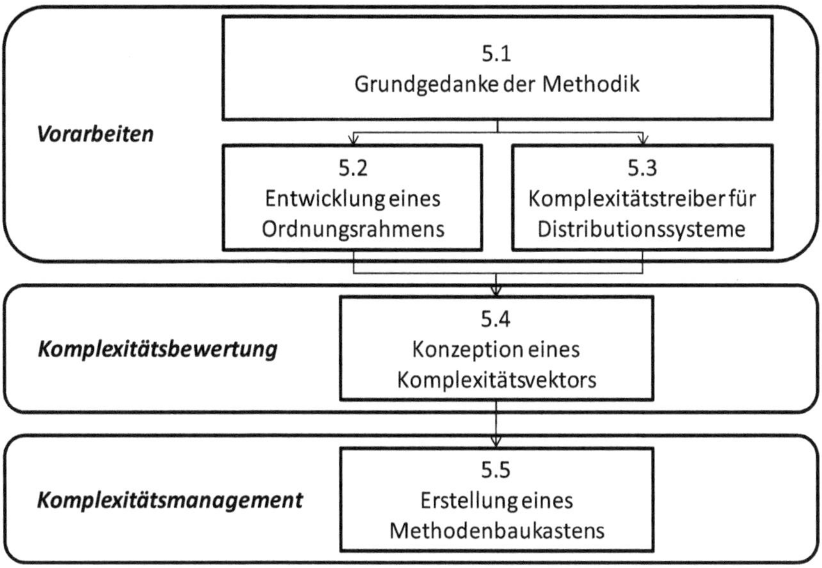

Abbildung 19: Entwicklung der Methodik – Ablaufübersicht Kapitel 5 (eigene Darstellung)

Dem Ablauf der Entwicklung folgend, beschreiben die folgenden Abschnitte die nötigen Arbeitsschritte. Zunächst wird der Grundgedanke der Methodik erläutert und das gewählte Vorgehen zur Bildung eines Komplexitätsvektors für Distributionssysteme begründet. In diesem Kontext wird außerdem die Zielsetzung des Vorgehens sowie dessen Einordnung als Werkzeug zur Entscheidungsunterstützung diskutiert. Im Anschluss wird ein Ordnungsrahmen vorgestellt, durch den eine Zuordnung von Komplexitätstreibern zu den unterschiedlichen organisatorischen Ebenen eines Distributionssystems ermöglicht wird, um eine grundlegende Voraussetzung zur Bildung eines Komplexitätsvektors und zur Eingrenzung der Bereiche hoher Komplexität zu schaffen. Der nachfolgende Abschnitt beschäftigt sich mit der Herleitung eines umfassenden Kataloges distributionsrelevanter Komplexitätstreiber, bevor dann die Entstehung des Komplexitätsvektors beschrieben wird. Es folgt in Abschnitt 5.5 die

Entwicklung eines Methodenbaukastens, dessen Verknüpfung mit dem Komplexitätsvektor die Komplexitätsbewertung um einen Weg zur Ableitung adäquater Handlungsempfehlungen erweitert. Der letzte Teil dieses Kapitels beschäftigt sich mit der Entwicklung eines prototypischen Software-Tools zur vereinfachten Anwendung des Verfahrens im Praxiskontext. Abbildung 19 fasst den Aufbau der Entwicklung der Methodik bis zur Erstellung des Methodenbaukastens graphisch zusammen.

5.1 Grundgedanke und Ablauf der Methodik

Die in den nachfolgenden Abschnitten vorgestellte Methodik zur Analyse von Komplexität in Distributionssystemen stellt einen Ansatz dar, der eine Hilfestellung bei der ganzheitlichen Betrachtung komplexitätsinduzierter Problemstellungen bietet. Der Begriff Methodik wird in der Literatur unterschiedlich definiert. In der vorliegenden Arbeit beschreibt dieser Begriff das zu entwickelnde Vorgehensmodell und geht damit über die Auffassung einer Methodik als reine Sammlung von Methoden hinaus (vgl. Laufenberg 1996, S. 6; Winter 2009, S. 111). Es ist zu beachten, dass im Falle des Komplexitätsmanagements die Ansprüche an die Leistungsfähigkeit einer Methodik durch den Betrachtungsgegenstand selbst beschränkt werden. Eine Unterscheidung zwischen individualistischer und holistischer Sichtweise spielt nicht nur bei der in Abschnitt 2.1.3 diskutierten Abgrenzung von Mikro- und Makroebene des Komplexitätsbegriffs eine Rolle, sondern bestimmt auch den grundsätzlichen wissenschaftlichen Diskurs über die Beschreibbarkeit sozialer Systeme durch Modellbildung (vgl. Kincaid 1996, S. 142 ff.; Frigg & Hartmann 2009). Das Distributionssystem besteht als soziotechnisches System aus Menschen und technischen Elementen und besitzt offene Systemgrenzen, die einen Austausch von Informationen und Materie zulassen und dem System Dynamik verleihen (vgl. Wolff 2005, S. 11). Im Unterschied zu komplizierten bzw. statisch-komplexen Systemen ist das Verhalten dynamisch-komplexer Systeme weder plan- noch determinierbar. Modelle und Methoden können hier daher nur in bedingtem Maße eine Erfassung und Abbildung des Systems gewährleisten (vgl. Schuh, Gottschalk & Kupke 2008, S. 286). Ein Modell, das in der Lage ist, die Realität in ihrer ganzen Vielfalt wiederzugeben, wäre ähnlich zielführend wie eine Karte mit dem Maßstab 1:1 (vgl. Robinson 1971, S. 33). Auch CRUTCHFIELD (1994, S. 244 f.) hält im Bezug auf Informationen über dynamische Systeme fest, dass es nicht möglich ist, unendlich präzise Messungen über einen Systemzustand durchzuführen. Im Rahmen dieser grundsätzlich limitierenden Faktoren liefert die nachfolgend beschriebene Methodik einen strukturiert ablaufenden Prozess zur Entscheidungsfindung und unterstützt damit das Management durch die Bereitstellung aufbereiteter Informationen (vgl. Scherm & Pietsch 2008, S. 431). Dabei spielen die Kriterien einer möglichst breiten Abdeckung des Problemfeldes der Distribution sowie der Ressourcenbündelung auf Systembereiche mit besonders hoher Komplexitätswirkung eine zentrale Rolle. Die Entwicklung eines vollständig automatisiert ablaufenden Verfahrens zur Entscheidungsfindung ist jedoch nicht sinnvoll. Grund hierfür ist die zu hohe statische und dynamische Komplexität des Distributionssystems als Organisation, die eine vollständige Durchdringung des Entscheidungsproblems nicht zulassen (vgl. Scherm & Pietsch 2008, S. 435). Vielmehr soll mit Hilfe eines Referenzmodells zur Visualisierung und Strukturierung der Komplexität im Distributionssystem eine Objektivierung und Systematisierung sonst meist subjektiv gefasster Entschlüsse geliefert und damit methodische Unterstützung strategischer Entscheidungsprozesse bereitgestellt werden. Darüber hinaus wird durch das Einnehmen einer komplexitätszentrierten Perspektive auf das Management von Distributionssystemen eine bisher wenig beachtete Sensibilisierung im Hinblick auf die vorherrschende Problematik komplexer werdender Prozesse erreicht (s. Abschnitt 1.1 und Kapitel 3). Durch die globale Betrachtung komplexitätsrelevanter Einflussfaktoren wird ein umfassendes Wissen als Entscheidungsgrundlage bereitgestellt. Auf diese Weise wird darüber hinaus der Tatsache Rechnung getragen, dass Wissen als Entscheidungsgrundlage umso bedeutsamer ist, je komplexer die Entscheidungsprozesse sind (vgl. Schauenburg & Schauenburg 2005, S. 1).

Um Komplexität umfassend bewerten zu können, muss man sie in ihrer Eigenschaft als mehrdimensionale Größe betrachten (s. Abschnitt 2.1.3). Deshalb sollte eine Methodik zur Bewertung von Komplexität ebenfalls einem mehrdimensionalen Ansatz folgen. Zur Bewertung und Visualisierung der Komplexität in Distributionssystemen wird daher ein Komplexitätsvektor entwickelt.

Die Möglichkeit, komplexe Netzwerke durch einen Vektor zu beschreiben, wurde bereits von Ashby (1957, S. 54 ff.) diskutiert, bei dem der Gesamtzustand eines Systems über eine Zusammenfassung der Einzelzustände seiner Elemente in Form von Komponenten eines Vektors beschrieben wird. Costa u. a. (2005) verwenden das Vektorkonzept, um jede diskrete Struktur als Netzwerk in Form von Graphen darzustellen und diese Netzwerke vor dem Hintergrund zeitlicher Veränderungen zu analysieren. Es ergibt sich eine topologische Charakterisierung der untersuchten Struktur. Anschließend können die so erworbenen Ergebnisse zur Identifikation verschiedener Typen und Muster von Netzwerken benutzt werden. Die Messung und Bewertung von Netzwerken auf quantitativer Ebene ist ein noch wenig etablierter Forschungsbereich. Mit Hilfe eines Vektors können Netzwerkeigenschaften gemessen und dann in einem speziellen „Messraum" dargestellt werden. Die Schwierigkeit liegt in der Wahl der relevanten vorzunehmenden Messungen.

Eine konkrete Anwendung dieses Vorgehens erarbeiten Scholz-Reiter u. a. (2006) für den Bereich des Produktionsmanagements. Sie führen eine Operationalisierung der Komplexität durch, die auf mehreren, voneinander unabhängigen Faktoren basiert. Dabei wird die Frage nach den relevanten vorzunehmen Messungen dahingehend beantwortet, dass sich der Komplexitätsvektor zur Beschreibung der strukturellen Komplexität aus Komponenten zusammensetzt, die aus messbaren Kennzahlen gebildet werden (s. Abbildung 20).

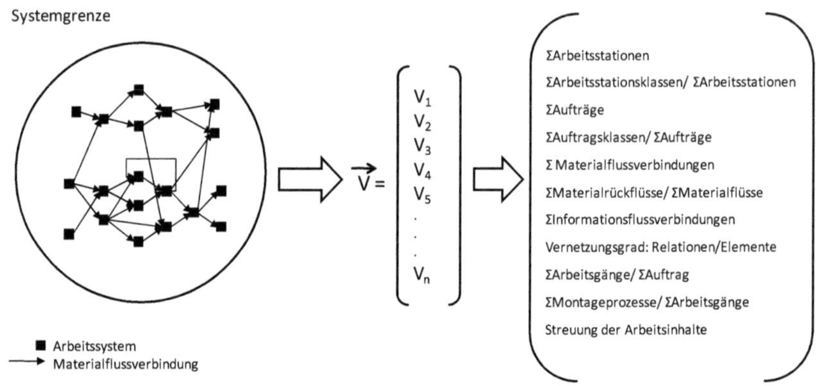

Abbildung 20: Struktureller Komplexitätsvektor für Produktionssysteme (Scholz-Reiter u. a. 2006, S. 14)

WINDT, PHILIPP & BÖSE (2008) erweitern den Gedanken des Komplexitätsvektors für Produktionssysteme mit dem Ergebnis einer mehrdimensionalen Kategorisierung in zeitbezogene, organisatorische und systemische Komplexität, die in einem Komplexitätswürfel mündet (s. Abbildung 21). Die verschiedenen Bereiche des Würfels erscheinen als voneinander getrennte Bereiche, in denen jeweils Komplexitäts-Subvektoren gebildet werden, die die Komplexität für bestimmte Ausprägungen der zuvor beschriebenen Kategorien wiedergeben (z. B. statische, strukturelle, externe Komplexität).

Der Grundgedanke einer Kategorisierung der Komplexität anhand verschiedener Arten und Bereiche des Auftretens wird auch in der folgenden Konzeptentwicklung in abgewandelter Form verfolgt. In der vorliegenden Arbeit soll der Komplexitätsvektor über eine Bewertung komplexitätsbeeinflussender Faktoren durch den Anwender als relative Größe entstehen. Die für die Komplexität eines Distributionssystems verantwortlichen Faktoren sind in ihrer Erscheinungsform so unterschiedlich, dass eine Reduktion auf gleiche Einheiten mit einem hohen Verlust an Information einherginge und dem strategischen Ansatz des Vorgehens daher nicht mehr gerecht würde (s. Abschnitt 5.3.). Anhand des gewählten Vorgehens kann die Vielfalt der für komplexe Entscheidungen notwendigen unterschiedlichen Einflüsse und Interaktionen abgebildet werden (vgl. Scherm & Pietsch 2008, S. 430). Auch kann so eine Erweiterung des erfassbaren Systemteils im Vergleich zu einer kennzahlenbasierten Erfassung der Komplexität vorgenommen werden, über die sich der strukturelle Teil der Komplexität beschreiben lässt. Somit wird sichergestellt, dass das Ziel der Arbeit, eine möglichst umfassende Abbildung verschiedenartiger Aspekte der Komplexität zu erstellen, erreicht wird. Des Weiteren wird so der Experte als Wissensquelle explizit in den Prozess der Erkenntnisgewinnung einbezogen, um ein „möglichst detailliertes und vollständiges Bild der zu erschließenden Wirklichkeitsausschnitte zu liefern" (von Kardorff 1995, S. 4; s. auch Abschnitt 4.1).

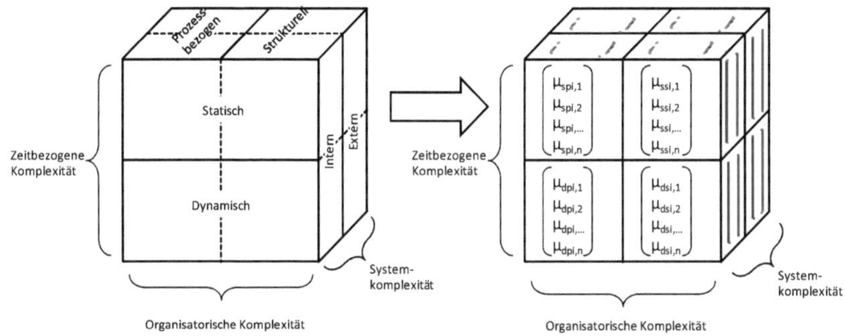

Abbildung 21: Komplexitätswürfel für Produktionssysteme (Windt, Philipp & Böse 2008, S. 197)

Um Aussagen über den effektivsten Angriffspunkt von Managementmaßnahmen treffen zu können ist ferner entscheidend, in welchem Bereich des Distributionssystems die Ursachen der Komplexität liegen. Es ist daher sinnvoll, ein Schema zur Abgrenzung verschiedener organisatorischer Ebenen der Distribution zu entwickeln und zur Allokation von Komplexitätstreibern und -vektoren zu verwenden.

Die sich an den Komplexitätsvektor als Weg zur Darstellung und Bewertung vorherrschender Komplexität anschließende Ableitung adäquater Handlungsempfehlungen erfolgt über eine strukturierte Darstellung gängiger Managementmethoden mit einem direkten Bezug zur Distribution. Hierzu wird ein sich aus Literatur und Praxisanalyse zusammensetzender Methodenüberblick erstellt und im Hinblick auf die Anwendbarkeit im Distributionskontext geordnet dargestellt. Über die Wahl geeigneter Kriterien und deren Zusammenfassung zu einem Referenzmodell werden dabei eine Verknüpfung zur vektoriellen Komplexitätsbewertung sowie die Möglichkeit einer priorisierten Darstellung hergestellt, um eine vereinfachte Auswahl und Anwendung falladäquater Methoden durch den Anwender sicherzustellen.

Konzeption und Anwendung der Methodik als Ganzes setzen sich aus zahlreichen Einzelschritten auf unterschiedlichen Ebenen zusammen. Dabei muss unterschieden werden zwischen den Schritten zur generischen Entwicklung der Vorgehensweise und den Schritten, die schließlich zur fallbezogenen Anwendung der Methodik durch den jeweiligen Anwender zu durchlaufen sind. Des Weiteren ist zu erläutern, an welchen Punkten der Konzeptentwicklung eine Prüfung und Erweiterung des Vorgehens durch die Praxisexperten durchgeführt wird.

Einen Überblick des Ablaufs der Konzeptentwicklung und der dabei erfolgten Einflussnahme der Praxisexperten gibt Abbildung 22:

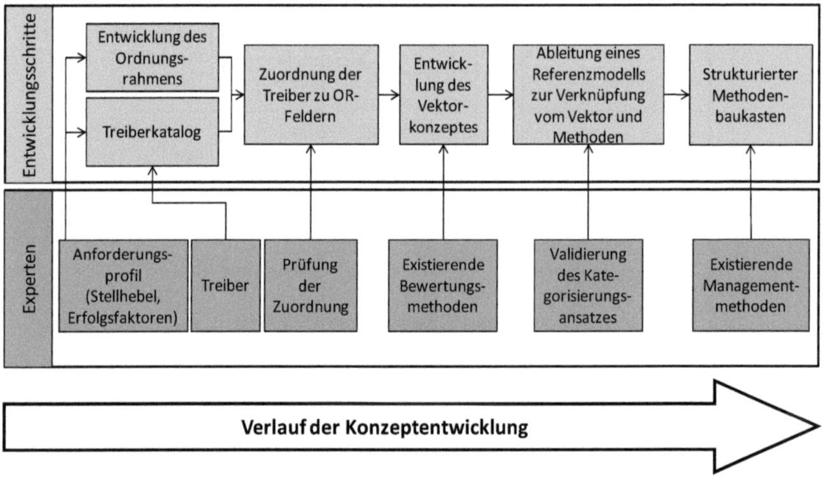

Abbildung 22: Schritte der Konzeptentwicklung (eigene Darstellung)

Das obere Segment der Abbildung zeigt die zur Anwendung der Methode erforderlichen Entwicklungsschritte. Parallel zur Entwicklung eines Ordnungsrahmens zur Darstellung verschiedener Systembereiche der Distribution (s. Abschnitt 5.2) wird ein strukturierter Treiberkatalog von Komplexitätstreibern der Distribution erarbeitet (s. Abschnitt 5.3.1). Die Zusammenführung der beiden Schritte erfolgt in der Allokation der identifizierten Treiber zu den durch den Ordnungsrahmen aufgespannten Feldern (s. Abschnitt 5.3.2). Die Konzeption des eigentlichen Komplexitätsvektors findet anschließend in mehreren Schritten statt (s. Abschnitt 5.4). Zur Knüpfung von Handlungsempfehlungen an die vektoriell vorgenommene Komplexitätsbewertung muss ein strukturierter Methodenbaukasten als Grundlage erstellt und über ein Referenzmodell mit den Ergebnissen der Komplexitätsbewertung verknüpft werden (s. Abschnitt 5.5).

Das untere Segment der Abbildung visualisiert die Punkte der Einflussnahme der in Abschnitt 4.1.1 vorgestellten Gruppe der Praxispartner auf die Entwicklung der Methodik. Bereits zu

Beginn der Forschungsarbeiten wurde anhand der geführten Experteninterviews ein Anforderungsprofil für das Management von Komplexität in Distributionssystemen angefertigt, auf dessen Basis Ordnungsrahmen und Treiberkatalog erstellt werden. Zur Erstellung des Treiberkataloges wurden außerdem neben den aus der Literatur erarbeiteten Treibern auch in Workshops erarbeitete Faktoren berücksichtigt (s. Anhang II). Die Zusammenführung des Treiberkatalogs und des Ordnungsrahmens erfolgt durch eine Zuordnung der Komplexitätstreiber im Hinblick auf den Ort ihrer Entstehung zu den Feldern des Ordnungsrahmens. Diese Zuordnung wurde durch die Praxispartner überprüft. Die sich anschließenden Entwicklungsarbeiten für den Komplexitätsvektor sowie für den strukturierten Methodenbaukasten wurden ebenso geprüft und darüber hinaus um das Expertenwissen zu Vorgehensweisen und Strategien, die bereits in der Praxis Anwendung finden, erweitert. Ebenso wurde der über das Referenzmodell realisierte Verknüpfungsmechanismus von Komplexitätsbewertung und fallbezogen abgeleiteten Managementmethoden durch den Expertenkreis validiert.

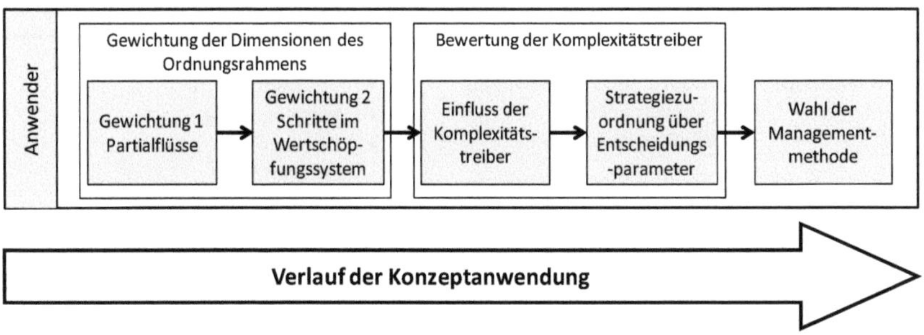

Abbildung 23: Schritte der Konzeptanwendung (eigene Darstellung)

Die durch den Anwender vorzunehmenden Schritte bei der Methodendurchführung nach Abschluss der Entwicklungsarbeiten werden in Abbildung 23 zusammengefasst. Die Anwendung beginnt mit der Auswahl der fallspezifisch relevanten Komplexitätstreiber über eine Gewichtung der Felder des Ordnungsrahmens (s. Abschnitt 5.4.1). Hierbei erfolgen über zwei paarweise Vergleiche nacheinander Gewichtungen beider vom Ordnungsrahmen aufgespannten Dimensionen (Partialflüsse und Schritte im Wertschöpfungssystem). Anschließend erfolgt die Bewertung der gewählten Treiber im Hinblick auf ihre systemspezifische Komplexitätswirkung (s. Abschnitt 5.4.2) und die Zuordnung der Treiber zu verschiedenen Strategien des Komplexitätsmanagements (s. Abschnitt 5.4.4). Über den so gebildeten Komplexitätsvektor können dann adäquate Methoden zum Management der Komplexität ausgewählt werden, die durch die Methodik je nach Ergebnis der Komplexitätsbewertung fallbezogen vorgeschlagen werden (s. Abschnitt 5.5.2).

In den folgenden Abschnitten werden die aufeinander aufbauenden Anwendungsschritte und die dafür notwendigen Entwicklungen nacheinander ausführlich beschrieben. Die für die Konzeptentwicklung verwendeten Elemente und Begriffe werden in den entsprechenden Abschnitten erläutert. Eine Gesamtübersicht aller für den Entwicklungsverlauf relevanten Begriffe findet sich in Anhang III.

5.2 Entwicklung eines Ordnungsrahmens zur treiberbasierten Behandlung von Komplexität in Distributionssystemen

Zur Messung und Bewertung von Komplexitätstreibern in Unternehmen existiert eine Vielzahl an Methoden, die auf unterschiedliche wissenschaftliche Ansätze zurückgreifen (vgl. Perona & Miragliotta 2004). Eine spezifisch anwendbare Methodik zur Ableitung von Handlungsempfehlungen in dem Feld der Distributionslogistik existiert jedoch noch nicht.

Term	Beschreibung	Beispiele
Schritte im Wertschöpfungs-system	Erweiterte Abfolge von Prozess-schritten in der Wertschöpfung mit Schwerpunkt auf Distributionsaktivitäten	• Beschaffung • Produktion • Warenausgang • Distributionssystem im engeren Sinne • Schnittstelle zum Kunden • Verwertung durch den Kunden
Betrachtungs-ebene	Logische Anordnung der einzel-nen Schritte im Wertschöpfungssystem zur Allo-kation von Komplexitätsursachen und -wirkungen.	• Produktionssystem • Kundensystem • Distributionssystem im weiteren Sinne • Einflussgebiet • Wertschöpfungssystem
Partialflüsse	Flussbasierter Strukturierungsan-satz zur mehrdimensionalen Ana-lyse von Distributionssystemen.	• Organisationsfluss • Materialfluss • Informationsfluss • Akquisitorischer Fluss
Allokationsfeld	Alle Schnittstellen, die durch die Verwendung der Schritte im Wertschöpfungssystem und der Partialflüsse als Dimensionen einer Matrix generiert werden.	• Informationsfluss an der Schnittstelle zum Kunden • Materialfluss in der Produktion • Akquisitorischer Fluss am Warenausgang

Tabelle 9: Terminologie des Ordnungsrahmens
(eigene Darstellung)

Um Komplexität bewerten zu können, bedarf es einer einheitlichen Betrachtungstiefe sowie einer einheitlichen Abgrenzung des zu bewertenden Systems (vgl. Blockus 2010, S. 10). Ein wichtiger Meilenstein zum Erreichen des Ziels, einen ganzheitlichen Ansatz zur Komplexitätsoptimierung in Distributionssystem zu erarbeiten liegt in der Beschreibung des Verhaltens von Komplexitätstreibern in unterschiedlichen organisatorischen Ebenen des Distributionssystems. Basierend auf existierenden Ansätzen zur Gliederung logistischer Systeme soll im folgenden Abschnitt daher ein Ordnungsrahmen entwickelt werden, der eine Allokation von Komplexitätstreibern innerhalb verschiedener organisatorischer Ebenen des Distributionssystems als Teil einer globalen Wertschöpfungskette ermöglicht (vgl. u. a. Otto 2002, S. 246 ff.; Chopra & Meindl 2010, S. 3 ff.). Im Hinblick auf Ursachen- und Wirkungsbereiche der Komplexitätstreiber werden bei der Ausgestaltung des Ordnungsrahmens mehrere Dimensionen herangezogen. Eine Übersicht der hierbei verwendeten Begrifflichkeiten findet sich in Tabelle 9. Eine Darstellung des erstellten Ordnungsrahmens liefert schließlich Abbildung 24.

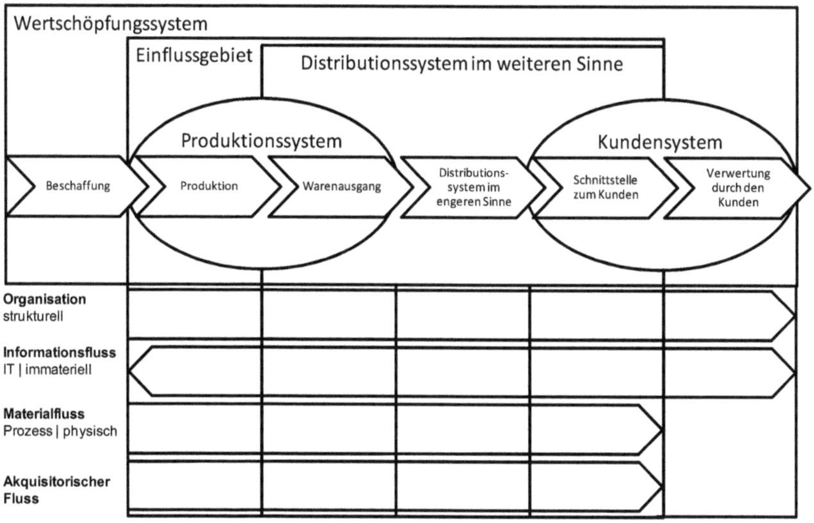

Abbildung 24: Ordnungsrahmen zur treiberbasierten Komplexitätsanalyse von Distributionssystemen (eigene Darstellung)

5.2.1 Partialflüsse der Distribution

Trotz der Existenz verschiedener Ansätze zur Evaluation von Komplexität in Unternehmen ist die Identifikation individueller Komplexitätswirkungen schwierig (vgl. Hofer & Knemeyer 2009). Da ein Distributionssystem oft mehrere Unternehmen umfasst, werden Komplexitätsprobleme immer dann identifiziert, wenn durch ein beteiligtes Unternehmen die Möglichkeit erkannt wird, die Leistungsfähigkeit des Systems durch Optimierung der Komplexität zu erhöhen (vgl. Manuj & Mentzer 2008, S. 209).

Im Folgenden wird eine Vereinfachung des komplexen Unterfangens einer Analyse von Distributionsaktivitäten durch die Gliederung des Distributionssystems in verschiedene, als Subsysteme aufzufassende Partialflüsse vorgenommen. In der Literatur werden viele Gliederungsschemata der Austauschbeziehungen zwischen den Unternehmen einer Supply Chain dargestellt. Die Beziehungen können auch als Flüsse bezeichnet werden (s. auch Abschnitt 2.3.2). Die Grundarten dieser Flussbeziehungen stellen Güter-, Informations- und Finanzflüsse dar, bei denen die Fließrichtung unterschiedlich sein kann (vgl. Göpfert 2002, S. 32). Auch SCHNEIDER & GRÜNEWALD (2001, S. 169) halten fest, dass es ein wesentliches Ziel des Supply Chain Managements ist, alle Material-, Informations- und Geldflüsse entlang einer Supply Chain zu betrachten und optimal zu steuern. In dieser Arbeit werden darauf aufbauend ein struktureller, ein informatorischer, ein physischer und ein akquisitorischer Fluss als Subsysteme gebildet (s. Abschnitt 2.3.2).

Die *Organisation* als Subsystem umfasst hierbei strukturelle Aspekte der in das Distributionssystem involvierten Unternehmen wie zum Beispiel Größe, Belegschaft und Produktportfolio. Aufgrund der vorhandenen zeitlichen und räumlichen Diskrepanz zwischen Produktion und Markteinführung ist ein durch die Distribution bereitgestellter physischer und informatorischer Ausgleich erforderlich. Diese beiden Ausgleichsdimensionen werden mit Hilfe entsprechender Subsysteme dargestellt. Der *Materialfluss* beschreibt dabei den Prozess der Bewegung von physischen Objekten im Distributionsprozess. Lager- und Transportvorgänge werden ebenso vom Materialfluss abgedeckt, wie Güterumschlag, Umladungsarbeiten und Kommissionier und Verpackungsarbeiten. Der *Informationsfluss* beschreibt hingegen alle nicht-physischen Flüsse innerhalb des Distributionssystems und wird zur Planung und Steuerung von Prozessen in der Supply Chain benötigt. Im Gegensatz zu anderen Subsystemen findet der Informationsfluss in beide Richtungen wertstromauf- und abwärts statt (vgl. Vachon & Klassen 2002, S. 219). Die Initiierung und Kontrolle physischer Prozesse im Materialfluss wird innerhalb des informatorischen Subsystems gesteuert und überwacht (vgl. Stieglitz 1999, S. 91 ff.). Der *akquisitorische Teilfluss* umfasst administrative und rechtliche Angelegenheiten und die Anbahnung von Transaktionen im Rahmen der Übertragung von Eigentumsrechten entlang der Supply Chain (vgl. Wirtz 2008, S. 15). Die gesonderte Betrachtung akquisitorischer Aspekte lässt sich auf die Erweiterung des Logistikbegriffs zu dem umfassenderen Konzept des Supply Chain Managements zurückführen (s. Abschnitt 2.3.1).

5.2.2 Schritte im Wertschöpfungssystem

Um Distributionskomplexität strukturieren und analysieren zu können, erscheint neben der Aufteilung der Distribution anhand der Art des logistischen Flusses wie in Abschnitt 5.2.1 eine weitere Unterteilung anhand der Positionierung des Auftretens von Komplexität im Rahmen des Wertschöpfungsprozesses sinnvoll. Grundlage hierfür bildet die Value Chain, die PORTER (1998, S. 60) als Hilfsmittel zur Untersuchung von Wettbewerbsvorteilen und zum Design von Organisationsstrukturen einführt. Hierbei werden bei PORTER die Primäraktivitäten „Eingangslogistik", „Produktion", „Ausgangslogistik", „Marketing & Vertrieb" und „Kundenservice" als Schritte der Wertschöpfungskette aufgeführt. Im Rahmen der in dieser Arbeit vorliegenden Sichtweise auf die Distributionslogistik als fokales Element soll der Aufbau des Wertschöpfungssystems auf die unmittelbar mit Distributionsaktivitäten in Verbindung stehenden Schritte reduziert, und gleichzeitig um passende Zwischenschritte ergänzt werden. Die distributionszentrierten Schritte im Wertschöpfungssystem werden daher wie folgt gewählt: *Beschaffung, Produktion, Warenausgang, Distributionssystem im engeren Sinne, Schnittstelle zum Kunden, Verwertung durch den Kunden*.

Unter dem Begriff *Beschaffung* wird die Bewegung von Produkten von Zulieferern in das Produktionssystem verstanden. Der anschließende Schritt der *Produktion* umfasst alle Herstellungs- und Montageprozesse (vgl. Chopra & Meindl 2010, S. 5). Über den Schritt des *Warenausgangs* werden die Quellen des Distributionssystems auf einer abstrakten Ebene beschrieben. Transport-, Umschlags- und Lagerungsvorgänge werden im Schritt *Distributionssystem im engeren Sinne* zusammengefasst, welcher so die operativen Hauptprozesse des Warenverkehrs beinhaltet (vgl. Gabler 2011). Die *Schnittstelle zum Kunden* stellt das verbindende Element zwischen Distributions- und Kundensystem dar. Hierbei kann es sich beispielweise um ein Einzelhandelsgeschäft oder aber um den Wareneingang eines aus Sicht des fokalen Distributionssystems wertstromabwärts positionierten Unternehmens handeln. Im Gegensatz zum *Warenausgang* als Quelle umschreibt die Schnittstelle zum Kunden damit die Senke des *Distributionssystems im engeren Sinne* (vgl. Bretzke 2010, S. 149). Abschließend steht der Schritt der *Verwertung durch den Kunden* für die eigentliche Erfüllung des Kundennutzens als Hauptzweck der Supply Chain (vgl. Mentzer u. a. 2001, S. 8).

Zusammen mit den im nächsten Abschnitt erläuterten Betrachtungsebenen bilden die angepassten Schritte der Wertschöpfung die horizontale Dimension des Ordnungsrahmens zur Analyse von Komplexitätstreibern in Distributionssystemen.

5.2.3 Betrachtungsebenen

Um die im vorherigen Abschnitt vorgestellten Schritte logisch zusammenzufassen, werden verschiedene Betrachtungsebenen eingeführt. Auf diese Weise soll die angestrebte Zuordnung von Komplexitätstreibern im Hinblick auf deren Ursachen und Auswirkungen vereinfacht werden.

Die Schritte Produktion und Warenausgang werden in der Betrachtungsebene *Produktionssystem* zusammengefasst. Dieses Subsystem umfasst alle zur Produktion und Bereitstellung relevanten Aktivitäten und Flüsse. In der rechten Hälfte des Gesamtsystems werden die Schritte Schnittstelle zum Kunden und Verwertung durch den Kunden zum *Kundensystem* zusammengefasst. Als Gegenstück zum Produktionssystem werden durch das Kundensystem Güter aufgenommen. Es fungiert demnach in Bezug auf die Distribution als Senke, während das Produktionssystem als Quelle anzusehen ist. Die Verwendung der erhaltenen Produkte im Kundensystem kann hier sowohl in Form von Belieferung einer weiter wertstromabwärts positionierten Unternehmung, als auch in Form von Konsum durch den Endkunden verstanden werden. Die Betrachtungsebene des *Distributionssystems im weiteren Sinne* besteht aus den drei inneren Schritten der Wertschöpfung. Durch Hinzunahme der Verbindungsschritte zum Produktionssystem (Warenausgang) und zum Kundensystem (Schnittstelle zum Kunden) stellt es eine Erweiterung der im Schritt der Distribution im engeren Sinne zusammengefassten logistischen Aktivitäten dar. Die Schritte Warenausgang und Schnittstelle zum Kunden repräsentieren demnach nicht nur Verbindungselemente in der Wertschöpfung, sondern haben auch die Funktion einer Schnittstelle zwischen den Betrachtungsebenen. Weiterhin kann die Betrachtungsebene *Einflussgebiet* wie folgt verstanden werden. Aus einer das Distributionssystem in das Zentrum stellenden Sichtweise heraus bezeichnen die im Einflussgebiet zusammengefassten Schritte den Teil der Wertschöpfungskette, der aktiv beeinflussbar ist. Die Schritte Beschaffung und Verwertung durch den Kunden sind nur indirekt über die Schritte Produktion bzw. Schnittstelle zum Kunden mit der Distribution verbunden und werden daher nicht dem Einflussgebiet zugerechnet. Die Betrachtungsebene des Einflussgebietes wird im weiteren Verlauf der Konzeptentwicklung als Grundlage für das Komplexitätsmanagement des Distributionssystems dienen. Auf einer noch weiter gefassten Ebene befindet sich das *Wertschöpfungssystem* als Ganzes, das alle bisher genannten Subsysteme umfasst. Der *Systemumgebung* genannte Bereich außerhalb des Wertschöpfungssystems dient der Allokation von Komplexitätstreibern mit externen Ursachen (z. B. Globalisierung, Naturkatastrophen etc.), deren Existenz unabhängig von den im Ordnungsrahmen umfassten Bereichen ist.

5.2.4 Integration der Dimensionen zu einem matrixförmigen Ordnungsrahmen

Die Kombination der in Abschnitt 5.2.1 erläuterten Partialflüsse mit den Betrachtungsebenen (Abschnitt 5.2.3) und den dazugehörigen Schritten in der Wertschöpfungskette (Abschnitt 5.2.2) führt zu einem Ordnungsrahmen, der in Form einer Matrix die Distribution als fokales Element der Wertschöpfung darstellt (s. Abbildung 24). Auf diese Weise wird ein Bezugssystem generiert, welches eine strukturierte Allokation von distributionsrelevanten Komplexitätstreibern ermöglicht. Die durch die Matrix gebildeten Kategorien bewegen sich dabei auf einer generischen Ebene. Von der Wahl konkreterer Kategorien mit spezifischeren logistischen Unterscheidungsmerkmalen (zum Beispiel über eine weitere Aufteilung der Transport-, Umschlags- und Lagerungsprozesse im Distributionssystem im engeren Sinne) wird abgesehen, da eine entsprechende Zuordnung von Komplexitätstreibern nicht mehr widerspruchsfrei möglich wäre. Außerdem soll über den Ordnungsrahmen die strategische Ausrichtung der zu entwickelnden Methodik wiedergegeben werden.

Die Treiber werden den Feldern zugeordnet, die sich in der von den Partialflüssen auf der vertikalen sowie den Schritten der Wertschöpfungskette auf der horizontalen Achse aufgespannten Ebene ergeben. Besonders hervorzuheben ist die Möglichkeit, die Komplexitätstreiber nach Ursprung und Effekt zu differenzieren. Treiber mit Auswirkungen in einem bestimmten Bereich des Distributionssystems (z. B. im Materialfluss des Warenausgangs) können ihren Ursprung in einem anderen Teilbereich des Distributionssystems, in einem der das Distributionssystem umgebenden Systeme oder sogar außerhalb des Wertschöpfungssystems haben (externe Faktoren). Ein durch eine solche Differenzierung erlangtes, tieferes Verständnis der Ursprungs- und Wirkbereiche der Komplexität liefert eine Entscheidungsunterstützung im Hinblick auf Art und Ansatzpunkt der möglichen Managementmaßnahmen. Von hoher Relevanz ist die Unterscheidung von Treibern, deren Ursprung außerhalb und solchen, deren Ursprung innerhalb des Einflussgebietes liegt. Hieran entscheidet sich, ob komplexitätsreduzierende Managementmaßnahmen möglich sind oder Aktivitäten zur Beherrschung der Komplexitätswirkungen erforderlich sind. Die zweidimensionale Anordnung der Treiber im Ordnungsrahmen hilft bei der Identifikation der Beitragsgröße der einzelnen Subsysteme zur Gesamtkomplexität, der Komplexität in anderen Subsystemen und ihrer eigenen Komplexität.

5.3 Komplexitätstreiber als Maß zur Komplexitätsstrukturierung und -messung in Distributionssystemen

Im Hinblick auf die in Abschnitt 2.2.3 theoretisch erläuterte Möglichkeit der Erfassung von Komplexität über ein System von Komplexitätstreibern als Einflussfaktoren, wird im folgenden Abschnitt ein strukturierter Treiberkatalog für die Betrachtung von Komplexität in Distributionssystemen erstellt. Hierbei finden die bereits vorgestellte Definition von Komplexitätstreibern und die Anforderungen an die Treiber zur Erfüllung ihrer Aufgabe, den Komplexitätsgrad zu repräsentieren, Berücksichtigung.

5.3.1 Erarbeitung eines Kataloges von Komplexitätstreibern

Zur Erreichung des Ziels, einen aus Distributionssicht möglichst vollständigen Katalog an Komplexitätstreibern zu entwickeln, wurde ein aus mehreren Schritten bestehendes Vorgehen gewählt. Angefangen mit der Analyse bekannter Treiber im Logistikkontext aus der Literatur und der Praxis wurde über verschiedene Ordnungs- und Filterungsschritte, die im Folgenden beschrieben werden, ein problemgerechter Treiberkatalog abgeleitet. Einen Überblick über das gewählte Vorgehen gibt Abbildung 25.

5.3.1.1 Analyse von Komplexitätstreibern aus Literatur und Praxis

Einen umfassenden Überblick über Komplexitätstreiber für strategisches Logistikmanagement liefert MEYER (2007, S. 182 f.). Diesem Überblick liegt bereits eine ausführliche Literaturanalyse zu Grunde, die im Hinblick auf die vorliegende Problemstellung durch eine zusätzliche Literaturanalyse um weitere Treiber erweitert wurde. Insbesondere wurde auch auf die Berücksichtigung der im Stand der Forschung identifizierten Treiber geachtet (s. Abschnitt 3.2). In Bezug auf das zu untersuchende Themenfeld der Distributionslogistik wurde anschließend eine Überprüfung und Filterung der Treiber hinsichtlich ihrer Distributionsrelevanz durchgeführt. Dabei wurden einzelne Treiber umformuliert und zum Teil durch eine genauere Beschreibung ergänzt, um einen konkreteren Bezug zum Distributionssystem als fokalen Untersuchungsgegenstand herzustellen und das Verständnis zu erleichtern.

Im Rahmen eines Workshops mit den in Abschnitt 4.1.1 vorgestellten Praxispartnern im Juni 2010 wurden weitere Einflussfaktoren auf die Komplexität von Distributionsaufgaben identifiziert, die aus Sicht der Praxisexperten eine besonders wichtige Rolle spielen. Eine Übersicht aller identifizierten Treiber aus Theorie und Praxis findet sich in Anhang II.

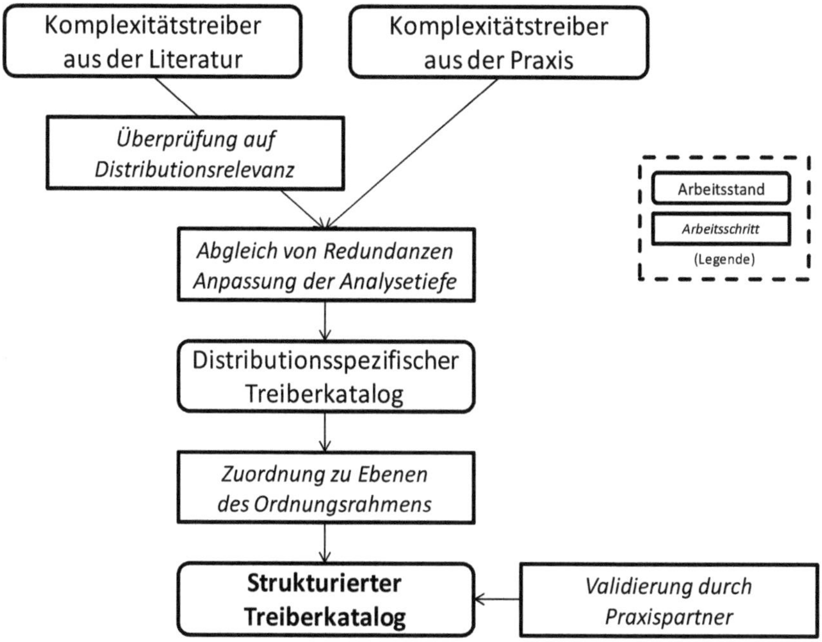

Abbildung 25: Vorgehen zur Entwicklung von Komplexitätstreibern für Distributionssysteme (eigene Darstellung)

5.3.1.2 Ableitung eines distributionsspezifischen Treiberkatalogs

Zur Anpassung des allgemeinen Treiberkatalogs an die Distribution als speziellen Teilbereich des Logistikmanagements wurde die Gesamtanzahl der zu betrachtenden Komplexitätstreiber verringert. Dazu wurden zunächst die aus der Literatur identifizierten Treiber in Bezug auf ihre Anwendbarkeit beim Distributionsmanagement gefiltert. Außerdem wurde eine Anpassung der Analysetiefe der durch die Komplexitätstreiber beschriebenen Aspekte vorgenommen. Dieser Schritt bezieht sich auf die in Abschnitt 2.2.3 nach MIRAGLIOTTA, PERONA & PORTIOLI-STAUDACHER (2002, S. 386) beschriebene Anforderung an Komplexitätstreiber zur Bewertung von Komplexität im Supply Chain Management. Die Notwendigkeit einer differenzierten Auseinandersetzung mit dem Präzisionslevel von Beurteilungs- und Optimierungskriterien als Voraussetzung für eine erfolgreiche Planung thematisiert auch REITHER (1997, S. 34 f.). Demnach ist die Forderung nach der Steigerung eindimensionaler Größen wie beispielweise des Gewinns oder der Effizienz nicht ausreichend, wobei eine zu allgemeine und unpräzise Angabe von Zielgrößen auf der anderen Seite einen zu hohen Beliebigkeitsgrad der ableitbaren Handlungsempfehlungen zur Folge hat.

In Absprache mit den Praxisvertretern wurde eine Aggregationsebene gewählt, die einen für die Bewertung der Treiber notwendigen Konkretheitsgrad bei gleichzeitig noch für die Erfassung der Komplexität auf strategischer Ebene ausreichender Allgemeinheit gewährleistet. Die endgültigen Treiber sollen dabei weder so allgemein sein, dass ihre Komplexitätswirkung auf das System nur indirekt über eine Beeinflussung anderer Treiber auftritt (vgl. Klassifizierung „indirekt" in Abbildung 8), noch sollen sie so spezifisch sein, dass sie von vornherein nur spezifische Teilbereiche des Distributionssystems betreffen. Die vorhandenen Treiber wurden im Hinblick auf diese Ebene angepasst bzw. konsolidiert. Zuletzt wurden die Redundanzen beseitigt, die sich aus dem mehrfachen Vorkommen bestimmter Treiber in verschiedenen Quellen sowie bei der Praxisanalyse ergeben haben. Eine endgültige Liste von Treibern als Messparameter für die Komplexität kann auf grundsätzlicher Ebene nicht erarbeitet werden, da die Wahl der in Betracht zu ziehenden Faktoren in hohem Maße vom spezifischen Design des zu untersuchenden Systems abhängt (vgl. Windt, Philipp & Böse 2008, S. 198). Die hier vorgestellte Liste spielt jedoch als Diskussionsgrundlage und Ausgangspunkt eine wichtige Rolle. Die Möglichkeit zur Erweiterung dieser Liste besteht uneingeschränkt.

5.3.2 Kategorisierung der Treiber als Grundlage zur Vektorbildung

Die Felder des in Abschnitt 5.2 vorgestellten zweidimensionalen Ordnungsrahmens bilden Subsysteme bzw. organisatorische Ebenen der Distributionslogistik, die sich aus den Partialflüssen und den Schritten der Wertschöpfungskette zusammensetzen. Da in der nachfolgenden Entwicklung Komplexität anhand von Komplexitätstreibern handhabbar gemacht werden soll, ist es sinnvoll, eine Gruppierung der Treiber vorzunehmen. Hierzu werden die verbleibenden, distributionsrelevanten Komplexitätstreiber den einzelnen Feldern des zweidimensionalen Ordnungsrahmens zugeordnet. Dies ist für das Komplexitätsmanagement grundlegend, um zu erkennen, in welchen Bereichen des Unternehmens Handlungsbedarf besteht. Eine Mehrfachzuordnung wird dabei nicht ausgeschlossen. Komplexität in Unternehmen kann sowohl intern, als auch extern bedingt sein (vgl. Kersten u. a. 2006, S. 326 f.). Auf Treiberebene kann diese Tatsache durch eine Unterscheidung zwischen Ursachen- und Wirkbereich vorgenommen werden (vgl. Abbildung 8). Im Rahmen dieser Arbeit werden dabei grundsätzlich nur diejenigen Komplexitätstreiber betrachtet, deren Auswirkungen systemintern auftreten. Ihre Ursache kann jedoch systemextern liegen. Die tatsächliche Beantwortung der Frage, ob die Ursache eines Treibers im Rahmen eines systemweiten Managements beeinflussbar ist, muss fallbezogen entschieden werden und ist daher Teil der zur Durchführung der Methodik nötigen Eingaben durch den Anwender (s. Abschnitt 5.4.4). So kann beispielsweise der Treiber *Breite des Produktsortiments* in seiner Ursache außerhalb der Reichweite eines Logistikdienstleisters liegen, während er für ein produzierendes Unternehmen als systemintern wahrgenommen wird. Treiber, deren Auswirkungen ausschließlich systemextern auftreten, werden nicht betrachtet. Über die vorgenommene Zuordnung kann die Erfüllung der zweiten in Abschnitt 2.2.3 beschriebenen Anforderung sichergestellt werden, da die Berücksichtigung von Treibern, die den aus Distributionssicht wichtigen Teil der Supply Chain vollständig abbilden, visualisiert und überprüft werden kann. Darüber hinaus wird eine Ressourcenbündelung der Managementaktivitäten auf die wichtigsten Treiber über eine Gewichtung der Felder des Ordnungsrahmens ermöglicht und entspricht damit einer weiteren, in Abschnitt 2.2.3 beschriebenen Herausforderung (vgl. Schmitt, Vorspel-Rueter & Wienholdt 2010, S. 55).

Durch eine Befragung der Experten aus der industriellen Praxis wurde die Auswahl der Treiber sowie die Richtigkeit ihrer Kategorisierung überprüft. Dabei wurden Feinanpassungen der Treiberwahl und der Zuordnung zu den Feldern des Ordnungsrahmens vorgenommen. Des Weiteren wurde an dieser Stelle sichergestellt, dass alle in Abschnitt 4.2.3 über die Praxisanalyse herausgearbeiteten Stellhebel für ein Komplexitätsmanagement in der Distribution adäquat durch entsprechende Treiber repräsentiert werden.

Zusammenfassend dargestellt ist der Katalog von Treibern zum Management von Komplexität in Distributionssystemen mit der Zuordnung der Treiber zu den organisatorischen Ebenen des Ordnungsrahmens in der folgenden Tabelle 10. Die Spalten Mikro und Makro basieren auf den Dimensionen des zu entwickelnden Komplexitätsvektors und werden in Abschnitt 5.4.3 erläutert.

Komplexitätstreiber	*Partialflüsse*				*Schritte im Wertschöpfungssystem*				*Dimension des VR*	
	(A) Organisation	(B) Material	(C) Information	(D) Akquisitorisch	(1) Produktion	(2) Warenausgang	(3) DS im engeren Sinne	(4) Schnittstelle zum Kunden	Makro	Mikro
Anzahl der Artikel im Lager und Lagerbewegungen		X	X	X			X			X
Anzahl der Produktvarianten		X	X		X	X		X		X
Anzahl der Transportquellen (z. B. Warenausgänge, Rohstoffquellen)		X	X	X		X	X			X
Anzahl externer Schnittstellen	X	X	X	X		X	X	X		X
Anzahl interner Schnittstellen		X	X	X			X			X
Anzahl logistikrelevanter Bearbeitungsstationen (z. B. Kommissionierplätze)		X				X	X			X
Anzahl Organisations-/Verwaltungsebenen	X						X			X
Anzahl Standorte	X	X	X	X	X		X			X
Anzahl von Medienbrüchen (Wechsel des informationstragenden Mediums im Unternehmen)			X		X	X	X	X		X
Art der Produkte hinsichtlich Risikoklassen und zu beachtenden		X	X			X	X	X		X

Komplexitätstreiber	*Partialflüsse*				*Schritte im Wertschöpfungssystem*				*Dimension des VR*	
	(A) Organisation	(B) Material	(C) Information	(D) Akquisitorisch	(1) Produktion	(2) Warenausgang	(3) DS im engeren Sinne	(4) Schnittstelle zum Kunden	Makro	Mikro
Regularien										
Auftrags-/Orderstruktur (Volumen, Häufigkeit, Art der Produkte, Ursprungsort)		X	X	X	X	X	X	X	X	
Auswirkungen des Globalisierungsprozesses im Distributionsumfeld	X	X	X	X			X	X	X	
Bereichsegoismen (z. B. Interessenskonflikt in Logistik und Vertrieb)	X		X		X	X	X	X	X	
Beschaffenheit der Transportwege und Verkehrsaufkommen		X	X				X			X
Bestandshöhe im und Durchsatz durch das Distributionssystem		X					X		X	
Breite des Produktsortiments		X				X	X			X
Dispositionsart; Art der Auslösung eines Distributionsauftrags (Zeitpunkt, Verantwortlichkeit etc.)		X	X			X				X
Einschränkungen beim Laderaum (Kapazitäten, diskrete Größen)		X					X			X
Externer Grad der Technisierung der DS-Elemente (Technologie grundsätzlich verfügbar?)		X	X			X	X	X	X	
Gegenseitige Abhängigkeiten zwischen Betriebsmitteln der Distribution	X	X			X	X	X			X
Geographische Faktoren (Topographie, Urbanisationsgrad,...)		X					X		X	
Grad der Abhängigkeit von Kunden (z. B. zu enge oder zu lose Kundenbindung)	X			X				X	X	
Grad der Informationsasymmetrie			X		X	X	X	X	X	
Haftung				X	X	X	X	X		X
Handelshemmnisse (z. B. Zölle)	X	X	X	X		X	X	X	X	
Heterogenität der Sendung		X	X			X	X	X		X
Innovationen in Distributionssystemen	X	X	X	X	X	X	X	X	X	
Integrationsgrad von Distributionsprozessen		X	X	X			X		X	
Interner Grad der Technisierung der DS-Elemente (Technologie im fokalen DS vorhanden?)		X	X				X			X
Konflikte zwischen Unternehmenszielen und Zielen im Distributionssystem	X						X		X	
Kopplung von Produkten mit Service- und (Ergänzungs-) Dienstleistungen (z. B. technischer Support)			X	X			X	X	X	
Kulturelle Faktoren (Sprache, Arbeitszeiten, Gewohnheiten, Arbeitsweisen)	X	X	X		X	X	X	X	X	
Kundenanzahl und Kundenstruktur	X	X	X	X			X	X	X	
Kundenindividuell wählbare Bestandteile		X					X	X		X
Länge der Bearbeitungszeiten	X	X			X	X	X		X	
Länge der Entscheidungswege	X		X		X	X	X	X		X
Mangelhafte Anreizsysteme bei Unternehmenskooperationen	X					X	X		X	

Komplexitätstreiber	*Partialflüsse*				*Schritte im Wertschöpfungssystem*				*Dimension des VR*	
	(A) Organisation	(B) Material	(C) Information	(D) Akquisitorisch	(1) Produktion	(2) Warenausgang	(3) DS im engeren Sinne	(4) Schnittstelle zum Kunden	Makro	Mikro
Nachfrageschwankungen		X	X				X	X	X	
Nachhaltigkeitsbestrebungen (ökologische Faktoren)	X	X		X	X	X	X	X	X	
Politisches/gesetzliches Umfeld (Instabilitäten)	X	X		X			X	X	X	
Produktionsstruktur (räumliche Verteilung von Produktionsstandorten)	X	X	X	X	X	X	X	X		X
Reifegrad des Enderzeugnisses im Sinne von Produktqualität		X		X	X	X		X		X
Sendungsvolumina		X					X			X
Steuerungsdefizite einzelner Elemente im Distributionssystem	X	X	X			X	X	X		X
Termine (Zeitfenster beim Kunden)		X	X			X	X	X	X	
Trennung von Aufgabe, Verantwortung und Kompetenz	X	X	X		X	X	X	X	X	
Überflutung mit unnötigen Informationen			X		X	X	X	X	X	
Übermaß interner Kontrollinstanzen	X	X	X		X	X	X	X		X
Umgang mit Unsicherheiten/Risiken/Störfällen		X	X	X	X	X	X	X	X	
Ungenügende Abstimmung und Information zwischen den Teilsystemen des Distributionssystems	X	X	X	X	X	X	X	X		X
Unterschiedlichkeit Formulare	X		X		X	X	X	X		X
Unzureichende Definition und Aufnahme der Komplexität in das Zielsystem des Distributionssystems	X					X	X	X	X	
Unzureichende Möglichkeiten zur (kostenmäßigen) Erfassung/Bewertung/Handhabung der Komplexität	X					X	X	X	X	
Verkürzung der Lieferzeiten	X	X		X	X			X		X
Vernetzung (Grad & Dynamik)	X	X	X			X	X	X		X
Verpackungstypen	X	X				X	X	X		X
Vertikale Integration der Unternehmen innerhalb des DS (Outsourcing)	X	X	X	X		X	X			X
Volumina der Leistungsbestandteile (Wertschöpfungstiefe)	X	X			X		X		X	
Wettbewerbsanforderungen		X	X	X	X	X	X	X	X	
Zentralisierungsgrad des Distributionsnetzwerkes	X	X	X				X			X
Anzahl der Zuordnungen	31	46	38	23	24	38	55	38	28	32

Tabelle 10: Allokation der Komplexitätstreiber zu den organisatorischen Ebenen des Distributionssystems (eigene Darstellung)

Die Wahl von Treibern, die insbesondere auf die Komplexität des Distributionssystems wirken, spiegelt sich auch in der Anzahl der Zuordnungen für das Feld *Distributionssystem im engeren Sinne* wider.

5.4 Konzeption eines Komplexitätsvektors zur Bewertung von Komplexität in Distributionssystemen

Durch die in den vorhergehenden Abschnitten beschriebenen Vorarbeiten konnte das Distributionssystem mit Hilfe eines Ordnungsrahmens in voneinander abgrenzbare organisatorische Ebenen untergliedert und eine Zuordnung von distributionsrelevanten Komplexitätstreibern zu diesen Ebenen vorgenommen werden. Um eine möglichst breite Abdeckung verschiedener Anwendungsfälle durch die zu entwickelnde Methodik zu gewährleisten, ist die Liste an Komplexitätstreibern möglichst umfassend und allgemein gehalten. Eine fallspezifische Bewertung der Komplexität auf Basis aller Komplexitätstreiber bedeutet einen kaum zu bewältigenden Aufwand und steht in keinem Verhältnis zum Genauigkeitsgewinn im Vergleich zu einer Bewertung, die auf einer Auswahl der für den Anwendungsfall wesentlichsten Komplexitätstreiber beruht. Die Frage nach der Wahl der am besten geeigneten Treiber als Grundlage zur Bewertung der Komplexität soll dabei auf Basis der Kenntnis des zu untersuchenden Systems durch den Anwender als Experte vorgenommen werden (vgl. Costa u. a. 2005, S. 6).

Im anschließenden Abschnitt wird daher eine Methode zur Auswahl der fallspezifisch relevanten Treiber über eine Gewichtung der Felder des Ordnungsrahmens vorgestellt. Die nachfolgenden Abschnitte beschreiben schrittweise die Bewertung der Komplexitätstreiber und die Bildung des Komplexitätsvektors in einem Vektorraum anhand der bewerteten Treiber sowie anhand verschiedener Strategien zum Management von Komplexität.

5.4.1 Gewichtung der Felder des Ordnungsrahmens

Die in Abschnitt 5.3.2 vorgenommene Zuordnung der Komplexitätstreiber zu den Feldern des Ordnungsrahmens ermöglicht eine ressourcenschonende Auswahl der fallspezifisch wichtigsten Treiber über eine Gewichtung der Felder. Der zu Grunde liegende Gedanke der Konzentration der zur Verfügung stehenden Managementressourcen auf die Komplexitätstreiber mit dem größten Einfluss auf das System basiert auf dem in Abschnitt 2.2.3 erläuterten Paretoprinzip. In Anwendung auf die Problemstellung besagt es, dass ein Großteil der Komplexität eines Distributionssystems auf einen geringen Teil der Einflussfaktoren zurückzuführen ist und auf diese Weise die zur Systembeschreibung notwendige Informationsmenge reduziert werden kann (vgl. Bar-Yam 2000). Zur Beantwortung der Frage, welche Treiber in ihren Auswirkungen am einflussreichsten sind und wie viele Treiber zur Bewertung der Komplexität berücksichtigt werden sollten, wird als erster methodischer Schritt des Anwenders ein paarweiser Vergleich der Dimensionen des Ordnungsrahmens durchgeführt.

Mit Hilfe eines paarweisen Vergleiches (PV) lassen sich verschiedene Objekte im Hinblick auf ein Bewertungskriterium in eine Rangfolge bringen. Im vorliegenden Fall werden die Dimensionen des Ordnungsrahmens (Objekte) hinsichtlich ihrer Wichtigkeit für die Systemkomplexität (Bewertungskriterium) untersucht. Eine Anwendung des paarweisen Vergleiches empfiehlt sich besonders, wenn die Objekte, wie in diesem Fall, hinsichtlich des Kriteriums eher qualitativ als quantitativ bewertbar sind (vgl. Lindemann 2009, S. 289). Der paarweise Vergleich als Planungsinstrument zur strategischen Differenzierung stellt dabei eine schnelle und ressourcenschonende Methode zur Priorisierung von Objekten dar (vgl. Benz 2008, S. 48).

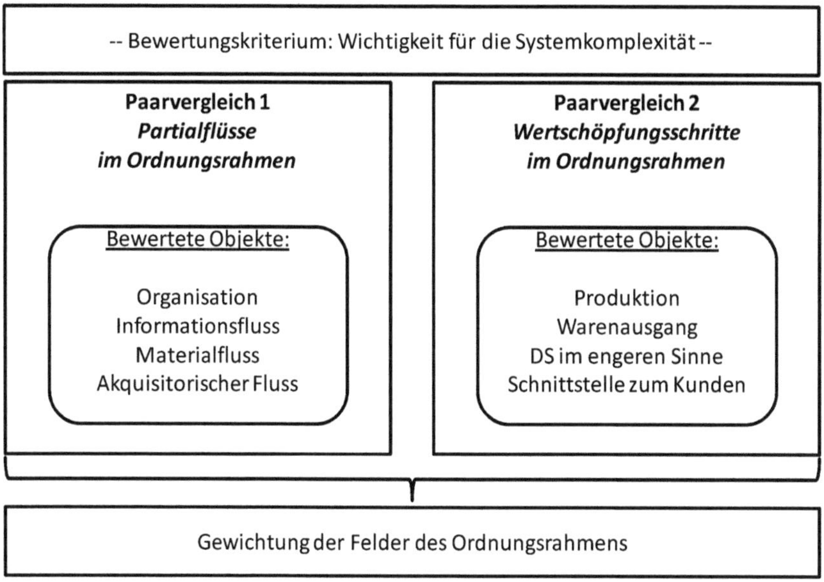

Abbildung 26: Systematik zur Gewichtung der Felder des Ordnungsrahmens (eigene Darstellung)

Im vorliegenden Fall wird eine Gewichtung der Felder des Ordnungsrahmens über jeweils einen Paarvergleich der Partialflüsse und der Wertschöpfungsschritte vorgenommen (s. Abbildung 26). Jedes Feld des Ordnungsrahmens stellt einen Teilbereich der Distribution dar, dem eine bestimmte Gruppe von Komplexitätstreibern hinsichtlich ihres Ursprungs zugeordnet ist. Die Treibergruppen können also über einen Vergleich der Felder bezüglich ihrer Wichtigkeit für das untersuchte Distributionssystem in eine Relevanzreihenfolge gebracht werden. Da es sich bei dem Ordnungsrahmen um ein zweidimensionales Gebilde handelt, müssen zur Erstellung einer Rangfolge der Felder zwei paarweise Vergleiche durchgeführt werden. Im ersten Vergleich werden die Schritte im Wertschöpfungssystem und im zweiten die Partialflüsse miteinander verglichen.

Dem Anwender wird aus der Gesamtheit der jeweils n betrachteten Objekte (in diesen Falle $n = 4$) in beliebiger Reihenfolge jeweils ein Paar (i, j) mit $1 \leq i < j \leq n$ vorgelegt. Er entscheidet nun, welches Objekt das andere in seiner Wichtigkeit übertrifft. Jedem Paarvergleich sind dabei zwei Faktoren zugeordnet a_{ij} und $a_{ji} = 4 - a_{ij}$. Das wichtigere Objekt soll den Wert 3 erhalten, womit dann das unwichtigere den Wert 1 erhält. Bei gleicher Wichtigkeit erhalten beide Objekte den Wert 2. An dieser Stelle sei erwähnt, dass die verwendete Wichtigkeitsskala (1,2,3) im Hinblick auf eine spätere multiplikative Verknüpfung der Ergebnisse der beiden Paarvergleiche bewusst gewählt wurde und aus diesem Grund nicht mit 0 beginnt. Der Wert 0 kann bei entsprechender Gewichtung bei einer multiplikativen Verknüpfung zu einem Gesamtwert von 0 führen (vgl. Kahle 2001, S. 34). Die Ergebnisse aller Einzelvergleiche lassen sich in einer Matrix $\boldsymbol{A} = (a_{kl})$ zusammenfassen (s. Tabelle 11). Die Faktoren a_{kl} werden dabei in Zeile k und Spalte l eingetragen. In der rechten Spalte wird die Zeilensumme $S_k = \sum_{k=1}^{n} a_{kl}$ aller Werte in einer Zeile berechnet. Sie ist das Maß für die Wichtigkeit der bewerteten Objekte.

k/l	1	2	$\cdots$	n	Σ
1	1	a_{12}	$\cdots$	a_{1n}	S_1
2	a_{21}	1	$\cdots$	a_{2n}	S_2
$\vdots$	$\vdots$	$\vdots$	$\ddots$	$\vdots$	$\vdots$
n	a_{n1}	a_{n2}	$\cdots$	1	S_n

Tabelle 11: Matrix eines Paarvergleiches (eigene Darstellung)

Durch Betrachtung der einzelnen Vergleiche innerhalb eines Paarvergleichs ist eine Konsistenzprüfung möglich. Aus den Bewertungen $k > l$ (Objekt k ist wichtiger als l) und $l > m$ ist direkt abzuleiten, dass $k > m$ sein muss (vgl. Borg & Staufenbiel 2007, S. 36). In der empirischen Forschung ist eine vollständige Widerspruchsfreiheit (Konsistenz) selten gegeben (vgl. Staufenbiel & Kleinmann 2002, S. 28). Bei dem in dieser Arbeit angewendeten Kriterium der Wichtigkeit in Bezug auf die Komplexitätswirkung handelt es sich um ein mehrdimensionales Merkmal, das anhand verschiedener Aspekte beurteilt werden kann. Auch hier ist deshalb keine vollständige Konsistenz zu erwarten (vgl. Bortz & Döring 2006, S. 160). Ein Vorteil des Paarvergleiches ist nun, dass er solch inkonsistente Urteile verarbeiten kann (vgl. Harker 1987, S. 837). Durch einen Vergleich aller möglichen Paare wird zum Teil redundante Information abgefragt, um aus der Vielzahl der Vergleiche ein konsistentes Gesamturteil bilden zu können. Aus diesem Grund ist der Paarvergleich eine hilfreiche Methode bei der Bewertung schwer greifbarer Zusammenhänge. Für eine vollständige Bewertung von n Objekten sind dabei $\binom{n}{2} = \frac{n!}{2!(n-2)!} = \frac{n(n-1)}{2}$ Einzelbewertungen notwendig (vgl. Bortz & Döring 2006, S. 159). Im konkreten Anwendungsfall auf die jeweils vier Partialflüsse und Schritte im Wertschöpfungssystem des Ordnungsrahmens sind also jeweils sechs Bewertungen notwendig, was einem, im Vergleich zu einer Einzelbewertung aller Felder, deutlich reduzierten Aufwand entspricht.

	Produktion	**Waren-ausgang**	**DS i. e. S.**	**Schnittstelle z. Kunden**	$\sum^{(PV1)}$
Organisation	$S_1^{(PV1)} * S_1^{(PV2)}$	$S_1^{(PV1)} * S_2^{(PV2)}$	$S_1^{(PV1)} * S_3^{(PV2)}$	$S_1^{(PV1)} * S_4^{(PV2)}$	$S_1^{(PV1)}$
Informations-fluss	$S_2^{(PV1)} * S_1^{(PV2)}$	$S_2^{(PV1)} * S_2^{(PV2)}$	$S_2^{(PV1)} * S_3^{(PV2)}$	$S_2^{(PV1)} * S_4^{(PV2)}$	$S_2^{(PV1)}$
Materialfluss	$S_3^{(PV1)} * S_1^{(PV2)}$	$S_3^{(PV1)} * S_2^{(PV2)}$	$S_3^{(PV1)} * S_3^{(PV2)}$	$S_3^{(PV1)} * S_4^{(PV2)}$	$S_3^{(PV1)}$
Akquisit. Fluss	$S_4^{(PV1)} * S_1^{(PV2)}$	$S_4^{(PV1)} * S_2^{(PV2)}$	$S_4^{(PV1)} * S_3^{(PV2)}$	$S_4^{(PV1)} * S_4^{(PV2)}$	$S_4^{(PV1)}$
$\sum^{(PV2)}$	$S_1^{(PV2)}$	$S_2^{(PV2)}$	$S_3^{(PV2)}$	$S_4^{(PV2)}$	

Abbildung 27: Multiplikative Verknüpfung der Paarvergleiche (eigene Darstellung)

Über die durch separate paarweise Vergleiche in eine Prioritätsreihenfolge gebrachten Dimensionen des Ordnungsrahmens können nun auch die einzelnen Felder mit den in ihnen hinterlegten Treibergruppen nach Wichtigkeit geordnet werden. Hierzu werden die Zeilensummen $S_{k_1}^{PV1}$ und $S_{k_2}^{PV2}$ der beiden Paarvergleiche für jedes Feld multiplikativ miteinander verknüpft (s. Abbildung 27). Im Gegensatz zu einer additiven Verknüpfung werden bei der multiplikativen Verknüpfung die Felder, deren Wichtigkeit sich aus Zeilensummen mit ähnlichen Werten ergibt, im Verhältnis zu Feldern, deren Punktwert sich aus stärker streuenden Zeilensummen zusammensetzt, bevorzugt (vgl. Voigt 2008, S. 240). Hiermit wird im Zweifelsfall eine stärkere Berücksichtigung von Feldern erreicht, die sich aus Partialflüssen und Wertschöpfungsschritten zusammensetzen, die gleichermaßen von Bedeutung für die Systemkomplexität sind. Darüber hinaus ist durch die insgesamt höheren Punktewerte bei der multiplikativen Verknüpfung eine stärkere Differenzierung der einzelnen Felder möglich, als dies bei einer additiven Verknüpfung der Fall wäre.

Basierend auf dem in Abschnitt 2.2.3 erläuterten Paretoprinzip werden anhand der Gewichtung die wichtigsten drei der 16 Felder des Ordnungsrahmens zusammen mit den hinterlegten Treibergruppen für das weitere methodische Vorgehen ausgewählt. Bei gleicher Punktzahl für das Feld an Platz drei und die darauffolgenden Felder, werden entsprechend mehr Felder ausgewählt. Auf Grund der redundanten Zuordnung der Komplexitätstreiber zu den Dimensionen des Ordnungsrahmens (s. Tabelle 10) muss eine Reduktion der für die weitere Betrachtung relevanten Felder des Ordnungsrahmens nicht zu einer ebenso starken Reduktion der Anzahl der zu bewertenden Komplexitätstreiber führen. Jedoch kann anhand des in diesem Abschnitt vorgestellten Vorgehens der zu Grunde liegende Katalog von Komplexitätstreibern für die Distribution fallbezogen durch den Anwender mit einem vertretbarem Aufwand auf eine Teilmenge der Treiber reduziert werden, die im untersuchten Distributionssystem die Komplexität der am wichtigsten eingestuften Bereiche des Systems widerspiegeln.

5.4.2 Bewertungsschema für die Komplexitätstreiber

Nachdem in den vorherigen Abschnitten beschrieben wurde, wie eine fallbezogene Fokussierung auf die relevanten Bereiche der Distribution und die diesen Bereichen zugehörigen Komplexitätstreiber vorgenommen werden kann, wird nun erläutert, in welcher Form diese Treiber bewertet werden können. Die Güte der Bewertungsmethode hängt dabei entscheidend von der Wahl der Fragen und Skalen ab. Subjektivität kann nämlich nicht nur bei der Urteilsbildung, sondern auch bei der Einordnung des Urteils in eine Skala entstehen (vgl. Porst 2008, S. 85). Nach einer kurzen Diskussion der Wahl der Bewertungsmethode wird daher die Formulierung der Bewertungsfrage sowie die Wahl einer angemessenen Bewertungsskala in den folgenden Abschnitten erörtert.

5.4.2.1 Diskussion der Wahl der Bewertungsmethodik

Eine Möglichkeit zur Bewertung eines Systems ist die Betrachtung objektiv messbarer und quantifizierbarer Kenngrößen. Bei der Modellierung eines Systems durch einen aus Knoten und Kanten bestehenden Graph können Knotengrade und andere Kenngrößen berechnet werden, um das Netzwerk zu bewerten und vollständig zu beschreiben (vgl. Sedlácek 1968). Da sich ein komplexes System jedoch kaum vollständig darstellen lässt, ist eines seiner Merkmale die Schwierigkeit einer adäquaten Beschreibung (vgl. Luhmann 1980, s. auch Abschnitt 5.1). Es lassen sich Beispiele für bestimmbare, quantifizierbare Größen finden, die zur Bewertung der Komplexität des Distributionssystems verwendet werden könnten. Beispielsweise können die Anzahl der Distributionsstandorte im System oder die Menge der transportierten Güter als Treiber herangezogen werden. Eine Vielzahl weiterer Treiber lässt sich aber nicht ohne Weiteres in messbare Kenngrößen aufschlüsseln (*Grad der Technisierung, politisches Umfeld* etc.). Diese Treiber können aber anhand von Skalen vom Anwender in Bezug auf die Größe ihrer Komplexitätswirkung bewertet werden. Ein Lösungsansatz wäre folglich die Entwicklung einer hybriden Vorgehensweise, die objektive Messungen mit subjektiven Skalenbewertungen treiberabhängig miteinander verknüpft.

Die Komplexitätsbewertung des fokalen Systems findet im Rahmen dieser Arbeit gleichwohl ausschließlich anhand von Skalen durch den jeweiligen Anwender der Methodik statt. Die Entwicklung eines Hybridsystems im Rahmen der vorliegenden Zielsetzung scheint nicht sinnvoll, da einem Hybridansatz die folgenden Argumente entgegensprechen:

- Die Ergebnisse einer Skalenbewertung sind zwar auch als quantitative Größen zu verstehen, doch sind „physikalische" Messungen stets mit Einheiten verbunden, während diese bei Skalenbewertungen fehlen (vgl. Bortz & Döring 2006, S. 65; Häder 2010, S. 23). Die auf diese Weise entstehenden qualitativ unterschiedlichen Kenngrößen wären nur sehr schwer miteinander vergleichbar. Besonders bei der Betrachtung des Distributionssystems als sozio-technisches System wird deutlich, wie unterschiedlich die zu bewertenden Komplexitätstreiber sein können. Sobald Komplexität im sozialen Umgang und menschlichen Verhaltensweisen begründet ist, wird eine aussagekräftige Quantifizierung im Sinne physikalischer Einheiten bei vertretbarem Aufwand unmöglich.

- Aus der Komplexität als relative Eigenschaft eines Systems folgt grundsätzlich, dass eine alleinstehende absolute Messung einer Kenngröße keinen Wissensgewinn im Hinblick auf die Systemkomplexität generiert. Es ist in diesem Fall eine vergleichende Größe zur Bewertung der Komplexität heranzuziehen. Bei absoluten Messungen physikalischer Kenngrößen bedeutet dies, dass zu jeder Kenngröße ein fallspezifischer Sollzustand definiert werden muss. Ein Komplexitätsoptimum liegt dabei nicht notwendigerweise bei einer besonders niedrigen, sondern bei einer, das Beziehungsgeflecht der Umwelt adäquat widerspiegelnden Komplexität (vgl. Hülsmann & Lohmann 2009, S. 73). Die Ableitung eines solchen Optimums wäre theoretisch nur für die Gruppe der physikalisch messbaren Komplexitätstreiber überhaupt möglich und würde selbst dort den Rahmen einer fallspezifischen Konzeptanwendung sprengen.

5.4.2.2 Formulierung der Bewertungsfrage

Zur Formulierung der Bewertungsfrage zur Messung der Komplexität von Distributionssystemen ist die Definition des Begriffs „Messen" von Bedeutung:

> „Unter ‚Messen' verstehen wir jegliche regelhafte und kodifizierte Zuordnung von Symbolen oder Ziffern zu Aspekten oder Ausprägungen manifester oder latenter Variablen." (Porst 2008, S. 69)

Entscheidend ist an dieser Stelle die Frage danach, was gemessen wird sowie die Art und Weise der Kodifizierung. Da bezüglich der Kodifizierung die Skala als zugrundeliegendes Bezugssystem von Bedeutung ist, wird diese im anschließenden Abschnitt 5.4.2.3 diskutiert. Bezüglich der Frage nach dem Messgegenstand erwähnt Baehr (1974, S. 13), dass sich „nur Merkmale und Eigenschaften von Objekten messen lassen." Das Objekt ist im vorliegenden Fall das Distributionssystem. Die in dieser Arbeit betrachtete Eigenschaft dieses Objektes, die Komplexität, wird anhand von Merkmalen in Form von Komplexitätstreibern gemessen und bewertet. Unter Berücksichtigung der in den Abschnitten 2.2 und 5.1 erläuterten Eigenschaften und Einschränkungen bei der Betrachtung der Komplexität als Systemeigenschaft soll der befragte Anwender beurteilen, in wie weit einzelne Komplexitätstreiber das untersuchte System im Hinblick auf die Komplexitätswirkung beeinflussen.

Zur Bewertung der Komplexitätstreiber ergibt sich somit die folgende Bewertungsfrage:

„Welchen Einfluss haben die folgenden Komplexitätstreiber auf die Komplexität Ihres Distributionssystems im Bereich (i,j)?"

An die Stelle des Platzhalters *(i,j)* ist der Bereich des gerade zu untersuchenden Feldes des Ordnungsrahmens zu setzen (z. B. Informationsfluss-Warenausgang).

Bei der Komplexität ist grundsätzlich zwischen einem gesellschaftlichen und einem wissenschaftlichen Begriff zu unterscheiden (vgl. Jochum 1998). Von Führungskräften wird der Begriff der Komplexität oft zur Beschreibung der Prozesse und Produkte ihres Verantwortungsbereichs verwendet. Zu Grunde liegt hierbei oft ein intuitives Verständnis in Richtung „kompliziert", „unüberschaubar" oder „unverständlich" (vgl. Malik 1998, S. 3; Bliss 2000, S. 91). Zur Beantwortung der Bewertungsfrage wird beim Anwender ein Grundverständnis des Komplexitätsbegriffs vorausgesetzt. Ein detailliertes Fachverständnis des Begriffs auf wissenschaftlicher Ebene ist beim Anwender nicht notwendig. Dieses Wissen ist bereits durch die Wahl adäquater Treiber sowie durch den Mechanismus zur Bildung des Komplexitätsvektors in die Methodik integriert.

5.4.2.3 Definition der Bewertungsskala

Zur Beantwortung der formulierten Bewertungsfrage muss eine entsprechende Skala erstellt werden. Zur treiberbasierten Bewertung der Komplexität in Distributionssystemen wird eine endpunktbenannte Ratioskala mit fünf Skalenpunkten (0 bis 4) verwendet. Dieses spezifische Skalendesign wurde aus folgenden Gründen gewählt (vgl. im Folgenden Porst 2008, S. 69 ff.):

- Ratioskalen zeichnen sich durch gleiche Abstände zwischen den Skalenpunkten und die Existenz eines echten Skalennullpunktes aus. Sie erlauben die Bildung von Summen und Verhältnissen zwischen den bewerteten Objekten und bieten sich daher im Hinblick auf die bevorstehende Bildung eines Vektors besonders an. Umgesetzt wird die Ratioskala mit Hilfe einer Beschreibung der Skalenpunkte mit Zahlenwerten. Der echte Skalennullpunkt wird dabei durch die Möglichkeit repräsentiert, dass ein Komplexitätstreiber im spezifischen Anwendungsfall überhaupt keinen Einfluss auf die Komplexität des Distributionssystems haben kann.

- Zur Erfüllung des Kriteriums gleicher Abstände zwischen den Skalenpunkten für Ratioskalen werden die Skalenpunkte mit Zahlenwerten versehen und nur die Endpunkte verbalisiert. Dieses Vorgehen ist in den Sozialwissenschaften üblich (vgl. Kampen & Swyngedouw 2000). Der im Gegensatz zur voll verbalisierten Skala etwas schwierigeren Anwendung wird durch eine ausführliche Erläuterung der Skala vor Beginn der Befragung entgegengewirkt.

- Als Skalenbreite wird die Anzahl der verwendeten Skalenpunkte bezeichnet. Die gewählte Skalenbreite von fünf liegt im Rahmen der Empfehlung einer Skalenbreite von fünf bis neun bei endpunktbenannten Skalen. Zur Gewährleistung einer möglichst breiten und intuitiven Anwendbarkeit und zur Vermeidung einer weiteren Steigerung der Komplexität des Themenfeldes wird mit der Skalenbreite von fünf das untere Ende des empfohlenen Spektrums gewählt. Außerdem ist in Anbetracht des Anspruchs der Fragestellung nach dem Komplexitätseinfluss auf das System eine feinere Differenzierung durch den Anwender nicht sinnvoll möglich. Die Wahl der Skalenbreite geschieht in Übereinstimmung mit den Praxisvertretern und dem von Dawes (2008, S. 75) für Likert-Skalen formulierten Ergebnis, dass Skalen mit fünf Skalenpunkten nicht zu einer niedrigeren Genauigkeit in der Auswertung führen, als Skalen mit sieben oder zehn Punkten.

- In Zusammenhang mit der Skalenbreite ist auch die Wahl einer Skala mit einer geraden oder ungeraden Anzahl von Skalenpunkten von Bedeutung. Bei Vorgabe einer Mittelkategorie besteht zwar die Gefahr, dass diese als „Fluchtkategorie“ verwendet wird, eine gerade Anzahl an Skalenpunkten zwingt jedoch andererseits den Anwender zu einer Tendenzaussage, die unter Umständen nicht seine realistische Position wiedergibt (vgl. Laatz 1993, S. 133). Hierbei ist zu beachten, dass es sich bei der Mittelkategorie nicht zwingend um eine exakte Zweiteilung der Skala handeln muss, sondern die Wahrnehmung des mittleren Punktes als Skalenmittelpunkt durch den Befragten zur Unterscheidung von einer geradzahligen Skala ausreichend ist. So ist auch im vorliegenden Fall der mit 2 bewertete Skalenpunkt aufgrund der Einbeziehung der 0 als Skalenpunkt für Komplexitätstreiber, die gar keinen Einfluss auf die zu bewertende Komplexität haben, nicht als „echter“ Mittelpunkt der Skala anzusehen.

Vor dem Hintergrund der diskutierten Eigenschaften wird im Einklang mit den Experten aus der Unternehmenspraxis eine fünfstufige Skala mit Nullpunkt zur Komplexitätsbewertung gewählt.

In Abbildung 28 ist die verwendete Skala dargestellt. Bei einer Anzahl der Skalenpunkte von $m = 4$ gilt für den Zahlenwert t_q der Bewertung jedes Komplexitätstreibers KT_q folglich $t_q \in \mathbb{N} \mid 0 \leq t_q \leq 4$ mit $q \in \{1; 2; \dots; n\}$. Die Zahlenwerte beschreiben dabei, wie stark der Einfluss des untersuchten Komplexitätstreibers auf die Komplexität des zu bewertenden Distributionssystems im untersuchten Feld des Ordnungsrahmens ist.

Das Ergebnis der Treiberbewertung ist schließlich eine Menge an Treibern, die mit Werten zwischen 0 und 4 bezüglich ihrer Komplexitätswirkung bewertet wurden.

Einfluss auf die Komplexität des Distributionssystems

	kein [0]	[1]	[2]	[3]	*sehr hoher* [4]
KT 1	☐	☐	☐	☐	☐
KT 2	☐	☐	☐	☐	☐
⋮					
KT n	☐	☐	☐	☐	☐

Abbildung 28: Skala zur Bewertung der Komplexitätstreiber (eigene Darstellung)

5.4.3 Wahl der Dimensionen des Vektors

Ausgehend von der in den vorherigen Abschnitten beschriebenen Bewertung der Komplexität über die Untersuchung einzelner Komplexitätstreiber soll die Komplexität des Distributionssystems in Form eines vektoriellen Ansatzes visualisiert werden. Zur Darstellung werden an dieser Stelle die Dimensionen des Vektorraums definiert, die die Mehrdimensionalität des Komplexitätsbegriffs widerspiegeln.

Für den Komplexitätsbegriff als multikriterielle Größe ergeben sich verschiedene Möglichkeiten zur Definition von Dimensionen. Zum Beispiel lässt sich der Komplexitätsbegriff über die Merkmale Varietät (Art und Anzahl der Elemente), Konnektivität (Art und Anzahl der Verbindungen) und Dynamik (Veränderungen im Zeitverlauf) beschreiben (s. Abschnitt 2.1.3, insb. Abbildung 3 und Abbildung 4). Hierbei ist die Dynamik jedoch nicht als unabhängige Dimension zu verstehen. Vielmehr erweitert sie auf begrifflicher Ebene die Größen Varietät und Konnektivität um eine zeitliche Komponente. Die verbleibende Möglichkeit, die Varietät und die Konnektivität als Dimensionen für den Vektor zu verwenden, würde den Komplexitätsbegriff im Gesamten nur teilweise wiedergeben. Eine generische Sichtweise auf Systemebene würde fehlen (s. Abbildung 5). Darüber hinaus würde eine solche Dimensionswahl lediglich Rückschlüsse darauf zulassen, in welcher Form sich die Komplexität darstellt und keine direkten Implikationen für das Management beinhalten.

Weitere Ansätze unterscheiden zwischen den Ebenen Zielkomplexität, Kundenkomplexität und Variantenkomplexität, die sich zu Produkt- und Prozesskomplexität zusammenfassen lassen (vgl. Adam & Johannwille 1998, S. 7; Wildemann 2004). Eine ähnliche Art von Kategorisierung schlagen auch WINDT, PHILIPP & BÖSE (2008, S. 197) vor, die zwischen organisatorischer, zeitbezogener und Systemkomplexität unterscheiden (s. Abbildung 21). Eine weitere Möglichkeit der Dimensionswahl führt über die thematische Gruppierung von Komplexitätstreibern, wie sie beispielsweise von MEYER (2007) oder WILDEMANN (1998) vorgenommen wird. Grundsätzlich wird dort je nach Stelle des Auftretens der Komplexität zwischen externen und internen Treibern unterschieden. Letztere werden zusätzlich in Untergruppen geordnet, die beispielweise das Mitarbeiterverhalten, die Kommunikation und die Systemstruktur abbilden. Im Hinblick auf diese Art der Dimensionierung muss beachtet werden, dass das zu betrachtende System bereits distributionsspezifisch durch den in Abschnitt 5.2 vorgestellten Ordnungsrahmen und die entsprechende Kategorisierung der Komplexitätstreiber in einzelne Bereiche unterteilt wurde. Eine Dimensionswahl, die sich nun wiederum an einer Unterteilung des fokalen Systems orientiert, ist folglich nicht sinnvoll und würde Redundanzen in der Einordnung der Treiber induzieren.

Um einen konkreten Praxisbezug sicherzustellen, soll auch über die Wahl der Dimensionen ein Beitrag zur Ableitung von Implikationen für das Management geleistet werden. Darüber hinaus soll sich in den Dimensionen eine definitorisch umfassende Komplexitätsperspektive widerspiegeln, wie sie in Abschnitt 2.1.3 vorgestellt wurde (vgl. Endreß 2008, S. 197).

Als Dimensionen für den Vektorraum werden daher die in Abbildung 5 eingeführten Ebenen *Mikro* und *Makro* verwendet. Die Beschreibung der Komplexität auf Mikro-Ebene findet hierbei auf Basis der Systemelemente und -verbindungen sowie deren zeitlicher Veränderlichkeit statt. Die Makro-Ebene umfasst Ansätze zur Komplexitätshandhabung, die, Emergenzeffekte einbeziehend, durch eine gesamtsystemische Perspektive definiert werden, die über die bloße Betrachtung verschiedener Konfigurationszustände hinausgeht. Auf diese Weise wird dem Vektor ein ganzheitliches Komplexitätsverständnis zu Grunde gelegt. Des Weiteren wird dadurch die Forderung nach einer „durchgängigen Präsenz" beider Perspektiven bei der Systemanalyse erfüllt (Endreß 2008, S. 197).

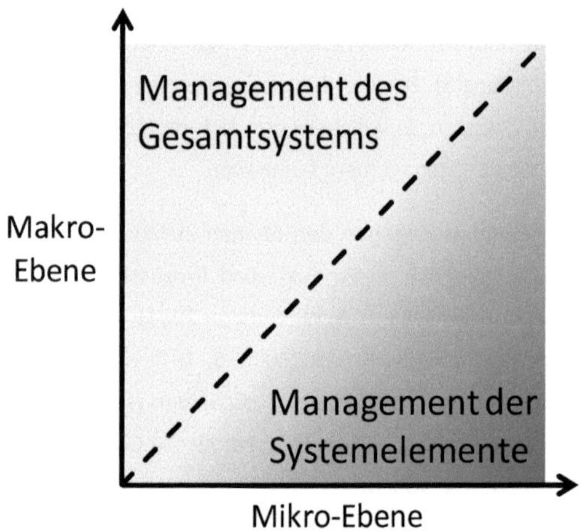

Abbildung 29: Dimensionen des Komplexitätsvektors (eigene Darstellung)

Zur Bildung des Vektors konnte für die Distribution in Zusammenarbeit mit den Praxisexperten eine Zuordnung der Komplexitätstreiber zu diesen Ebenen vorgenommen werden (s. Tabelle 10). Es stellt sich heraus, dass den beiden Dimensionen dabei in etwa gleich viele Treiber zugeordnet werden konnten. Zwei Beispiele mögen diese Zuordnung veranschaulichen. Einerseits wird der Treiber *Anzahl der Standorte* der Mikro-Ebene zugeordnet, da er sich direkt auf die im System vorhandenen Elemente bezieht. Auf der anderen Seite kann der Treiber *Innovationen in Distributionssystemen* der Makro-Ebene zugeordnet werden. Durch diesen Treiber kann die Systemkomplexität übergreifend als Ganzes beeinflusst werden und lässt sich nicht diskret den Elementen oder Verbindungen innerhalb des Systems zuordnen.

Die Dimensionen des Komplexitätsvektors werden in Abbildung 29 veranschaulicht. Der aufgespannte Vektorraum lässt sich entlang einer Ursprungsgeraden in zwei Sektoren unterteilen. So lassen Vektoren, die primär auf Treibern der Mikro-Ebene basieren, verstärkt auf die Notwendigkeit von Optimierungsmaßnahmen schließen, die sich auf spezifische Systemstrukturen konzentrieren. Vektoren im Sektor der Makro-Ebene deuten auf die Verwendung von Verfahren hin, die auf eine grundsätzliche Optimierung der Systemkomplexität unter Berücksichtigung des Umfelds abzielen. Die tatsächlichen Übergänge zwischen den Sektoren sind als fließend anzunehmen. Nichtsdestotrotz können auf diese Weise durch den vorgestellten Vektorraum anhand der Lage des Vektors Tendenzen für anschließende Managementmaßnahmen identifiziert werden. Eine Beschreibung des konkreten Zustandekommens der Achsenwerte findet in Abschnitt 5.4.5 statt.

5.4.4 Berücksichtigung verschiedener Strategien des Komplexitätsmanagements

In der Logistik sind die *Beherrschung*, die *Vermeidung* und die *Reduzierung* von Komplexität zentrale Themenfelder eines erfolgreichen Managements (vgl. Wirtz 2004, S. 107). Diese bereits in Abschnitt 2.2.2 diskutierten Strategien des Komplexitätsmanagements werden im Folgenden genauer betrachtet und für die treiberbasierte Komplexitätsbewertung von Distributionssystemen über einen Komplexitätsvektor operationalisiert. Die Verwendung dieser drei Strategien entspricht dabei der bereits in Abschnitt 2.2.3 angestellten Überlegung, dass der Komplexität im System nicht in jeder Situation mit Ansätzen zur Reduzierung oder Vermeidung begegnet werden muss. Ein bestehendes Maß an Komplexität kann ebenso notwendig sein und sollte dann durch entsprechende Maßnahmen zur Beherrschung effizient gesteuert werden. Für die treiberbasierte Bewertung werden die Komplexitätstreiber den drei erwähnten Strategien zugeordnet. Durch eine solche Gruppierung der relevanten Treiber kann anhand der vorzunehmenden Komplexitätsbewertung eine Rangfolge von erfolgversprechenden Handlungsempfehlungen zum Management erstellt werden. Hierzu ist zunächst zu klären, in welcher Form sich die identifizierten Treiber den verschiedenen Strategien zuordnen lassen.

Die vektorielle Methode zur Komplexitätsbewertung soll eine breite Gültigkeit besitzen und bei unterschiedlichen Akteuren der Distributionslogistik von produzierenden Unternehmen bis hin zu Logistikdienstleistern angewendet werden können. Eine trennscharfe und unumstrittene Strategiezuordnung ist jedoch nicht immer eindeutig möglich, sondern kann von dem jeweils zu analysierenden System abhängen (vgl. Faller & Kracht 2006, S. 83 f.). Die Frage nach der Zuordnung der einzelnen Komplexitätstreiber zu den verschiedenen Komplexitätsmanagementstrategien kann daher fallbezogen je nach untersuchtem Distributionssystem und eingenommener Unternehmensperspektive unterschiedlich beantwortet werden. Der aus diesen Gründen fallspezifisch zu verstehende Charakter der Strategiezuordnung führt zur Notwendigkeit, den Anwender über die Zuordnung der Treiber entscheiden zu lassen. Managementstrategien sind jedoch oft abstrakte Größen (vgl. Huber 2008, S. 91; Corsten 1998, S. 3 ff.). Zur Erleichterung der Zuordnung der Treiber zu den verschiedenen Strategien für den Anwender sollen daher greifbarere Parameter gefunden werden, die eine konkrete und einfach zu beantwortende Ausprägung besitzen und über deren Beurteilung die Frage nach der Strategiezugehörigkeit indirekt beantwortet werden kann.

Die Strategie der Komplexitätsbeherrschung kann separat von den Strategien der Vermeidung und Reduzierung betrachtet werden, welche sich zur Größe der präventiven Komplexitätsreduzierung zusammenfassen lassen (vgl. Faller & Kracht 2006, S. 83 f.). Bei der *Beherrschung* geht es darum, die durch externe Faktoren verursachte Komplexität möglichst effizient zu handhaben (vgl. Meyer 2007, S. 33 f.). Die Komplexitätsbeherrschung ist damit diejenige Strategie, die die Komplexität im Hinblick auf den Ursprung der Faktoren (intern, extern) untersucht (vgl. Meier & Hanenkamp 2004, S. 119). Im Gegensatz zur Reduktion oder Vermeidung wird bei der Beherrschung das Komplexitätsmaß an sich nicht verändert (vgl. Mayer 2007, S. 32; Fischer 1991). Als Parameter zur Unterscheidung der Strategie der Komplexitätsbeherrschung von jenen beiden der Vermeidung und der Reduzierung wird demnach die *Beeinflussbarkeit* des betrachteten Komplexitätstreibers aus Sicht des Anwenders gewählt (vgl. Klassifizierung der Treiber intern/extern in Abbildung 8). Eine zusätzliche Visualisierung dieses Parameters ergibt sich aus dem in Abschnitt 5.2 entwickelten Ordnungsrahmen, der die Möglichkeit der Abgrenzung eines Einflussgebietes veranschaulicht (s. Abbildung 24).

Durch die Wahl eines zweiten Entscheidungsparameters soll eine weitere Unterscheidung zwischen den Strategien der Vermeidung und der Reduzierung ermöglicht werden. Die Strategie der Komplexitätsvermeidung zeichnet sich durch eine mittel- bis langfristige Perspektive aus und besitzt dadurch einen präventiven Charakter (vgl. Faller & Kracht 2006, S. 83 f.; Meier & Hanenkamp 2004, S. 119). So ist es zur Vermeidung von Komplexität erforderlich, bereits in der Gegenwart die Anforderungen einer zukünftigen Komplexität in Prozessen und Strukturen zu beachten. Im Gegensatz dazu zielt die Strategie der Komplexitätsreduktion auf eine unmittelbare Senkung der Komplexität ab (vgl. Meyer 2007, S. 33 f.). Als Unterscheidungsmerkmal zwischen den Strategien der Vermeidung und der Reduzierung wird deshalb der *zeitliche Horizont* der Komplexitätswirkung gewählt. Eine genaue Abgrenzung von Kurz-

und Langfristigkeit wird fallspezifisch zu Beginn der jeweiligen Anwendung der Methodik vorgenommen und dann für die gesamte Durchführung beibehalten.

Zusammenfassend wird über die Entscheidungsparameter *Beeinflussbarkeit* und *Zeithorizont* eine Einordnung vorgenommen. Das Vorgehen zur Auswahl der Strategien anhand der beschriebenen Parameter wird in Abbildung 30 veranschaulicht.

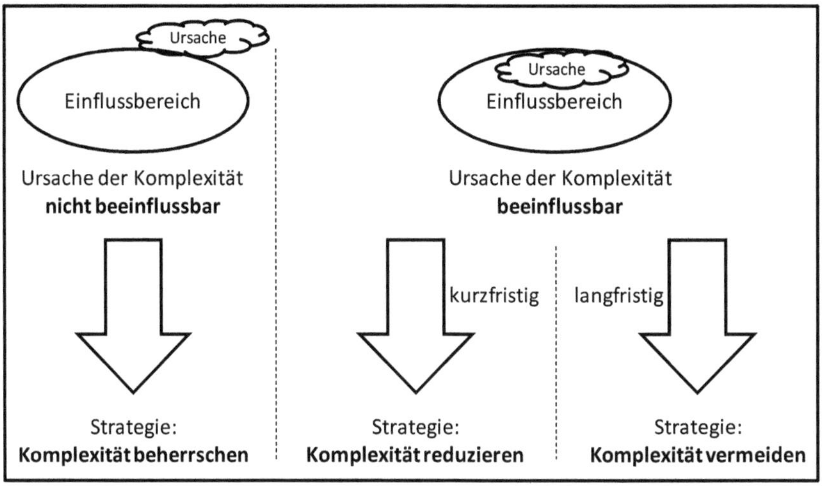

Abbildung 30: Anwendungsschema für Strategien zur Komplexitätshandhabung (eigene Darstellung)

Die Ursache eines betrachteten Komplexitätstreibers kann in einem Fall im Einflussbereich des Distributionsmanagements liegen, während sie für ein anderes Distributionssystem als unveränderbar hingenommen werden muss. Dies kann anhand zweier Beispiele veranschaulicht werden: Die Anzahl der Warenausgänge als Transportquellen kann sich für einen Logistikdienstleister als unbeeinflussbare Größe darstellen, während sie aus Sicht eines produzierenden Unternehmens durch entsprechende Managementmaßnahmen veränderbar ist. Ebenso kann die Komplexitätswirkung eines Treibers in dem einen Distributionssystem durch kurzfristige Managementmaßnahmen hinreichend optimiert werden und für ein anderes System nur über langfristige Verbesserungsbemühungen gehandhabt werden.

Zur Identifikation der fallbezogenen Strategiezugehörigkeit der einzelnen Treiber wird die in Abbildung 28 vorgestellte Skala zur Bewertung der Treiber um einen weiteren Bereich für die Strategiezuordnung ergänzt (s. Abbildung 31). Für den Anwender ergibt sich auf diesem Weg die Möglichkeit, Treiber für Treiber unmittelbar bei der Bewertung des Einflusses auf die Komplexität zur Strategiezuordnung über die Beurteilung der Entscheidungsparameter beizutragen. Durch die Einführung der Entscheidungsparameter ist dabei für ihn kein umfassendes Verständnis der in dieser Arbeit diskutierten Zusammenhänge nötig, sondern es muss lediglich für jeden Treiber die Frage nach Beeinflussbarkeit und Kurzfristigkeit für das fokale System beantwortet werden.

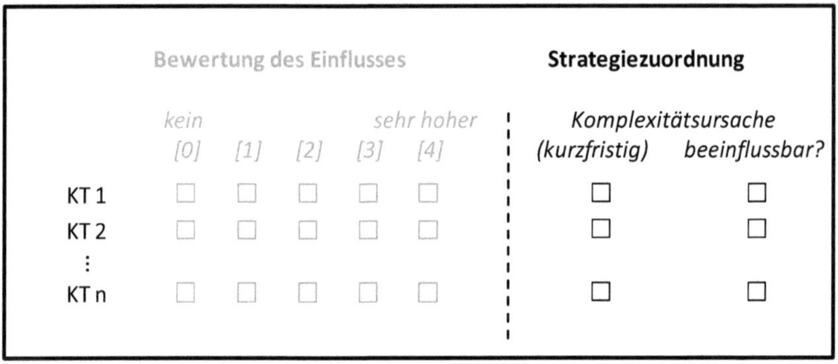

Abbildung 31: Erweiterung der Anwenderbefragung um eine Strategieperspektive (eigene Darstellung)

5.4.5 Integration der Entwicklungsschritte zu einem Komplexitätsvektor

In diesem Teil werden die in den vorhergehenden Abschnitten erläuterten Arbeitsschritte zur Bildung des Komplexitätsvektors für Distributionssysteme zusammengeführt.

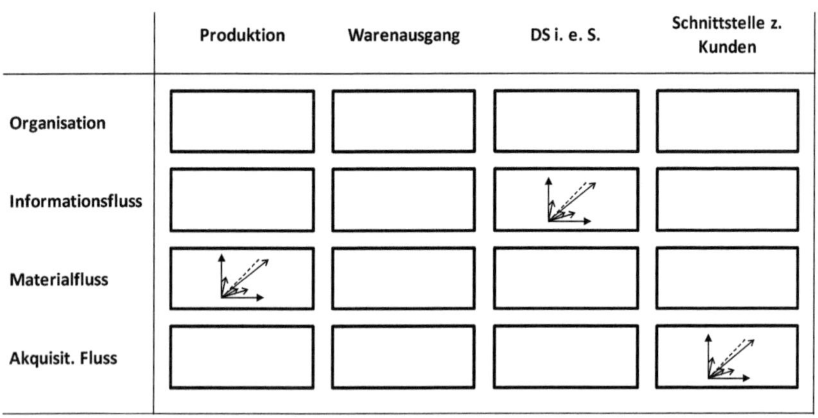

Abbildung 32: Komplexitätsvektoren im Ordnungsrahmen (eigene Darstellung)

Im Sinne der Überschaubarkeit der vorangegangenen Entwicklungsschritte werden die wesentlichen Ergebnisse der letzten Abschnitte noch einmal in stark verkürzter Form in Tabelle 12 dargestellt.

	Ordnungs- rahmen	**Komplexitäts- treiber**	**Dimensionen (Mikro/Makro)**	**Strategien**
Kurz- beschrei- bung	Ansatz zur Aufgliederung der inhaltlichen Ebenen des DS	Faktoren, die die Komplexität des DS potenziell beeinflussen	Unterschiedliche Erscheinungs- formen der Komplexität	Unterschiedliche Ansätze zum Management von Komplexität
Ziel	Fokussierung auf wichtigste Bereiche innerhalb des DS	Schaffung einer Bewertungsgrundlage zur Erfassung der Komplexität des DS	Grundlage für differenzierte HE anhand der Lage des Vektors im VR	Grundlage für differenzierte HE anhand der Zusammensetzung des Vektors
Erforderlicher Arbeits- schritt durch Anwender	Gewichtung der Felder des OR durch *paarweise Vergleiche*	Bewertung der KT über die *Bewertungsskala*	Kein Arbeitsschritt erforderlich	Zuordnung der KT über die *Parameter Beeinflussbarkeit und Zeithorizont*
Erforderliche Schritte bei der Konzept- entwicklung	Erstellung des OR, Zuordnung der Komplexitätstreiber	Erstellung des *Treiberkatalogs*, Entwicklung der *Bewertungsskala*	Def. Aufgliederung der Komplexität, Zuordnung der Treiber zu den *Dimensionen*	Überführung der Strategiezuordnung in anwenderfreundliche Parameter
Rolle bei der Bildung des Vektors	Vektoren werden innerhalb jedes hoch gewichteten Feldes des OR gebildet	Grundlage zur Bewertung der Komplexität im DS. Treiber werden als Komponenten zum Vektor addiert	Definitorische Dimensionen spannen den Vektorraum auf	Jede Strategie wird durch einen Teilvektor repräsentiert. Die Teilvektoren lassen sich zu einem Gesamtvektor zusammenfassen.
s. Abschnitt	5.2, 5.4.1	5.3, 5.4.2	5.4.3	5.4.4

Tabelle 12: Übersicht der Elemente zur Vektorbildung (Referenzmodell) (eigene Darstellung)

Über den Ordnungsrahmen, die Komplexitätsebenen (Dimensionen) und die Strategien ergeben sich insgesamt drei verschiedene Kategorisierungsgrößen für die Komplexitätstreiber, die das Referenzmodell für die Generierung des Komplexitätsvektors bilden.

Der in Abschnitt 5.2 entwickelte Ordnungsrahmen stellt verschiedene Felder bereit, anhand derer eine konzentrierte Analyse der fallbezogen wichtigsten Bereiche des Distributionssystems erfolgen kann. Es wird jeweils ein Komplexitätsvektor gebildet für diejenigen Felder des Ordnungsrahmens, die über die vom Anwender durchgeführten Paarvergleiche der Dimensionen am höchsten gewichtet sind. Jeder Komplexitätsvektor setzt sich aus drei Strategie-Subvektoren zusammen, wie in Abbildung 32 beispielhaft für drei Felder dargestellt.

Zur weiteren Erläuterung der Vektorbildung wird im Folgenden ohne Beschränkung der Allgemeinheit einer dieser Komplexitätsvektoren (für das Feld (i, j)) betrachtet. Die für die Beschreibung verwendeten Symbole sind in Tabelle 13 zusammengefasst.

Symbol	Beschreibung
i	Horizontale Dimension des Ordnungsrahmens
j	Vertikale Dimension des Ordnungsrahmens
KT_q	Komplexitätstreiber
t_q	Zahlenwert des bewerteten Komplexitätstreibers
B	Strategiezugehörigkeit: Beherrschen
R	Strategiezugehörigkeit: Reduzieren
V	Strategiezugehörigkeit: Vermeiden
MI	Dimensionszugehörigkeit: Mikro
MA	Dimensionszugehörigkeit: Makro
$\overrightarrow{SV}$	Strategie-Subvektor
$\overrightarrow{KV}$	Komplexitätsvektor
$PV1$	Paarvergleich 1
$PV2$	Paarvergleich 2
S	Zeilensumme Paarvergleich
k	Zeile des Paarvergleichs
q	Laufindex der Komplexitätstreiber

Tabelle 13: Übersicht der verwendeten Symbole (eigene Darstellung)

Der Komplexitätsvektor $\overrightarrow{KV}^{ij}$ setzt sich wie folgt aus drei Subvektoren $\overrightarrow{SV}_B^{ij}$, $\overrightarrow{SV}_R^{ij}$, $\overrightarrow{SV}_V^{ij}$ zusammen, die die Strategien *Beherrschen, Reduzieren* und *Vermeiden* repräsentieren:

$$\overrightarrow{KV}^{ij} = \overrightarrow{SV}_B^{ij} + \overrightarrow{SV}_R^{ij} + \overrightarrow{SV}_V^{ij}.$$

Die Subvektoren $\overrightarrow{SV}^{ij}$ setzen sich aus den Summen der über die Bewertung den Komplexitätstreibern KT^{ij} zugeordneten Zahlenwerte t^{ij} zusammen, welche dem entsprechenden Feld (i, j) des Ordnungsrahmens angehören (s. Tabelle 10). Dabei werden die Treiber anhand der zusammen mit der Bewertung vorgenommenen Abfrage der Parameter (*Beeinflussbarkeit* und *Zeithorizont)* einem der drei Strategie-Subvektoren zugewiesen (s. Abschnitt 5.4.4). Über die ebenfalls in Tabelle 10 dargestellte Gruppierung der Treiber anhand der Dimensionen *Mikro* und *Makro* lassen sich die Treiber den zwei Komponenten des Vektors zuordnen. Die Subvektoren bilden sich also wie folgt aus den Werten der Komplexitätstreiber:

$$\overrightarrow{SV}_B^{ij} = \begin{pmatrix} \sum t_{B,MI}^{ij} \\ \sum t_{B,MA}^{ij} \end{pmatrix}; \quad \overrightarrow{SV}_R^{ij} = \begin{pmatrix} \sum t_{R,MI}^{ij} \\ \sum t_{R,MA}^{ij} \end{pmatrix}; \quad \overrightarrow{SV}_V^{ij} = \begin{pmatrix} \sum t_{V,MI}^{ij} \\ \sum t_{V,MA}^{ij} \end{pmatrix}.$$

An dieser Stelle sei festgehalten, dass es sich bei den Komplexitätstreibern um gleichartige Kenngrößen handelt, da sie alle anhand der gleichen Skala bewertet wurden. Diese Gleichartigkeit ist eine Voraussetzung für ihre (additive) Verknüpfbarkeit (vgl. Baehr 1974, S. 16).

In Abbildung 33 ist der Komplexitätsvektor für ein Feld des Ordnungsrahmens zusammen mit den Subvektoren graphisch dargestellt.

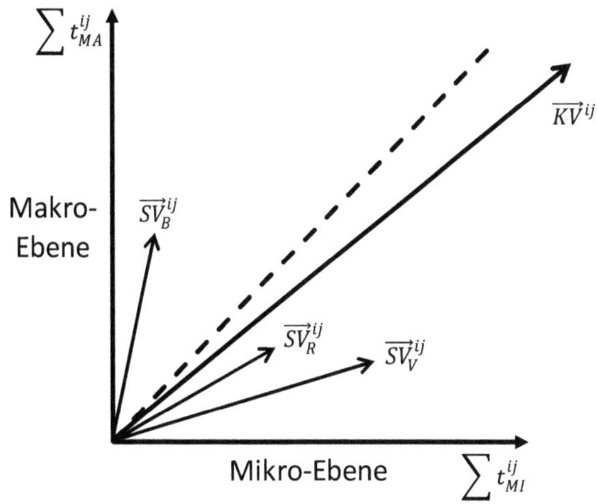

Abbildung 33: Komplexitätsvektor und Subvektoren innerhalb eines Feldes des Ordnungsrahmens (eigene Darstellung)

Als relatives Maß für die Komplexität im betrachteten Systembereich kann der Betrag des Komplexitätsvektors betrachtet werden, der sich wie folgt aus den bewerteten Komplexitätstreibern bilden lässt:

$$|\overrightarrow{KV}^{ij}| = \sqrt{\left(\sum t_{MI}^{ij}\right)^2 + \left(\sum t_{MA}^{ij}\right)^2}.$$

Auf die gleiche Weise können auch die Beträge der strategiebezogenen Subvektoren gebildet und als Deutungsgrundlage verwendet werden.

Mit der Gewichtung der Felder des Ordnungsrahmens über Paarvergleiche wurde in Abschnitt 5.4.1 eine Methode zur Fokussierung der Bestrebungen zur Analyse und zur Handhabung von Komplexität auf die einflussreichsten Bereiche des Distributionssystems vorgestellt. Der Komplexitätsvektor $\overrightarrow{KV}^{ij}$ lässt sich dabei für jeden Bereich (i,j) des Distributionssystems gleichermaßen aufbauend auf den entsprechenden Komplexitätstreibern KT^{ij} bilden.

Durch die erläuterte Eingrenzung auf ca. drei zu betrachtende Felder ergeben sich somit drei Vektoren und neun Subvektoren zur Beschreibung der Komplexität, die alle analog gebildet werden. Ein systemweiter Vergleich der Komplexität in den einzelnen Feldern des Ordnungsrahmens kann über die Kombination der Gewichtung der Felder mit der feldinternen Komplexitätsbewertung durchgeführt werden. Hierzu bietet sich als Vergleichskriterium das Produkt des Betrags des Komplexitätsvektors mit dem Ergebnis der Feldgewichtung an:

$$\left|\overrightarrow{KV}^{ij}\right| * (S_i^{PV1} * S_j^{PV2}).$$

Dieses Produkt verbindet die relative Wichtigkeit des betrachteten Bereiches des Distributionssystems mit dem relativen Maß der Komplexität innerhalb dieses Bereiches zu einer dimensionslosen Kennzahl.

5.4.6 Aussagekraft des Komplexitätsvektors

Während der Komplexitätsvektor ein relatives Maß für die Komplexität im jeweiligen Bereich des Distributionssystems widergibt, erfüllen die Subvektoren analog dazu die gleiche Aufgabe für die jeweilig bevorzugt anzuwendende Managementstrategie. Der Betrag des Komplexitätsvektors $\overrightarrow{KV}^{ij}$ dient dabei als Maß für die Komplexität, die im untersuchten Bereich gehandhabt werden muss. Die Beträge der Subvektoren $\overrightarrow{SV}^{ij}$ dienen als Maß für die Komplexität, der bevorzugt mit Methoden der jeweils dargestellten Strategie entgegnet werden kann. Die Lage des Vektors im Raum gibt Aufschluss darüber, ob Maßnahmen zum Komplexitätsmanagement eher auf gesamtsystemischer Ebene, oder auf Ebene der Systemelemente angreifen müssen (s. Abbildung 29). So würde sich zusammenfassend zum Beispiel die Aussage treffen lassen, dass Komplexität auf Elementebene (Mikroebene) in hohem Maße reduziert werden sollte, wobei andererseits Komplexität auf generischer Ebene (Makroebene) nur in geringerem Maße vermieden werden sollte.

Die vorgestellte Methodik zur Bewertung und Visualisierung der Komplexität in Distributionssystemen über Komplexitätstreiber und einen sich aus ihnen zusammensetzenden Vektor dient als Entscheidungsunterstützung für ein adäquates und effizientes Distributionsmanagement. Die Komplexität des Vorgehens ergibt sich dabei unmittelbar aus dem

Betrachtungsgegenstand selbst. Um ein komplexes System kontrollieren zu können, muss das Kontrollsystem mindestens ebensoviel Varietät aufweisen, wie das zu kontrollierende System (s. Abschnitt 3.2.4). Trotzdem wurde beim vorgestellten Vorgehen im Sinne einer Konzentration von Managementressourcen auf die relevanten Systembereiche über die Wahl eines treiberbasierten Ansatzes sowie über die Gewichtung und Auswahl der Felder des Ordnungsrahmens und die damit verbundene Reduzierung der zu betrachtenden Komplexitätstreiber die Bewertungsmethode aus Anwendersicht deutlich vereinfacht. Hiermit wird der ohnehin unrealistische Anspruch auf Vollständigkeit der Betrachtung im Sinne der Bereitstellung einer handhabbaren Methodik aufgegeben (s. Abschnitt 5.1). Lage und Beträge der Komplexitätsvektoren sowie Gewichtungen der Felder des Ordnungsrahmens sind somit als Größen zu verstehen, deren Werte nicht auf absoluter Ebene, sondern als relative Bezugsgrößen im Vergleich zu anderen Distributionssystemen oder zeitlich getrennten Iterationsschleifen der Anwendung für dasselbe System zur regelmäßigen Prüfung der auf der Bewertung basierenden Planung zu verstehen sind (vgl. Wilding 1998, S. 611). Im Einklang mit der Komplexitätstheorie stellt die vektorielle Bewertungsmethode auf diese Weise einen modelltheoretischen Rahmen dar, durch den auf qualitativer Ebene eine Grundlage zu sinnorientiertem Handeln geliefert wird (vgl. Kappelhoff 2002, S. 57 f.).

5.5 Erstellung eines Methodenbaukastens zur Ableitung adäquater Handlungsempfehlungen

An die Bewertung der Komplexität schließt sich als nächster Schritt die Ableitung und Präsentation von adäquaten Handlungsempfehlungen und anwendbaren Managementmethoden. Hierzu wird die Erstellung eines strukturierten Methodenbaukastens sowie seine Verknüpfung mit der über den Vektor vorgenommenen Komplexitätsbewertung erläutert. Die in den vorhergehenden Abschnitten vorgestellte Methodik zur vektoriellen Bewertung von Komplexität in Distributionssystemen stellt eine Grundlage zur strukturierten Ableitung von Handlungsempfehlungen dar. Hierzu wird sie als organisatorischer Rahmen angesehen, der die erforderlichen Strukturen bereitstellt, um eine fallbezogene Auswahl adäquater Managementmethoden zur Optimierung der Systemkomplexität durchzuführen. Die hierfür notwendige Erstellung eines Methodenkataloges wird in den folgenden Abschnitten beschrieben. Der komplette Ablauf zur Generierung des Methodenbaukastens auf Basis der vektoriellen Komplexitätsbewertung wird in Abbildung 34 dargestellt.

Abschnitt 5.5.1 befasst sich zunächst mit der Analyse existierender Vorgehensweisen aus Theorie und Praxis und deren potenzieller Anpassung an spezifische Eigenschaften der Distribution. Im Anschluss wird in Abschnitt 5.5.2 beschrieben, wie sich über die Herstellung einer Verbindung zwischen Methodenbaukasten und Komplexitätsvektor eine Möglichkeit zur Bereitstellung fallbezogener Handlungsempfehlungen und zur Priorisierung der Methoden ergibt. Auf diese Weise ergibt sich ein integriertes Vorgehen zum Management von Komplexität in Distributionssystemen. Eine exemplarische Anwendung der Methodik wird später in Kapitel 1 beschrieben.

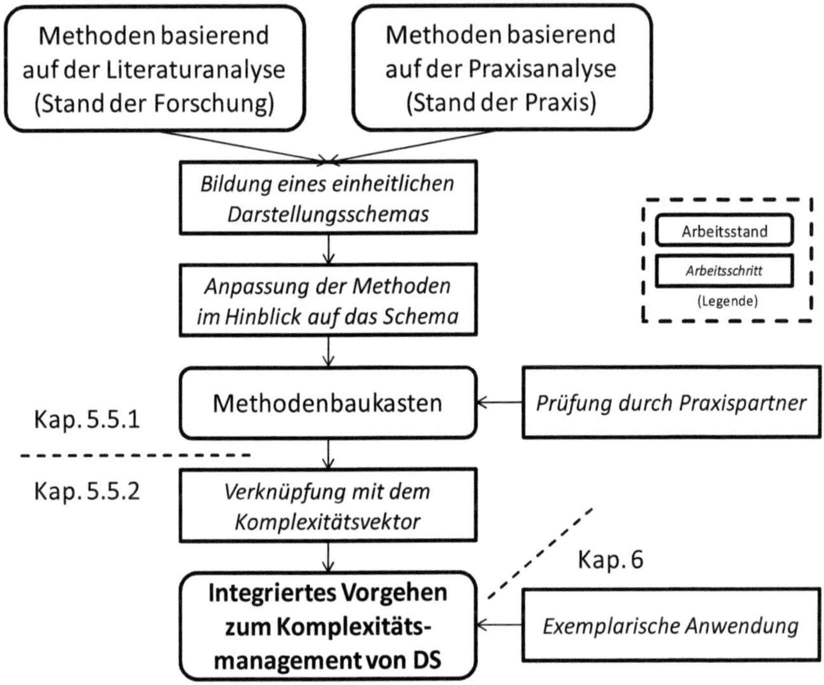

Abbildung 34: Ablauf der Erstellung des Methodenbaukastens (eigene Darstellung)

5.5.1 Wahl und Anpassung relevanter Methoden

Als Ausgangspunkt zur Empfehlung von Vorgehensweisen zur Optimierung des Komplexitätsgrades in der Distribution dient eine Sammlung möglicher Methoden zum Komplexitätsmanagement. Ein solcher Methodenbaukasten ist definiert als „eine standardisierte Methodenzuordnung zu einem Referenzmodell in allgemeingültiger Weise" (Demuß 2000, S. 12). Als Referenzmodell wird dabei eine abstrakte Strukturierung verstanden, über die wesentliche Elemente eines Systems erfasst werden (vgl. Demuß 2000, S. 12). Diese Strukturierung wird im vorliegenden Fall über die Strategien, die Komplexitätsebene und die Verwendung des Ordnungsrahmens vorgenommen (s. Tabelle 12). Nach Ehrlenspiel (2009, S. 344) hat die

Verwendung eines Methodenbaukastens dabei den Vorteil, dass Methoden flexibel je nach Eigenschaft des zu lösenden Problems anhand bestimmter Kriterien ausgewählt werden können. Hierfür wird ein Ansatz einer einheitlichen, systematisch geordneten Darstellung zur Erleichterung der Auswahl und Anwendung geliefert (vgl. Berkovich, Leimeister & Krcmar 2010, S. 24). In diesem Zusammenhang erwähnt NAEFE (2008, S. 40 f.) folgende Anforderungen an die Erstellung eines Methodenbaukastens:

1. Bereitstellung einer kurzen Beschreibung des Methodenablaufs
2. Aufstellung der Auswahlkriterien für die Methodenwahl
3. Verdeutlichung der Verbindung zwischen Aufgabe und anzuwendender Methode
4. Hilfestellung zum Erlernen und zur Anwendung der Methode

In der Regel kann ein Methodenbaukasten dabei nur grundsätzliche Hilfsmittel und Lösungsansätze liefern. Für den spezifischen Anwendungsfall müssen die Methoden an die herrschenden Verhältnisse angepasst werden (vgl. Hesselbach & Menge 2002, S. 96).

In der zu Grunde liegenden Literaturanalyse, die auf der im Rahmen des Standes der Forschung durchgeführten Analyse aufbaut (s. Kapitel 3), wurden sowohl Methoden untersucht, die sich dem Komplexitätsmanagement (z. B. ABC-/XYZ-Analyse) oder dem Distributionsmanagement (z. B. Crossdocking) zuordnen lassen, als auch solche, die einem allgemeinen Optimierungsverständnis entstammen (z. B. ARIZ). Der Eignungstest für den Schnittstellenbereich des Komplexitätsmanagements der Distribution wurde dabei anhand des Referenzmodells wie folgt durchgeführt: Zur Überprüfung der Wirkung einer Methode auf die Komplexität des fokussierten Systems wurde beurteilt, ob sich das Vorgehen einer der identifizierten Strategien zum Komplexitätsmanagement zuordnen lässt. Methoden, die im Hinblick auf ihre Anwendbarkeit im Distributionskontext untersucht werden mussten, wurden anhand der Möglichkeit, ihren Wirkbereich mindestens einem Feld des Ordnungsrahmens zuordnen zu können, ausgewählt.

Zur Sicherstellung eines möglichst heterogenen Methodenspektrums wird neben einer Literaturanalyse auch das Wissen der Praxisvertreter für die Erstellung der Methodensammlung hinzugezogen. Hierzu wurden die im Rahmen der Experteninterviews identifizierten Methoden berücksichtigt (s. Tabelle 6). Außerdem wurde im Rahmen eines Workshops die strukturierte Methodendarstellung diskutiert. Der erarbeitete Methodenbaukasten konnte anschließend in einer Detailbefragung von den Praxisvertretern weiter verfeinert werden (s. Abbildung 16).

<table>
<tr><td>Name der Methode</td><td>Crossdocking</td></tr>
<tr><td>Ziel</td><td>Höhere Auslastung der Transportmittel, Optimierte Anlieferfrequenz in den Filialen</td></tr>
<tr><td>Ablauf / Vorgehen</td><td><ul><li>Einrichtung eines bestandslosen Umschlagpunktes</li><li>Bündelung von Kundenanlieferungen mehrerer Hersteller für verschiedene Filialen in diesem Knoten</li><li>Schnelle Bearbeitung der Sendungen im Knotenpunkt, um sie direkt zum Kunden weiterzuleiten</li><li>In einem mehrstufigen Crossdocking erfolgen zusätzlich Kommissioniertätigkeiten (Transshipment)</li></ul></td></tr>
<tr><td>Kriterien zur Anwendung im DS</td><td>Zur Anwendung der Crossdocking Strategie ist der Betrieb eines zusätzlichen Umschlagknotenpunktes erforderlich (mit entsprechender Umschlagtechnik). Notwendig sind eine umfassende Informationsversorgung aller Beteiligten und eine hohe Synchronisation der Prozesse.</td></tr>
<tr><td colspan="2">Einordnung in das Referenzmodell</td></tr>
<tr><td>Strategie</td><td>(Beherrschen □, Vermeiden X, Reduzieren □)</td></tr>
<tr><td>Wirkbereich</td><td>(Felder des Ordnungsrahmens)
<table>
<tr><th></th><th>Produktion</th><th>Warenausgang</th><th>DS i.e.S.</th><th>Schnittstelle z. Kunden</th></tr>
<tr><td>Organisation</td><td></td><td></td><td>X</td><td></td></tr>
<tr><td>Informationsfluss</td><td></td><td></td><td></td><td></td></tr>
<tr><td>Materialfluss</td><td></td><td>X</td><td>X</td><td>X</td></tr>
<tr><td>Akqusit. Fluss</td><td></td><td></td><td></td><td></td></tr>
</table></td></tr>
<tr><td>Komplexitätsebene</td><td>(Mikro X, Makro □)</td></tr>
<tr><td colspan="2">Darstellung weiterer Informationen zur Anwendung</td></tr>
<tr><td>Zeitrahmen</td><td>Die Umsetzung von Crossdocking benötigt eine gewisse Vorbereitungszeit (Standortplanung, Einrichtung Umschlagpunkt, Vernetzung der Beteiligten, Umstellung der Prozesse)</td></tr>
<tr><td>Unternehmensebene</td><td>Strategisch X Mittlere Ebene □ Operativ □</td></tr>
<tr><td>Kosten zur Umsetzung</td><td>Hohe Kosten (Einrichtung Umschlagpunkt, IT-Tools)</td></tr>
<tr><td>Chancen und Risiken</td><td>Die Risiken zur Anwendung von Crossdocking sind gering. Durch die Durchführung zusätzlicher Kommissioniertätigkeiten wird der Produktionsbetrieb entlastet. Crossdocking eignet sich besonders für umfangreiche Warenlieferungen mit einer Vielzahl an zu beliefernden Filialen: Damit kann die Auslastung der Transportmittel im Hauptlauf deutlich erhöht und die Komplexität in der Endbelieferung der Filialen vermieden werden. Crossdocking ermöglicht die Distribution von vielen kleinen Lieferungen mit kurzem Vorlauf an den Endkunden.</td></tr>
<tr><td>Weitere wichtige Aspekte?</td><td>Teilelement des Efficient Consumer Response für eine Effiziente Bevorratung</td></tr>
<tr><td>Weiterführende Literaturquellen</td><td>Bretzke 2010, S. 289 ff.; Bürli & Friebe 2008, S. 77 f.</td></tr>
<tr><td>Komplexitätstreiber</td><td>Anzahl Standorte, Produktionsstruktur (Räumliche Verteilung von Produktionsstandorten), Sendungsvolumina, Anzahl der Produktvarianten, Breite des Produktsortimentes</td></tr>
</table>

Tabelle 14: Crossdocking als Beispiel für eine Methodenkarte des Baukastens (eigene Darstellung)

Der Methodenbaukasten besteht aus einzelnen Methodenkarten, die jeweils eine Methode beschreiben. Die Darstellung der gewählten Struktur zur Aufarbeitung der Methoden erfolgt anhand eines Beispiels in Tabelle 14.

Im Folgenden werden einige der zur strukturierten Darstellung der Methoden gewählten Kategorien kurz erläutert:

- **Ablauf/Vorgehen**
  An dieser Stelle wird stichpunktartig ein kurzer Ablauf des Methodenvorgehens geschildert und auf diese Weise die erwähnte erste Forderung nach einer Beschreibung des Methodenablaufs erfüllt.

- **Kriterien zur Anwendung im Distributionssystem**
  Zur Erreichung einer möglichst breiten methodischen Abdeckung des Managements von Distributionssystemen werden auch Methoden für den Baukasten berücksichtigt, die nicht ausschließlich für eine spezifische Anwendung in der Distribution konzipiert wurden. Für die Anwendung dieser Methoden kann es insbesondere wichtig sein, dass das fokale System bestimmte Kriterien erfüllt oder, dass eine Anpassung der Methode auf besagtes System erforderlich ist. Die hierfür zu beachtenden Parameter werden unter diesem Punkt kurz beschrieben.

- **Einordnung in das Referenzmodell**
  Unter dieser Rubrik wird eine Zuordnung der jeweiligen Methode zu den im Rahmen dieser Arbeit relevanten Unterscheidungsgrößen Strategie, Wirkbereich und Komplexitätsebene vorgenommen. Auf diese Weise kann eine Verbindung zur Systembewertung durch den Komplexitätstreiber hergestellt werden. Die Einordnung der Methoden in das Referenzmodell erfolgt in Einklang mit der zweiten von NAEFE geforderten Aufstellung von Auswahlkriterien für die Methodenwahl. Eine genauere Beschreibung der Verknüpfung von Vektor und Methodenbaukasten findet sich in Abschnitt 5.5.2.

- **Darstellung weiterer Informationen zur Anwendung**
  Als letzter Teil einer Methodenkarte wird eine Hilfestellung zur Einschätzung der Methode durch Bereitstellung weiterer Informationen gegeben. Besonders hervorzuheben sind hier weiterführende Quellenangaben sowie die beispielhafte Herstellung eines Bezugs zu konkreten Komplexitätstreibern, deren Komplexitätswirkung durch Anwendung der Methode beeinflusst werden kann. Die Kosten zur Umsetzung sind in den meisten Fällen abhängig von den Voraussetzungen in der jeweiligen Organisation. Aus diesem Grund wird an dieser Stelle eine relative Einschätzung der Kosten in Bezug auf die anderen Methoden im Katalog vorgenommen.

Durch die in dieser Kategorie aufgeführten Informationen wird die dritte von NAEFE (2008, S. 40 f.) formulierte Anforderung der Verdeutlichung der Verbindung zwischen Aufgabe und anzuwendender Methode erfüllt, da im Rahmen der gewählten Betrachtungsweise die Komplexitätstreiber eine Aussagekraft über die zu bearbeitenden Aufgaben besitzen. Die genannten Aspekte wurden in Einklang mit der Gruppe der Praxisvertreter ausgewählt. Die zusätzlichen, kurz dargestellten Informationen helfen bei der Anwendung der jeweiligen Methode und tragen damit auch zur Erfüllung der vierten Anforderung von NAEFE an einen Methodenbaukasten bei.

Der komplette Methodenbaukasten findet sich in Anhang IV und umfasst 39 Methoden. Da die Strukturierung der Methoden anhand mehrerer Merkmale vorgenommen wurde (Strategiezugehörigkeit, Komplexitätsebene und Felder des Ordnungsrahmens), erfolgt eine Auflistung der Methoden in alphabetischer Reihenfolge. Es bleibt festzuhalten, dass an dieser Stelle kein Anspruch auf Vollständigkeit erhoben wird. Die einzelnen Methoden behandeln nicht alle explizit die Komplexität des Distributionssystems. Dem Anspruch, Handlungsempfehlungen zu einem komplexitätswirksamen Management von Distributionssystemen zu geben, wird das Konzept vielmehr durch die übergeordnete Auswahl- und Bewertungsmethodik gerecht. Durch den erreichten Arbeitsstand wird sowohl eine Grundmenge relevanter Methoden als auch ein Vorgehen zur strukturierten Darstellung der Methoden über eine Knüpfung an den Komplexitätsvektor anhand des erarbeiteten Referenzmodells geliefert. Das Hinzufügen weiterer Methoden ist auf dieser Grundlage jederzeit möglich und stellt einen logischen nächsten Schritt zur Erweiterung der Vorgehensweise dar.

5.5.2 Knüpfung der Methoden an den Komplexitätsvektor

Zur Erstellung eines integrierten Ansatzes zur Handhabung von Komplexität in Distributionssystemen wird im Folgenden die Verknüpfung der vektoriellen Komplexitätsbewertung mit passenden Methoden zur Optimierung hergestellt. Diese Verbindung erfolgt über das einheitlich verwendete Referenzmodell (s. Abbildung 35).

Das Ziel ist die Möglichkeit zur Erstellung einer priorisierten Liste von fallbezogenen Methoden, aus denen der Anwender geeignete Handlungsempfehlungen und Vorgehensweisen ableiten kann. Das Referenzmodell besteht aus den in Tabelle 12 zusammengefassten, mehrfachen Kategorisierungsgrößen *Strategien*, *Wirkbereiche* und *Komplexitätsebenen*, die, analog zur Klassifizierung der Komplexitätstreiber, für die Strukturierung der Methoden angewendet werden. Über dieses Referenzmodell und dessen einheitliche Anwendung wird die Darstellung einer fallbezogen priorisierten Methodenauswahl ermöglicht.

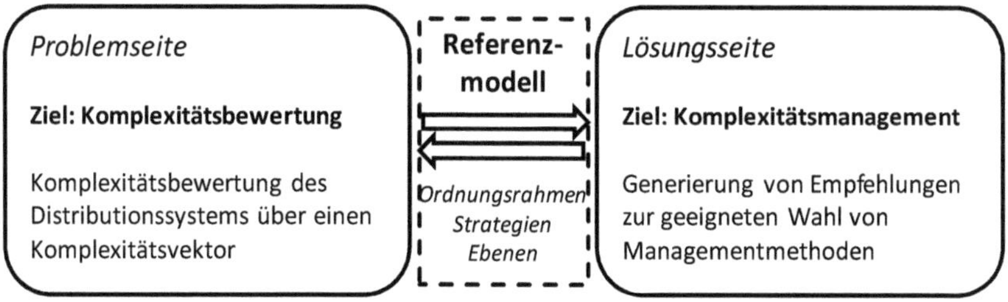

Abbildung 35: Verbindung von Komplexitätsbewertung und –management (eigene Darstellung)

Die Kategorisierung über den Wirkbereich im Ordnungsrahmen ist dabei als vorgeschaltete Filtergröße zu verstehen. Für einen Komplexitätsvektor eines bestimmten Feldes des Ordnungsrahmens werden nur die Methoden als mögliche Handlungsempfehlungen aufgezeigt, die anhand ihrer Einordnung für das entsprechende Feld anwendbar sind. Die Kategorisierungsgrößen der Strategie und der Komplexitätsebene dienen der Darstellung der verbleibenden Methoden in Form eines Rankings. Die Darstellung der Methoden kann dabei über eine Matrix erfolgen, die anhand der Strategien und Komplexitätsebenen geordnet ist. Eine beispielhafte Darstellung erfolgt in Abbildung 36.

Horizontal werden die drei Strategie-Subvektoren $\overrightarrow{SV}_{B,R,V}$ der Reihe nach (geordnet nach ihrem Betrag) aufgeführt und mit den entsprechenden Methoden verknüpft. Die aus der Komplexitätsbewertung resultierende Lage des Vektors im Raum ermöglicht eine weitere Priorisierung anhand der primär zu behandelnden Komplexitätsebene.

Die Strategien und Komplexitätsebenen werden an dieser Stelle zur Bestimmung der Reihenfolge der darzustellen Methoden verwendet, führen jedoch, im Gegensatz zur vorgeschalteten Filterung über den Ordnungsrahmen, nicht zu einem weiteren Ausschließen einzelner Methoden. Auf diese Weise wird sichergestellt, dass eine hinreichend große Grundgesamtheit an Methoden erhalten bleibt, die dem Anwender als Entscheidungsgrundlage dienen kann. Die Betrachtung eines Komplexitätsvektors innerhalb eines Feldes des Ordnungsrahmens muss ausschließlich mit Methoden in Verbindung stehen, mit denen die Komplexität innerhalb des entsprechenden Feldes beeinflusst werden kann. Eine Filterung nicht passender Methoden ist an dieser Stelle dementsprechend sinnvoll. Die Priorisierung der verbleibenden Methoden anhand der Strategien und Komplexitätsebenen basiert allerdings auf der Länge und der Lage der einzelnen Subvektoren. Da es sich hierbei um kontinuierliche Größen innerhalb eines Spektrums handelt trägt diese zweite Kategorisierungsstufe zur Struktur der Darstellung, nicht jedoch zur weiteren Verminderung der Zahl der angezeigten Methoden bei.

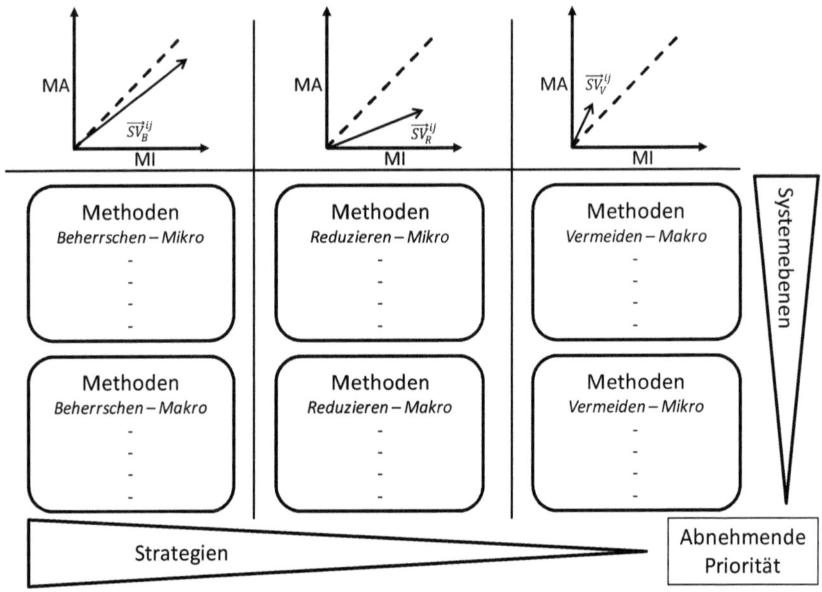

Abbildung 36: Strukturierte Methodendarstellung (Beispiel) (eigene Darstellung)

Das erläuterte Schema zur Knüpfung der Methoden an die Ergebnisse der über den Komplexitätsvektor dargestellten Komplexitätsbewertung des fokalen Distributionssystems endet bewusst mit einer strukturierten Darstellung verschiedener Empfehlungen zu methodisch gestütztem Handeln und nicht mit einem automatisch generierten Handlungsvorschlag, der sich aus der gesamten Vorgehensweise ergibt. Eine solche, komplett automatisierte Verbindung von Komplexitätsbewertung und Methodenkatalog wäre nicht zielführend, da eine inhaltliche Übereinstimmung von Treiber und vorgeschlagener Methode nur gewährleistet werden könnte, wenn die Kategorisierung und Gruppierung der Treiber so lange fortgeführt und verfeinert würde, bis die inhaltliche Ebene der Treiber selbst wieder erreicht wäre. Der Komplexitätsvektor stellt das zur Bewertung über die Komplexitätstreiber erlangte Wissen bezüglich des untersuchten Systems in verdichteter Form unter Informationsverlust dar. Eine Gewährleistung der Deckungsgleichheit von den über die Treiber abgebildeten Inhalten mit den Methoden kann also auf der Aggregationsebene des Vektors nicht erfolgen. Stattdessen ergibt sich aus dem Vektor zusammen mit dem Methodenbaukasten eine strukturierte Darstellung aufbereiteter Informationen, die den Entscheidungsfindungsprozess eines Managers unterstützen sollen. Dessen Entscheidungen basieren grundsätzlich auf unterschiedlichen Faktoren wie seinen Erfahrungen, seiner Intuition und seinen spezifischen fachlichen Fähigkeiten (vgl. Schlademann & Pamies 2010, S. 10). Die Anwendung des vorgestellten Vorgehens leistet zu dieser Entscheidungsfindung einen systematischen Beitrag, bei dem der Vektor eine relative Größe zur Veranschaulichung der Komplexität und deren Ausprägungen ist. Die Entscheidung muss jedoch letztendlich vom Anwender getroffen werden. Als Unterstützung hierfür wird auf jeder Methodenkarte die jeweilige Methode mit den durch sie behandelbaren Komplexitätstreibern verbunden (s. Tabelle 14). Des Weiteren kann auf diese Weise sichergestellt werden, dass zu jedem identifizierten und potenziell bewerteten Treiber mindestens eine Methode existiert, durch deren Anwendung die durch den Treiber verkörperte Komplexität adressiert werden kann.

5.6 Entwicklung einer prototypischen Software zur praktischen Umsetzung der Methodik

Zur vereinfachten Anwendung wurde die entwickelte Methodik in einen Software-Demonstrator überführt. Die Umsetzung erfolgte in Microsoft Excel 2007 in Verbindung mit Visual Basic for Applications (VBA). Die einzelnen Entwicklungsschritte wurden dabei in mehreren Sitzungen vom Arbeitskreis begleitet. Im Folgenden wird die Funktionsweise der Software entlang der einzelnen Abschnitte der Anwendung kurz beschrieben. Im Sinne der Übersichtlichkeit werden dabei in getrennten Abschnitten zuerst die Bildung des Komplexitätsvektors und dann die Implementierung des Methodenbaukastens beschrieben. Das Unterkapitel schließt mit einer kritischen Bewertung des entwickelten Tools.

5.6.1 Ziele der Entwicklung der Software

Das Hauptziel bei der Softwareentwicklung lag in der Bereitstellung einer Anwendung, die die gesamte Funktionalität des entwickelten Vorgehens zur Analyse von Komplexität in Distributionssystemen beinhaltet. Dabei war es von besonderer Bedeutung, eine möglichst einfache Anwendung durch eine strukturierte Aufbereitung der notwendigen Methodenschritte und eine angemessene Darstellung der Ergebnisse sicherzustellen. Hierzu wird der Anwender schrittweise durch die notwendigen Eingaben geleitet und hat stets einen Überblick über den Fortschritt der Durchführung. Ein weiteres Ziel im Sinne der einfachen Bedienung war es, alle Schritte, die keine Eingabe durch den Anwender erfordern, automatisiert ablaufen zu lassen. Darüber hinaus soll auch die Software – analog zur Methodik selbst – auf Basis der Erfahrungswerte bei der Anwendung erweiterbar und aktualisierbar sein.

5.6.2 Umsetzung des Komplexitätsvektors

Zur softwareseitigen Erzeugung des Komplexitätsvektors müssen die benötigten Daten hinterlegt sein und über entsprechende Eingabemasken mit den fallspezifischen Eingaben kombiniert werden. Die erforderlichen Eingaben zur Erzeugung des Vektors sind die Gewichtungen der Partialflüsse und Wertschöpfungsschritte des Ordnungsrahmens sowie die Bewertung der verbleibenden Komplexitätstreiber (s. auch Abbildung 22).

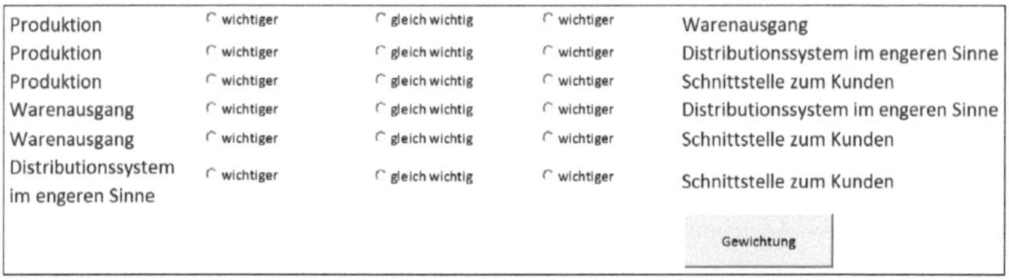

Abbildung 37: Umsetzung eines paarweisen Vergleiches (eigene Darstellung)

Die Gewichtung der Felder des Ordnungsrahmens erfolgt wie in Abschnitt 5.4.1 ausführlich beschrieben. Abbildung 37 zeigt die Umsetzung der Gewichtung über die paarweisen Vergleiche anhand der Wertschöpfungsschritte im Ordnungsrahmen. Die Skala für die Bewertung ist die Menge {1, 2, 3}. Wird ein Schritt für wichtiger erachtet so erhält er eine 3 als Bewertung, der verglichene Schritt eine 1. Gleiche Wichtigkeit wird mit 2 bewertet. Das Programm besitzt zur Erfassung vier Prozessvariablen entsprechend der Schritte im Wertschöpfungssystem.

Zur Erfassung der Gewichtungen wird die Funktion *Wichtigkeit* aufgerufen. Entsprechend der drei Bewertungsmöglichkeiten werden ihr drei Positionsvariablen übergeben. Der Rückgabewert der Funktion entspricht der Gewichtung der Dimensionen des Ordnungsrahmens und wird dann für jede Prozessvariable aufaddiert (der maximale Wert ist 9). Wird ein paarweiser Vergleich nicht ausgewählt, ist vom Programm eine Abfrage vorgesehen, welche den Anwender mit einer Meldung auf die Auswahl des fehlenden Punktes hinweist: „Bitte beantworten Sie alle Gewichtungsfelder!“

Es resultiert eine Matrix aus gewichteten Feldern des Ordnungsrahmens. Für jedes Feld der Matrix liegt im Programm eine separate Tabelle mit den zugehörigen Komplexitätstreibern vor. Die Zuordnung der Treiber zu den Feldern erfolgt dabei aus dem im System hinterlegten, für den Anwender nicht sichtbaren, strukturierten Treiberkatalog (s. Tabelle 10). Per Auswahl des jeweiligen Feldes lässt sich nacheinander auf einzeln dafür vorgesehenen Registerkarten die Bewertung der entsprechenden Treiber durchführen.

Ordnungsrahmen für Komplexitätstreiber	Produktion	Warenausgang	Distributionssystem im engeren Sinne	Schnittstelle zum Kunden
Organisation	1442,16	[illegible]		
Informationsfluss	1564,89			
Materialfluss				
Akquisitorischer Fluss				

Abbildung 38: Ergebnis der Komplexitätsbewertung (eigene Darstellung)

Neben der Bewertung des Einflusses eines jeden Treibers auf die Komplexität des Distributionssystems wird an dieser Stelle auch nach den für die Strategieeinordnung relevanten Entscheidungsparametern der Beeinflussbarkeit und des Zeithorizontes gefragt. Als Ergebnis der Gewichtung der Felder und der Bewertung und Strategiezuordnung der Treiber wird eine Übersicht des Ordnungsrahmens ausgegeben (s. Abbildung 38). Die Felder, die sich durch die Gewichtung als komplexitätskritisch herausgestellt haben, werden farblich hervorgehoben. Als zusätzliche Information wird über die farbliche Markierung ein weiterer Hinweis auf die Komplexitätsrelevanz des jeweiligen Feldes gegeben. Dabei wird das Farbschema „rot, orange, gelb" verwendet (in der Abbildung in dieser Arbeit ist die Unterscheidung von dunkel nach hell sichtbar). Die Bewertungsgrundlage für die farbliche Unterscheidung liefert das Produkt des Betrages des Komplexitätsvektors im jeweiligen Feld mit dem Gewichtungswert des Feldes aus den paarweisen Vergleichen $\left|\overrightarrow{KV}^{ij}\right| * (S_i^{PV1} * S_j^{PV2})$ (s. Abschnitt 5.4.5).

Durch die Auswahl eines der bewerteten Felder gelangt man zur Ansicht der entsprechenden Komplexitätsvektoren (s. Abbildung 39). Unter dem Vektorraum findet sich zusätzlich eine Auflistung aller Komplexitätstreiber, deren Einfluss zuvor mit „sehr hoch" bewertet wurde. Damit soll erreicht werden, dass die Wahrscheinlichkeit, diese Treiber bei der Analyse der Ergebnisse zu übersehen, minimiert wird, wie es von den Praxispartnern während des Entwicklungsverlaufes gewünscht wurde.

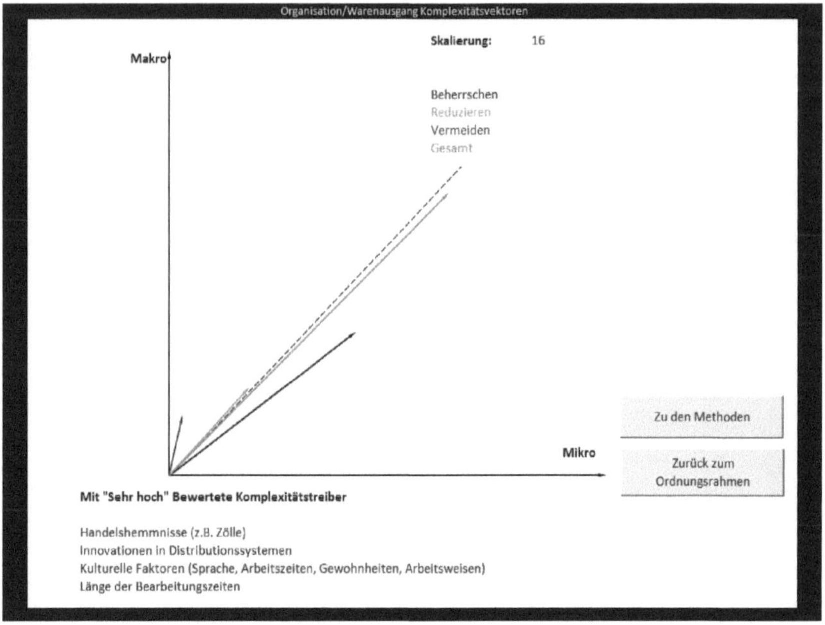

Abbildung 39: Darstellung des Komplexitätsvektors in der DV-Anwendung (eigene Darstellung)

Werden in den vorherigen Schritten die einer bestimmten Strategie zugeordneten Treiber besonders hoch bewertet, kann die Länge der Vektoren zu einen Problem für die Größe des Koordinatensystems werden, welches durch die Größe der Excel-Blätter wiederum in seiner Größe limitiert ist. Zu diesem Zweck skaliert ein programminterner Algorithmus jeden der Vektoren, wenn ansonsten zumindest einer außerhalb des Koordinatensystems liegen würde, herunter. Damit dieser Schritt dem Anwender in seiner Konsequenz nicht verborgen bleibt, wird der angewandte Skalierungsfaktor auf jeder graphischen Veranschaulichung mit angezeigt. Die Skalierungsfaktoren unterschiedlicher Felder der Ergebnismatrix können also voneinander abweichen.

5.6.3 Implementierung des Methodenbaukastens

Die Implementierung des Methodenbaukastens erfolgt, indem die Methodenkarten auf je einem Tabellenblatt in das Excel-Tool eingefügt werden. Die Knüpfung des Methodenbaukastens an den Komplexitätsvektor findet über die durch das Referenzmodell bereitgestellten Kategorien statt, die zum Teil im Vorfeld der Anwendung festgelegt wurden und sich zum Teil aus der Treiberbewertung durch den Anwender ergeben. Die Zuordnung der Methoden kann demnach automatisiert vorgenommen werden. Über einen Button gelangt man von der Vektordarstellung zur Darstellung der priorisierten Methodenübersicht (s. Abbildung 39).

Die Methoden sind dabei mit ihrem Namen in die strukturierte Methodenübersicht eingepflegt (s. Abbildung 36). Ein Klick auf eine der Methoden führt zur Darstellung der jeweiligen Methodenkarte (s. Tabelle 14).

Um die Benutzung zu erleichtern wird bei jedem Aufruf einer Methodenkarte eine Referenz übergeben, die später die Rückkehr zu der ursprünglichen Methodenübersicht ermöglicht. Somit ist es möglich von unterschiedlichen Darstellungen auf dieselbe Methode zuzugreifen und trotzdem zur Ausgangsdarstellung zurückzukehren.

6 Praktische Anwendung der Methodik

In diesem Kapitel wird die Anwendbarkeit der entwickelten Methodik in der Managementpraxis überprüft und auf dieser Basis eine Bewertung Ihres Potenzials vorgenommen. Hierzu wird im nachfolgenden Abschnitt die Konzeption der Evaluation erläutert. Anschließend werden drei prototypische Anwendungen im Unternehmenskontext detailliert vorgestellt.

6.1 Konzeption der praktischen Evaluation

Zur Untersuchung der Funktionalität der Methodik, durch die ein umfassender Überblick der Systemkomplexität erlangt werden soll, ist es unerlässlich, die zu untersuchenden Komplexitätsphänomene im Rahmen ihres Entstehungskontextes und nicht losgelöst von diesem zu untersuchen. Eine solche Untersuchung ist mit Hilfe von Fallstudien möglich, die den Vorteil (zum Beispiel gegenüber Experimenten) besitzen, detaillierte Ergebnisse im fallbezogenen Kontext des Untersuchungsgegenstandes zu liefern (vgl. Blumberg, Cooper & Schindler 2008, S. 374 ff.). Sie sind daher insbesondere für die Analyse komplexer Problemfelder besser geeignet als großzahlige Befragungen oder Experimente (vgl. Yin 2003, S. 15). Fallstudien eignen sich dabei besonders zur tiefgehenden Analyse von neuen Konzepten, für die eine Vielzahl von Faktoren eine Rolle spielt, wie es bei der in dieser Arbeit entwickelten Methodik der Fall ist (vgl. Boyer & Swink 2008, S. 340 f.). Die Untersuchung der praktischen Anwendbarkeit der beschriebenen Vorgehensweise wird daher im Folgenden über fallstudienbasierte Pilotanwendungen im Praxiskontext durchgeführt.

Einen Überblick über die Konzeption der praktischen Bewertung des Vorgehens liefert Abbildung 40. Die Durchführung mehrerer Fallstudien führt zu robusteren Ergebnissen (vgl. Tellis 1997). Um hierbei die Distribution aus verschiedenen Perspektiven innerhalb des Distributionssystems mit der Anwendung des Verfahrens abbilden zu können, wird die Komplexitätsanalyse in Anlehnung an das dritte Kriterium für die Zusammensetzung des Samples der Praxisvertreter bei einem Großhändler (Unternehmen D), einem produzierenden Unternehmen (Unternehmen C) und einem Logistikdienstleister (Unternehmen F) durchgeführt (s. Abschnitt 4.1.1). Als weiteres Differenzierungsmerkmal ist die Größe der untersuchten Unternehmen anzusehen, die sich sowohl in Bezug auf die Anzahl der Mitarbeiter, als auch auf den Umsatz deutlich unterscheidet.

Die Überprüfung der Methodik basiert auf einer prototypischen Anwendung des in Abschnitt 5.6 vorgestellten Software-Demonstrators sowie der anschließenden Befragung verschiedener Unternehmensvertreter anhand eines Interviewleitfadens (s. Anhang I) und erfolgt dabei in zwei Phasen:

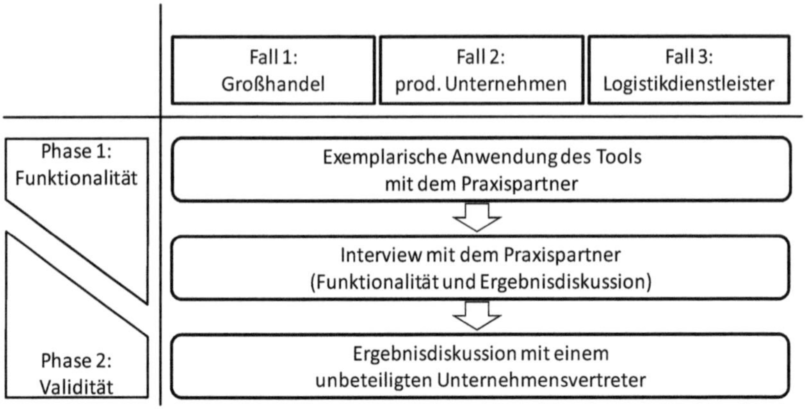

Abbildung 40: Konzeption der praktischen Evaluation (eigene Darstellung)

- **Phase 1: Funktionalität**

  Die erste Evaluationsphase zielt auf eine Überprüfung der Handhabbarkeit der entwickelten Methodik im Praxiskontext und deren Umsetzung im Software-Demonstrator ab. Zusammen mit dem Praxispartner aus dem Arbeitskreis wird das Tool mit unternehmensspezifischen Bewertungsdaten angewendet. Anschließend werden die Ergebnisse der Anwendung kurz erläutert und interpretiert. In einem nachgeschalteten Interview mit dem Praxispartner werden dann Funktionalitätsaspekte bewertet. Neben der Benutzerfreundlichkeit und Handhabbarkeit der Software wird an dieser Stelle auch die Frage diskutiert, ob die Methodik auf einer angemessenen Aggregationsebene im Sinne des Verhältnisses von der Möglichkeit, die Distribution als Ganzes abbilden zu können auf der einen und der Ableitung hinreichend konkreter Handlungsempfehlungen auf der anderen Seite arbeitet. Eine weitere Frage beschäftigt sich zum Abschluss der ersten Phase mit der Berücksichtigung aller relevanten Kriterien zur Komplexitätsanalyse aus Sicht des Praxispartners.

- **Phase 2: Validität**

  Die zweite Phase der praktischen Evaluation stellt einen Schritt in Richtung einer Validitätsprüfung der durch die Methodik generierten Bewertungsergebnisse und Handlungsempfehlungen auf qualitativer Ebene dar. Hierzu bezieht sich die zweite Phase des durchgeführten Interviews auf eine Beurteilung der Aussagekraft von vektorieller Komplexitätsbewertung und anschließender strukturierter Ableitung von Handlungsempfehlungen. Außerdem wird an dieser Stelle die Güte der durch die Anwendung erzielten Ergebnisse vor dem Hintergrund der Erfahrungswerte und Systemkenntnisse des Befragten in Bezug auf das untersuchte Distributionssystem diskutiert. Zur Betrachtung des Untersuchungsgegenstandes aus einer weiteren Perspektive wird dieser zweite Teil des Interviews mit einem oder mehreren zusätzlichen Unternehmensvertretern wiederholt (vgl. Flick 2004, S. 11). Im Sinne des als Triangulation bezeichneten Strebens nach Verbindung unterschiedlicher Methoden und Datenquellen zur Analyse eines Untersuchungsgegenstandes wird somit, neben der Durchführung mehrerer Fallstudien, durch die jeweilige Einbeziehung eines weiteren Interviews die Konstruktvalidierung weiter verstärkt (vgl. Kelle 2008, S. 40; Häder 2010, S. 116). Auf diese Weise wird den von GASSMANN (1999, S. 16) formulierten Anforderungen an den Erfolg einer Fallstudie, der Perspektivenvielfalt sowie der Verwendung multipler Datenquellen, Rechnung getragen.

6.2 Darstellung der Ergebnisse

Im folgenden Abschnitt werden die drei Anwendungen der Methodik zur Komplexitätsanalyse von Distributionssystemen beschrieben. Nach einer kurzen Beschreibung des jeweiligen Unternehmens und dessen Perspektive auf die Distribution erfolgt eine Darstellung der Ergebnisse der vektoriellen Bewertung der Komplexität. Anschließend werden die Ergebnisse der in diesem Zusammenhang mit den jeweiligen Unternehmensvertretern geführten Interviews bezüglich ihrer Güte und Validität wiedergegeben. In diesem Abschnitt werden die Inhalte der durchgeführten Anwendungsdurchläufe und Interviews veranschaulicht. Eine kritische Diskussion der erzielten Resultate findet in Abschnitt 7.3 statt.

6.2.1 Fallstudie 1: Unternehmen D

Die erste Anwendung wurde im September 2011 in einem Unternehmen durchgeführt, welches als Großhändler im Bereich C-Teile tätig ist. Da bei standardisierten C-Teilen die Möglichkeit zur Differenzierung über das Produkt oft nicht gegeben ist, gehört die Bereitstellung eines logistischen Services von höchster Qualität zu den Primärzielen des Unternehmens. Als Bestandteil dieses Services spielen Versorgungssicherheit, Verfügbarkeit und Anlieferqualität eine zentrale Rolle. Das Distributionsmanagement wird als Koordination und permanente Optimierung dieser Vorgänge unter Berücksichtigung von Durchsatz und Kosteneffizienz verstanden und nimmt daher einen wesentlichen Teil der Managementbemühungen ein.

Das als GmbH & Co. KG geführte Unternehmen hat ca. 480 Mitarbeiter und einem Umsatz von ca. 200 Mio. Euro (2010). Der Materialumsatz am Zentrallager liegt in der Größenordnung von mehreren hundert Tonnen pro Tag. Der weltweite Kundenkreis umfasst Industrie,

Maschinen- und Apparatebau, Werkserhaltung, Versorgungsunternehmen und den Einzelhandel.

Der Praxispartner (D1), mit dem die Anwendung durchgeführt wird, ist in dem Unternehmen als einer von zwei Geschäftsführern tätig, in dessen Aufgabenbereich Geschäftsprozesse, Logistik, Qualität und Rechnungswesen fallen. Als weitere Unternehmensvertreter zur Ergebnisdiskussion in Phase 2 wurden der Leiter Logistiksysteme und Infrastruktur (D2) sowie ein Mitarbeiter aus dem Logistik-Service (D3) befragt.

6.2.1.1 Ergebnis der exemplarischen Anwendung

Wie aus Abbildung 22 ersichtlich, startet die Anwendung der Methodik mit einer Gewichtung der Dimensionen des Ordnungsrahmens (Partialflüsse und Schritte im Wertschöpfungssystem) zur Fokussierung der weiteren Untersuchung auf die fallspezifisch komplexitätswirksamsten Bereiche des Distributionssystems. In diesem Anwendungsfall wurden dabei die folgenden vier Felder identifiziert: *Materialfluss-Distributionssystem im engeren Sinne, Informationsfluss-Distributionssystem im engeren Sinne, Materialfluss-Warenausgang und Informationsfluss-Warenausgang.*

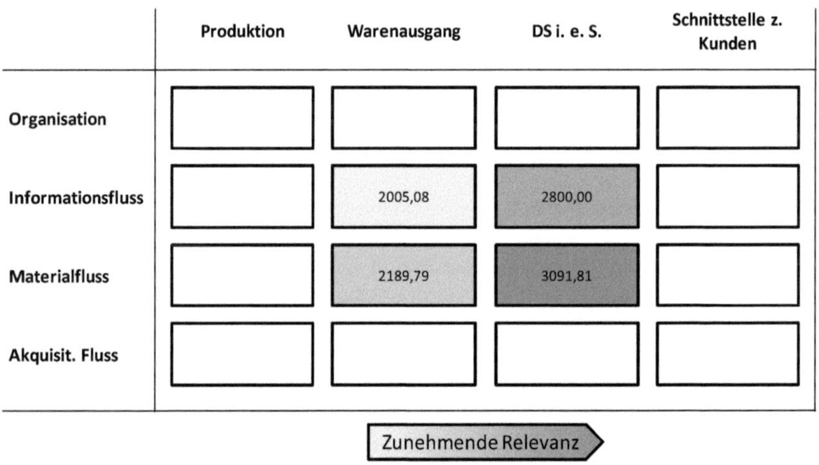

Abbildung 41: Fokale Felder des Ordnungsrahmens, Fallstudie 1 (eigene Darstellung)

Für diese vier Felder führte der Praxispartner eine Bewertung der entsprechenden Komplexitätstreiber und die Strategiezuordnung über die Entscheidungsparameter durch (s. Abschnitt 5.4.4). Beim Entscheidungsparameter *Zeithorizont* wurde zur Erfüllung des Kriteriums der

Kurzfristigkeit durch den Praxispartner eine Spanne von einer Woche gewählt. Als gemeinsames Ergebnis von Feldgewichtung und Treiberbewertung kann die Komplexitätsrelevanz der vier untersuchten Felder wie beschrieben anhand des Produktes des Betrags des Komplexitätsvektors mit dem Ergebnis der Feldgewichtung angegeben werden: $|\overrightarrow{KV}^{ij}| * (S_i^{PV1} * S_j^{PV2})$. Das Ergebnis wird in Abbildung 41 veranschaulicht.

Die Ergebnisse der Feldgewichtungen über die paarweisen Vergleiche sowie die Beträge der Subvektoren und der Komplexitätsvektoren für die vier untersuchten Felder sind in Tabelle 15 zusammengefasst.

(i,j)	$S_i^{PV1} * S_j^{PV2}$	$\lvert\overrightarrow{SV}_B^{ij}\rvert$	$\lvert\overrightarrow{SV}_R^{ij}\rvert$	$\lvert\overrightarrow{SV}_V^{ij}\rvert$	$\lvert\overrightarrow{KV}^{ij}\rvert$
(2, 2)	*56*	*8,54*	*6,71*	*21,21*	*35,81*
(2, 3)	*72*	*3,00*	*10,20*	*19,24*	*30,41*
(3, 2)	*56*	*7,62*	*15,26*	*28,30*	*50,00*
(3, 3)	*72*	*4,24*	*12,04*	*28,02*	*42,94*

Tabelle 15: Ergebniswerte, Fallstudie 1
(eigene Darstellung)

Es fällt auf, dass über die Bewertung in allen vier betrachteten Bereichen des Distributionssystems der Einsatz von Strategien der Komplexitätsvermeidung ($|\overrightarrow{SV}_V^{ij}|$) empfohlen wird. Bis auf den Bereich *Informationsfluss-Warenausgang* (2,2) haben die Subvektoren für die Reduzierung von Komplexität ($|\overrightarrow{SV}_R^{ij}|$) den zweithöchsten Betrag. Die Komplexität des in dieser Fallstudie untersuchten Distributionssystems setzt sich demnach zu einem Großteil aus Komplexitätstreibern zusammen, deren Ursache im Rahmen des Einflussgebietes der Unternehmung liegen.

Weiterhin sei erwähnt, dass der höchste Betrag für den Komplexitätsvektor im Bereich *Informationsfluss-Distributionssystem im engeren Sinne* (3,2) vorliegt, als insgesamt kritischstes Feld jedoch der Bereich *Materialfluss-Distributionssystem im engeren Sinne* anzusehen ist. Dies liegt an der in Abschnitt 5.4.5 beschriebenen zusätzlichen Berücksichtigung der vorab identifizierten Gewichtungswerte über deren multiplikative Verknüpfung mit dem Ergebnis der Treiberbewertung.

Der Komplexitätsvektor und seine Subvektoren für den über die Methodik als am kritischsten eingestuften Bereich *Materialfluss-Distributionssystem im engeren Sinne* ist exemplarisch in Abbildung 42 dargestellt und wird nun näher erläutert. Aus der vorgenommen Bewertung ergibt sich, dass die drei strategiebezogenen Subvektoren und dementsprechend auch der Komplexitätsvektor innerhalb der Mikro-Ebene der Komplexitätshandhabung liegen (der Subvektor für die Strategie *Beherrschen* liegt genau auf der trennenden Ursprungsgeraden). Ansätze zum Distributionsmanagement im Hinblick auf die Systemkomplexität sind also zunächst auf Ebene der Systembestandteile zu suchen. Die Vermeidung von Komplexität (das heißt das Management von beeinflussbaren, jedoch nicht kurzfristig lösbaren Treibern im Distributionssystem) ist die primär anzuwendende Strategie. Es folgen die Strategien der Reduzierung und der Beherrschung.

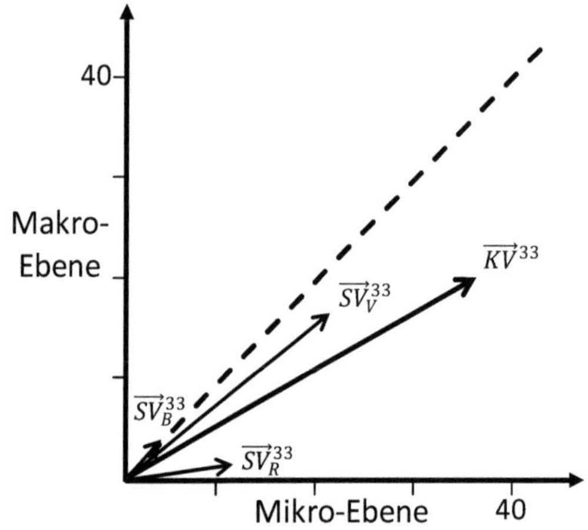

Abbildung 42: Komplexitätsvektor und Subvektoren für den Bereich *Materialfluss-Distributionssystem i. e. S.* $(3, 3)$, Fallstudie 1 (eigene Darstellung)

Zur strukturierten Ableitung von Handlungsempfehlungen für das Management des Distributionssystems vor dem Hintergrund der durchgeführten Komplexitätsbewertung werden die passenden Methoden aus dem Methodenbaukasten nach Strategiezugehörigkeit und Zugehörigkeit zur Komplexitätsebene aufgeteilt dargestellt (s. Abbildung 43). Im untersuchten Fall können zu jedem Feld der strukturierten Darstellung Methodenvorschläge gegeben werden.

Insgesamt wurden für die Dateneingabe durch den Praxispartner (Gewichtung der Felder über paarweise Vergleiche und anschließende feldbezogene Treiberbewertung) ca. 35 Minuten benötigt.

6.2.1.2 Funktionalität der Methodik

Im Rahmen der ersten Evaluationsphase wird die Funktionalität der Methodik in Zusammenarbeit mit dem Praxispartner (D1) untersucht. Im Folgenden werden die identifizierten Problemfelder beschrieben und diskutiert:

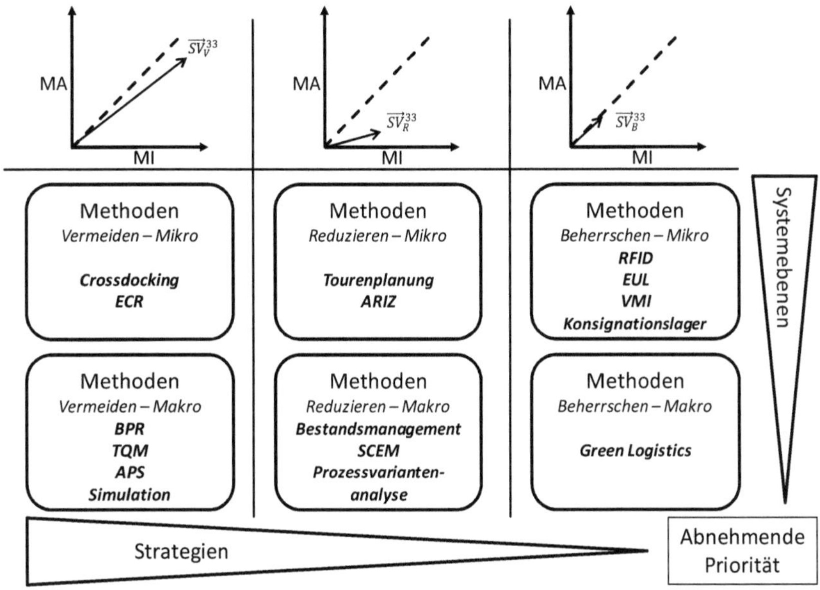

Abbildung 43: Strukturierte Methodendarstellung, Fallstudie 1, Bereich $(3, 3)$ (eigene Darstellung)

- **Benutzerfreundlichkeit und Handhabbarkeit der Anwendung**
  Die Handhabbarkeit des entwickelten Software-Demonstrators wird als sehr gut eingestuft. Auf inhaltlicher Ebene wird festgestellt, dass sich der Bezug der Komplexitätstreiber zum fokalen Systembereich nicht immer automatisch ergibt. Es sei daher ratsam, sich bei der Bewertung jedes Treibers explizit zu vergegenwärtigen, in welcher Form und Ausprägung er sich im zu untersuchenden Bereich des fokalen Distributionssystems wiederfindet. Eine parallele Darstellung der bereits vorgenommenen Treiberbewertungen bei der Bewertung ebendieser in weiteren Bereichen wird als Vorschlag zur Optimierung des Software-Demonstrators aufgeführt. Im Hinblick auf die Dauer einer Anwendung bedeute dies eine Verlängerung. Sie werde jedoch auch dann noch in einem angemessenen Rahmen bleiben.

- **Aggregationsebene des methodischen Vorgehens**
  Die gewählte Aggregationsebene zur ganzheitlichen Erfassung verschieden ausgeprägter Distributionssysteme bei gleichzeitiger Erlangung hinreichend spezifischer Ergebnisse wird als passend bewertet. Bezugnehmend auf die im vorhergehenden Abschnitt erläuterte Notwendigkeit der inhaltlichen Knüpfung der Treiber an den zu analysierenden Bereich des Distributionssystems wird eine präzisere Ausrichtung der Methodenempfehlungen auf den konkreten Anwendungsfall als mögliche Verfeinerung durch den Experten formuliert. Eine an dieser Stelle aufgeworfene Frage ist jedoch, in wie weit der Aufwand einer fallspezifischen Präzisierung der Methodenvorschläge innerhalb der entwickelten Vorgehensweise in einem sinnvollem Verhältnis zu deren Nutzen steht.

- **Berücksichtigung aller wichtigen Kriterien**
  Laut Ansicht des Praxispartners sind alle Kriterien, die für die komplexitätstheoretisch fundierte Analyse von Distributionssystemen notwendig sind, im Rahmen des Vorgehens berücksichtigt.

6.2.1.3 Validität der Ergebnisse

In der zweiten praktischen Evaluationsphase wurde der zweite Fragenblock des Interviewleitfadens nicht nur mit dem Praxispartner (D1), sondern auch mit zwei weiteren Distributionsexperten der untersuchten Unternehmung geführt: dem Leiter Logistiksystem und Infrastruktur (D2) sowie einem Mitarbeiter des Bereiches Logistik-Service (D3). Der Ergebnisdiskussion wurde dabei eine Erläuterung der Funktionsweise und Zielsetzung des entwickelten Vorgehens vorangestellt. Anhand der diskutierten Aspekte konnten dabei folgende Kernaussagen erarbeitet werden:

- **Aussagekraft des Komplexitätsvektors zur Bewertung von Komplexität in Distributionssystemen**
  Zur Visualisierung von Komplexität in Distributionssystemen wird der vektorielle Ansatz von D1 als sinnvoll angesehen. Die auf die unterschiedlichen Strategien (*Beherrschen, Reduzieren, Vermeiden*) abzielenden Subvektoren stellen für ihn eine vernünftige Unterteilung der Komplexität dar. Besonders hervorgehoben wird an dieser Stelle, dass durch die Unterscheidung nach Strategien ein handlungsorientierter Ansatz einem problemorientierten vorgezogen wird (D1). Laut D3 lässt sich anhand dieser Darstellung auf den ersten Blick eine Rangfolge der drei unterschiedlichen strategischen Ansätze erkennen. Die Dimensionen des Vektorraums werden als allgemeine Begriffe verstanden, deren konkrete Bedeutung im untersuchten System sich der

Anwender des Tools zu Beginn explizit vergegenwärtigen sollte (D1). Da die Beträge und Komponenten der einzelnen Vektoren als relative Größen zu verstehen seien, wird von D2 darauf hingewiesen, dass die Möglichkeit eines Vergleiches der Ergebnisse mit Resultaten aus anderen Anwendungsfällen eine weitere Erhöhung der Aussagekraft mit sich bringen könnte.

- **Aussagekraft des Vorgehens zur strukturierten Ableitung von Handlungsempfehlungen**
  Die Darstellung der Methodenvorschläge wird von allen Befragten als übersichtlich und zielführend bezeichnet.

- **Ergebnisse der Methodik vor dem Hintergrund persönlicher Erfahrungswerte zur Optimierung des Distributionssystems**
  Die Wahl und Priorisierung der Felder des Ordnungsrahmens wird von den Interviewpartnern als korrekt eingestuft. Der Auswahl der Schnittstelle *Materialfluss-Distributionssystem im engeren Sinne* wird von allen insbesondere zugestimmt. Ebenso wird die Wahl der Primärstrategie *Vermeiden* und der sich aus der Lage der Vektoren ergebende Vorschlag zum Management der Komplexität auf Ebene der Systembestandteile bestätigt. Ergänzend wird hier von D2 angemerkt, dass eine genauere Erläuterung des Zusammenhanges von Wahl des Zeithorizontes und Unterscheidung der Strategien *Reduzieren* und *Vermeiden* vor Beginn der Konzeptanwendung hilfreich sein kann. In diesem Kontext wird bestätigt, dass die Wahl des Zeithorizontes als Variable gesehen und fallspezifisch durch den jeweiligen Anwender bestimmt werden sollte (D1). Auf diese Weise könnten beispielsweise unterschiedliche Kundenrelationen, die einen großen Einfluss auf die Geschwindigkeit der Umsetzung von Strategien haben, in der Anwendung berücksichtigt werden. Im Bereich der konkreten Auswahl von Handlungsempfehlungen zu methodischem Handeln wird von D1 erwähnt, dass sich nicht alle Methoden mit den Einschätzungen der Befragten decken. Aufgrund des Artikelspektrums, der Umschlagspunkte sowie der Topologie des betrachteten Distributionssystems wird beispielsweise die vorgeschlagene Methode des *Crossdocking* nicht als eine Möglichkeit zur Komplexitätsoptimierung von sehr hoher Wichtigkeit eingestuft. Als besonders passend werden hingegen die Methoden TQM und BPR hervorgehoben (D1). Abschließend wird der grundsätzliche Ansatz, über eine Gewichtung der Felder des Ordnungsrahmens eine Fokussierung von Managementressourcen zu ermöglichen für die Unternehmenspraxis als richtiger Weg beschrieben (D2).

6.2.2 Fallstudie 2: Unternehmen C

Die zweite Anwendung der entwickelten Methodik fand im September 2011 bei einem Konzern der Medizin- und Sicherheitstechnik statt. Zur Erzielung von Synergien wird das Supply Chain Management dort als bereichsübergreifende Funktion angesehen, von der eine globale Steuerung logistischer Aktivitäten für die, aufgrund von unterschiedlichen Produktions- und Kundenstrukturen, ansonsten grundsätzlich getrennten Unternehmensfelder betrieben wird.

Bei einem Umsatz von ca. 1,9 Mrd. Euro beschäftigt die KGaA ca. 11.000 Mitarbeiter, vertreibt ihre Produkte weltweit und ist dabei in über 190 Ländern vertreten. In mehr als 40 Ländern befinden sich dabei Vertriebs- und Servicegesellschaften. Entwicklungs- und Produktionsstätten befinden sich in Deutschland, Großbritannien, Schweden, Südafrika, den USA, Brasilien, Tschechien und China.

Der als Anwender der Methodik kooperierende Praxispartner (C1) ist Leiter des Bereichs Transport & Warehouse Management und in dieser Funktion verantwortlich für die Logistikaktivitäten des Unternehmens sowohl für den Bereich der Medizin- als auch für den Bereich der Sicherheitstechnik. Zusätzlich wurde ein weiterer Unternehmensvertreter (C2) befragt, der sich als Manager Logistics Services und Supply Chain Quality insbesondere mit der Verwaltung externer Logistikdienstleister, dem Bereich der Lagerlogistik und deren Schnittstellen sowie mit Qualitätsmanagementaspekten beschäftigt.

6.2.2.1 Ergebnis der exemplarischen Anwendung

Analog zu Fallstudie 1 wurde zunächst eine Gewichtung der Felder des Ordnungsrahmens über paarweise Vergleiche durchgeführt. Als Resultat wurden die Felder *Informationsfluss-Schnittstelle zum Kunden, Materialfluss-Schnittstelle zum Kunden* und *Informationsfluss-Produktion* für die weitere Untersuchung ausgewählt. Die Bewertung der entsprechenden Komplexitätstreiber und deren Zuordnung zu Strategien zum Komplexitätsmanagement führten zu dem in Abbildung 44 veranschaulichten Ergebnis.

Der für die Strategiezuordnung zu betrachtende Entscheidungsparameter *Zeithorizont* zur Abgrenzung von Kurz- und Langfristigkeit wurde durch den Praxispartner auf drei Monate festgelegt.

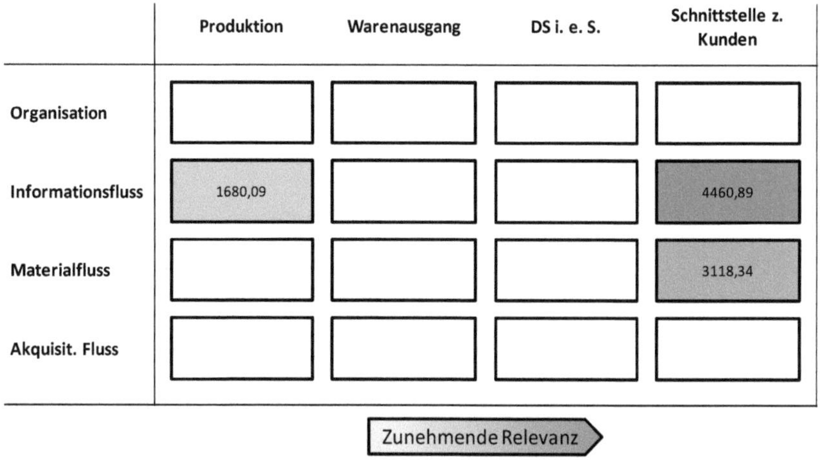

Abbildung 44: Fokale Felder des Ordnungsrahmens, Fallstudie 2 (eigene Darstellung)

Die Ergebnisse der Feldgewichtungen über die paarweisen Vergleiche sowie die Beträge der Subvektoren und der Komplexitätsvektoren für die drei in Fallstudie 2 untersuchten Felder sind in Tabelle 16 zusammengefasst.

(i,j)	$s_i^{PV1} * s_j^{PV2}$	$\lvert\overrightarrow{SV}_B^{ij}\rvert$	$\lvert\overrightarrow{SV}_R^{ij}\rvert$	$\lvert\overrightarrow{SV}_V^{ij}\rvert$	$\lvert\overrightarrow{KV}^{ij}\rvert$
$(1,2)$	*54*	*11,40*	*6,32*	*15,81*	*31,11*
$(4,2)$	*81*	*31,57*	*7,81*	*19,42*	*55,07*
$(4,3)$	*63*	*27,29*	*7,81*	*25,18*	*49,50*

Tabelle 16: Ergebniswerte, Fallstudie 2 (eigene Darstellung)

Im Gegensatz zur vorherigen Fallstudie erfährt hier der Bereich *Informationsfluss-Schnittstelle zum Kunden* sowohl bei der Gewichtung der Felder des Ordnungsrahmens als auch bei der anschließenden Bewertung der feldspezifischen Komplexitätstreiber die höchste Relevanz. Grundsätzlich werden die Strategien zur Beherrschung ($\lvert\overrightarrow{SV}_B^{ij}\rvert$) und Vermeidung ($\lvert\overrightarrow{SV}_V^{ij}\rvert$) deutlich höher eingestuft, als Maßnahmen zur Komplexitätsreduktion ($\lvert\overrightarrow{SV}_R^{ij}\rvert$).

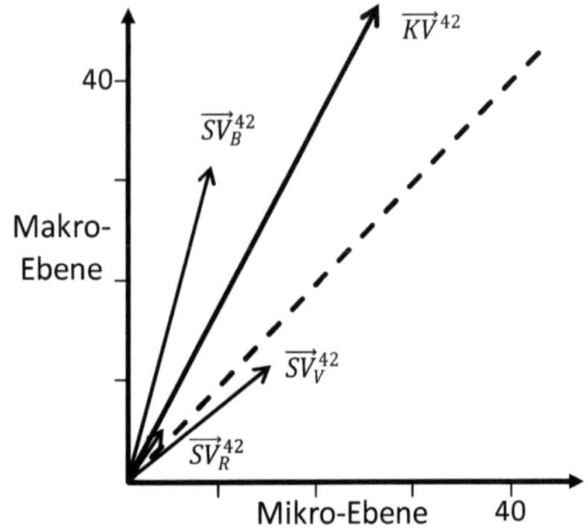

Abbildung 45: Komplexitätsvektor und Subvektoren für den Bereich *Informationsfluss-Schnittstelle zum Kunden* $(4, 2)$, Fallstudie 2 (eigene Darstellung)

Im Vergleich zu Fallstudie 1 finden sich die Bereiche größter Komplexität in diesem Fall aus Distributionssicht in den äußeren Wertschöpfungsstufen des Ordnungsrahmens. Die höhere Relevanz von Beherrschungsstrategien weist darauf hin, dass sich die in diesen Bereichen befindlichen Treiber tendenziell eher der Beeinflussbarkeit des Distributionsmanagers entziehen. Die Auswahl eines Feldes des Ordnungsrahmens, der die Produktion als Schritt in der Wertschöpfung beinhaltet, erscheint vor dem Hintergrund, dass in dieser Fallstudie ein produzierendes Unternehmen analysiert wird, nachvollziehbar.

Abbildung 45 zeigt den Komplexitätsvektor und die dazugehörigen Subvektoren für den mit dem höchsten Gewicht versehenen Bereich *Informationsfluss-Schnittstelle zum Kunden*. Anhand der ermittelten Vektoren lässt sich die Aussage treffen, dass Verfahren zur Beherrschung der Komplexität auf Makroebene besonders erfolgsversprechend sind. Im Hinblick auf den untersuchten Bereich erscheint eine starke Betonung der Strategie *Beherrschen* nachvollziehbar, da an der Schnittstelle zum Kunden in der Tendenz vermehrt Komplexitätstreiber zu erwarten sind, deren Ursachen kundeninduziert sind und damit weniger aktiv durch Reduktions- oder Vermeidungsmaßnahmen gesteuert werden können.

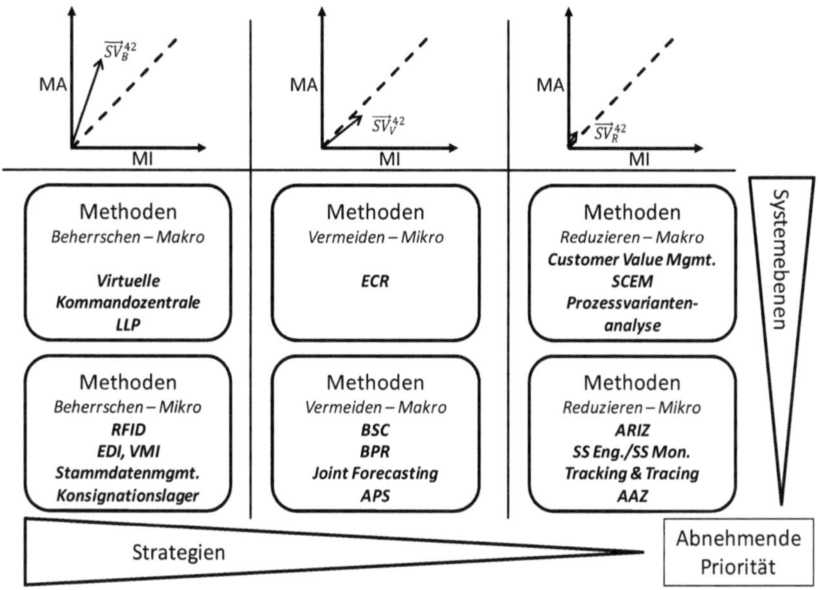

Abbildung 46: Strukturierte Methodendarstellung, Fallstudie 2, Bereich $(4, 2)$ (eigene Darstellung)

In Abbildung 46 werden die empfohlenen Managementmethoden aus dem Baukasten für das genauer untersuchte Feld des Ordnungsrahmens dargestellt.

Die komplette Durchführung der Methodik hat eine Zeit von ca. 35 Minuten in Anspruch genommen.

6.2.2.2 Funktionalität der Methodik

Für das Themengebiet der Funktionalität des entwickelten Verfahrens liefert das Interview mit dem Praxispartner (C1) in dieser Fallstudie folgende Ergebnisse:

- **Benutzerfreundlichkeit und Handhabbarkeit der Anwendung**
  Der entwickelte Software-Demonstrator wird als gut aufgebaut und durch die strukturierte Menüführung, die durch die einzelnen Anwendungsschritte führt, als einfach zu bedienen angesehen. Die graphische Aufbereitung unterstützt laut Expertenmeinung dabei das Verständnis des Vorgehens und ermöglicht zusammen mit der Menüführung einen weitgehend selbsterklärenden Durchlauf der Konzeptanwendung. Die gewählte Skala zur Bewertung der einzelnen Komplexitätstreiber wird in ihrer Art und Breite als passend eingestuft (s. Abschnitt 5.4.2.3). Kritisch wird angemerkt, dass

für eine selbständige Anwendung die Zielsetzung und der Ablauf der zu Beginn durchzuführenden Gewichtung der Dimensionen des Ordnungsrahmens durch Textbausteine im Tool genauer erläutert werden sollten. Analog hierzu könne ein Glossar die Bedeutung der einzelnen Komplexitätstreiber genauer erklären und damit zu einer weiteren Erhöhung der Benutzerfreundlichkeit gerade im Hinblick auf eine eigenständige Anwendung beitragen.

- **Aggregationsebene des methodischen Vorgehens**

  Das Problem der Wahl der passenden Aggregationsebene wird grundsätzlich als gut gelöst betrachtet. Vor dem Hintergrund der Anwendbarkeit der Methodik bei verschiedenen Akteuren der Distribution sei mit dem erarbeiteten Methodenbaukasten der beste Weg zur Ableitung konkreter Handlungsempfehlungen gewählt worden. Außerdem werde auf diese Weise die Funktion der Methodik als der eigentlichen Anwendung von Vorgehensweisen zur Komplexitätsoptimierung vorgeschalteter Ansatz zur Bewertung und plastischen Darstellung der Komplexität im Distributionssystem verdeutlicht. Bei der priorisierten Darstellung von Handlungsempfehlungen werde ein weiterer Mehrwert über die Zuordnung von Empfehlungen zu methodischem Vorgehen auf spezifische Bereiche der Distribution geschaffen. Als besonders wichtig für die Qualität der erzielten Ergebnisse wird die stimmige Zuordnung der Methoden und Treiber im Rahmen des Referenzmodells hervorgehoben. Die erzielten Ergebnisse bestätigen nach Meinung des Befragten diese Zuordnung für den konkreten Anwendungsfall.

- **Berücksichtigung aller wichtigen Kriterien**

  Nach Ansicht des Praxispartners wurden alle wichtigen Kriterien, die zur Bewertung von Komplexität in Distributionssystemen nötig sind, berücksichtigt. Als weiterführender Verbesserungsvorschlag wird darauf hingewiesen, dass der Software-Demonstrator um eine Funktion zum automatischen Vergleich mehrerer Anwendungsdurchläufe erweitert werden könnte. Die über den Methodenbaukasten abgeleiteten Handlungsempfehlungen griffen aufgrund ihrer strategischen Ausrichtung zum Teil stark in die Organisation ein und sollten daher nicht allein auf Basis der Anwendung des Tools durch einen Experten geschehen, sondern das Ergebnis verschiedener Durchläufe durch Unternehmensvertreter aus unterschiedlichen Bereichen sein, die die Anwendungen einzeln oder im Rahmen eines gemeinsamen Workshops durchführen könnten. Die Wahl geeigneter Vertreter könne hierbei anhand der durch den Ordnungsrahmen definierten Felder der Distribution erfolgen.

6.2.2.3 Validität der Ergebnisse

Die mit beiden Unternehmensvertretern (C1 und C2) durchgeführte Diskussion der Ergebnisvalidität des Durchlaufs führte innerhalb der diskutierten Themengebiete zu folgenden Aussagen:

- **Aussagekraft des Komplexitätsvektors zur Bewertung von Komplexität in Distributionssystemen**
  Der Ansatz, einen Vektor für die Darstellung der Komplexität in Distributionssystemen zu verwenden wird von C1 als sehr gut erachtet, da durch ihn die wesentlichen untersuchten Parameter in sinnvoller Form abgegriffen und visualisiert werden. Insbesondere das Erstellen von separaten Komplexitätsvektoren für die näher untersuchten Felder des Ordnungsrahmens wird von ihm als zielführend beschrieben, da auf diese Weise Schwerpunkte der bevorstehenden Managementbemühungen dargestellt werden. Von C2 wird weiterhin die Wahl der Systemebenen *Mikro* und *Makro* als Dimensionen des Vektorraums positiv hervorgehoben, die geläufige Begriffe darstellen und über die bereits eine Tendenz der Ausrichtung vorzunehmender Managementaktivitäten sichtbar gemacht werden kann. Für die im nächsten Schritt erfolgte, strukturierte Darstellung von Handlungsansätzen liefert die graphische Darstellung der bewerteten Komplexität darüber hinaus eine adäquate Grundlage (C2).

- **Aussagekraft des Vorgehens zur strukturierten Ableitung von Handlungsempfehlungen**
  Die priorisierte Darstellung der Methoden als Handlungsempfehlungen zum Komplexitätsmanagement erscheint für beide Experten sehr sinnvoll. Positiv hervorgehoben wird von C1 der dynamische Charakter der Feldanordnung, durch den eine fallbezogen angepasste Anordnung der Strategien und Systemebenen automatisch in das Softwaretool integriert wurde. Als besonderer Mehrwert wird die Tatsache angesehen, dass nicht nur die Methoden, die der primär zutreffenden Systemebene zugeordnet sind, sondern auch die Methoden der anderen Ebene angezeigt werden (C2). Laut C2 ergibt sich so eine strukturierte Darstellung relevanter Methoden, die gerade dann als Überblick sehr hilfreich ist, wenn noch keine finale Entscheidung über die Ausrichtung weiterer Managementaktivitäten getroffen wurde. Als mögliche Erweiterung wird darauf hingewiesen, dass die empfohlenen Methoden vor der Anwendung einer unternehmensspezifischen Machbarkeitsstudie in Bezug auf Aufwand und Kosten unterzogen werden sollten (C2). So sind für C2 beispielsweise die vorgeschlagenen Methoden *ECR* und *Customer Value Management* mit einem erheblichen Implementierungsaufwand verbunden, während sich eine *Prozessvariantenanalyse* im

untersuchten Unternehmen erheblich schneller und kostengünstiger umsetzen lässt. Zur Klassifizierung der Methodenvorschläge könnte eine zusätzliche Abfrage von Unternehmenskennzahlen wie *Umsatz, Gewinn* und *Integrationsgrad des Distributionsmanagements* in den gesamtstrategischen Kontext verwendet werden um die einzelnen Methoden im Hinblick auf ihre Anwendbarkeit zu kennzeichnen (C2).

- **Ergebnisse der Methodik vor dem Hintergrund persönlicher Erfahrungswerte zur Optimierung des Distributionssystems**
  Die erzielten Ergebnisse spiegeln sowohl im Hinblick auf die Gewichtung der Felder des Ordnungsrahmens als auch im Hinblick auf die Vorschläge aus dem Methodenbaukasten die Erfahrungswerte der Praxisvertreter wider. Die vorgeschlagenen Methoden befänden sich dabei zum Teil schon in der Anwendung oder in der Planung. Die durch die entwickelte Vorgehensweise geschaffene Möglichkeit, auf methodische Art die im Unternehmen identifizierten Problemfelder zu bestätigen, wird sehr wohlwollend von beiden aufgenommen. Darüber hinaus würden Handlungsempfehlungen geliefert, die über aktuelle Bemühungen des Managements hinausgingen und als weitere Hilfestellung und Grundlage für zukünftige Ansätze zur Komplexitätshandhabung dienen könnten. An dieser Stelle werden insbesondere die Methoden *Virtuelle Kommandozentrale* und *Lean Logistics Provider,* die auch durch die Methodik am höchsten priorisiert wurden, als vielversprechende Ansätze erwähnt (C1).

6.2.3 Fallstudie 3: Unternehmen F

Die dritte Anwendung des Verfahrens zur Komplexitätsanalyse von Distributionssystemen fand im Oktober 2011 statt. Bei dem betrachteten Unternehmen handelt es sich um einen Logistikdienstleister mit den Schwerpunkten Transport- und Lagerlogistik. Die Distribution als Bindeglied zwischen Produktion und Handel wird als Hauptaufgabe des Unternehmens wahrgenommen. Distributionsmanagement wird als Streben nach Optimierung von Abläufen zur Harmonisierung der dazu notwendigen Aufgaben aus Transport-, Lager- und Speditionslogistik aufgefasst. Aufgrund der Größe und des Selbstverständnisses des Unternehmens wird dabei eine individuelle Erfüllung von Kundenwünschen als kontinuierlich zu optimierende Hauptzielsetzung angestrebt.

Die GmbH hat 36 Mitarbeiter und erwirtschaftet einen jährlichen Umsatz von ca. 2,3 Mio. Euro. Es werden regelmäßige und einzelne Transporte von kleinen Warenmengen bis zu einer Größe von 60 Tonnen sowie Spezialtransporte angeboten. Darüber hinaus gehört ein eigenes Lagerlogistikkonzept zum Angebot der Firma.

Der Praxispartner (F1), mit dem die Anwendung durchgeführt wurde, ist Gründer der Unternehmung und als Geschäftsführer tätig. In dieser Funktion ist er unter anderem für die strategische Ausrichtung des Unternehmens sowie für die Koordination der Bereiche Verwaltung, Transport, Lagerlogistik und Spedition verantwortlich. Darüber hinaus wurde als zweiter Unternehmensvertreter (F2) der Teamleiter Transport befragt, dessen Aufgabenfeld vor allem das Management der externen Logistik sowie die Verwaltung von Dispositionsprozessen umfasst.

6.2.3.1 Ergebnis der exemplarischen Anwendung

Bei dem in dieser Fallstudie untersuchten Logistikdienstleister wurden die Bereiche *Informationsfluss-Schnittstelle zum Kunden, Informationsfluss-Distributionssystem im engeren Sinne, Organisation-Schnittstelle zum Kunden* und *Informationsfluss-Warenausgang* mit abnehmender Relevanz als Grundlage für die Wahl von geeigneten Managementmaßnahmen durch die Gewichtung ausgewählt. Das Ergebnis von Gewichtung und anschließender Bewertung der entsprechenden Komplexitätstreiber ist in Abbildung 47 veranschaulicht. Aufgrund gleicher, über die paarweisen Vergleiche ermittelten Gewichtungswerte werden wie bereits in Fallstudie 1 vier Felder des Ordnungsrahmens zur Komplexitätstreiberbewertung ausgewählt.

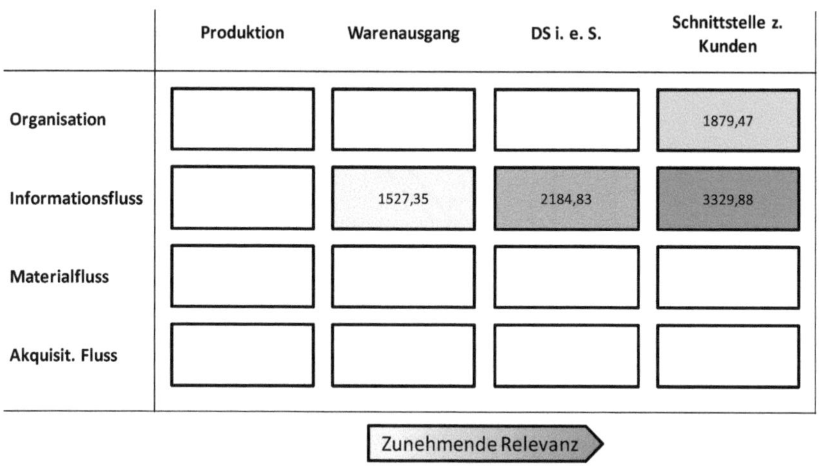

Abbildung 47: Fokale Felder des Ordnungsrahmens, Fallstudie 3 (eigene Darstellung)

Der zur Strategiezuordnung wichtige Parameter des *Zeithorizontes* wurde so bestimmt, dass eine Unterscheidung zwischen Kurz- und Langfristigkeit bei einem Zeitraum von 1 Monat zur Beeinflussung der Komplexitätstreiber festgesetzt wurde.

(i,j)	$S_i^{PV1} * S_j^{PV2}$	$\lvert\overrightarrow{SV}_B^{ij}\rvert$	$\lvert\overrightarrow{SV}_R^{ij}\rvert$	$\lvert\overrightarrow{SV}_V^{ij}\rvert$	$\lvert\overrightarrow{KV}^{ij}\rvert$
$(2,2)$	*54*	*13,45*	*9,22*	*5,83*	*28,28*
$(3,2)$	*54*	*17,80*	*17,69*	*7,00*	*40,46*
$(4,1)$	*63*	*17,00*	*11,05*	*25,18*	*29,83*
$(4,2)$	*81*	*21,40*	*2,24*	*17,69*	*41,11*

Tabelle 17: Ergebniswerte, Fallstudie 3
(eigene Darstellung)

Tabelle 17 fasst die Ergebnisse der Komplexitätsbewertung aus Fallstudie 3 zusammen. Es lässt sich feststellen, dass die Strategie der *Komplexitätsreduktion* ($\lvert\overrightarrow{SV}_R^{ij}\rvert$) nur im Bereich *Informationsfluss-Distributionssystem im engeren Sinne* nicht das geringste Bewertungsniveau erfahren hat. Ein ursachenbezogenes Management relevanter Komplexitätstreiber kann also bei dem analysierten Logistikdienstleister vor allem bei Prozessen des Transports, des Umschlags und der Lagerung zu einem kurzfristigen Erfolg führen.

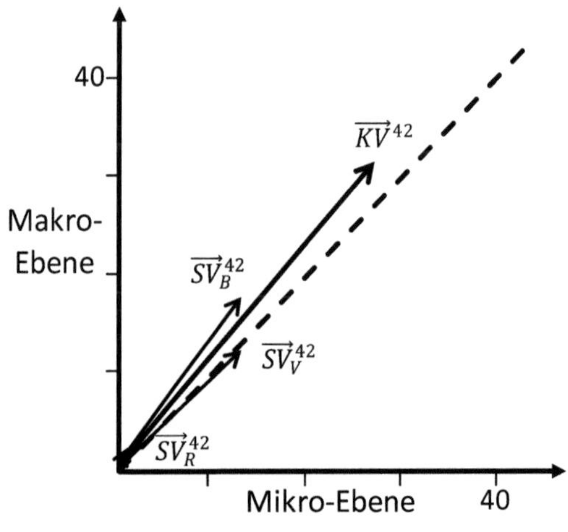

Abbildung 48: Komplexitätsvektor und Subvektoren für den Bereich *Informationsfluss-Schnittstelle zum Kunden* $(4,2)$, Fallstudie 3
(eigene Darstellung)

Abbildung 48 zeigt den Komplexitätsvektor für den Bereich *Informationsfluss-Schnittstelle zum Kunden*. An dieser Stelle ist die primär zu verfolgende Strategie demnach die Komplexitätsbeherrschung nicht beeinflussbarer Komplexitätstreiber auf elementübergreifender Makro-Ebene. Im als am wichtigsten eingestuften Bereich befinden sich die Beträge der Subvektoren der Größe nach in der gleichen Reihenfolge wie in Fallstudie 2. Auch befinden sie sich jeweils in der gleichen Ebene. Die strukturierte Methodendarstellung liefert in diesem Fall also die gleiche Anordnung vorgeschlagener Methoden aus dem Baukasten und wird aus diesem Grund hier nicht noch einmal dargestellt (s. Abbildung 46).

Die Anwendung der Software hat bei dieser Fallstudie eine Zeit von ca. 50 Minuten in Anspruch genommen.

6.2.3.2 Funktionalität der Methodik

Im Rahmen des Interviews mit F1 konnten für die Funktionalität der Methodik in diesem Anwendungsfall folgende Aussagen identifiziert werden:

- **Benutzerfreundlichkeit und Handhabbarkeit der Anwendung**
  Die Software ist nach Meinung des Praxispartners einfach anzuwenden und beinhaltet eine gute, schrittweise Darstellung der einzelnen Analysephasen. Eine Anpassung des Layouts auf die entsprechende Bildschirmauflösung würde zur weiteren Verbesserung der Übersichtlichkeit beitragen. Zur Vereinfachung der Anwendung und Minimierung des Zeitaufwandes wird vorgeschlagen, die Zahl der zu bewertenden Treiber weiter zu reduzieren.

- **Aggregationsebene des methodischen Vorgehens**
  In Bezug auf die Aggregationsebene wird die Möglichkeit zur Verbesserung der unternehmensspezifischen Stimmigkeit und Aussagekraft der zu bewertenden Treiber und der daraus resultierenden Handlungsempfehlungen über eine der Gewichtung vorgeschaltete Fokussierung auf den Typ des Unternehmens (Handel, Dienstleister, Produzent etc.) vorgeschlagen.

- **Berücksichtigung aller wichtigen Kriterien**
  Die Berücksichtigung relevanter Kriterien zur Bewertung der Komplexität im Distributionssystem wird als sehr detailliert, umfangreich und aussagekräftig wahrgenommen. Es wird darauf hingewiesen, dass über die im vorherigen Abschnitt erwähnte Justierung auf unterschiedliche Unternehmenstypen eine vereinfachte Anwendung an der Schnittstelle zwischen Dienstleister und Kunden bzw. Dienstleister und produzierendem Unternehmen stattfinden könnte. Ein Vergleich der Ergebnisse aus den

daraus resultierenden unterschiedlichen Sichtweisen könne zu noch aussagekräftigeren Handlungsempfehlungen führen.

6.2.3.3 Validität der Ergebnisse

Zur Validität der Ergebnisse können anhand des Gespräches mit den beiden Unternehmensvertretern (F1 und F2) in diesem Anwendungsfall folgende Aspekte aufgeführt werden:

- **Aussagekraft des Komplexitätsvektors zur Bewertung von Komplexität in Distributionssystemen**
  Auch bei dieser Fallstudie wird die Wahl der Dimensionen des Vektorraums von F1 als sinnvoller und verständlicher Weg zur Abbildung einer Tendenz im Hinblick auf die zu empfehlenden Handlungsvorschläge gesehen. In Bezug auf die Längen der Vektoren wird von ihm angemerkt, dass ein kurzer Hinweis in Textform hilfreich sei, um auf die relative Aussagekraft der Vektoren hinzuweisen. Von F2 wird bemerkt, dass eine ehrliche Bewertung der Komplexitätstreiber die Voraussetzung für die Richtigkeit der vom Vektor wiedergegebenen Komplexität des betrachteten Distributionssystems ist.

- **Aussagekraft des Vorgehens zur strukturierten Ableitung von Handlungsempfehlungen**
  Die strukturierte Darstellung der empfohlenen Managementmethoden wird von beiden Experten als guter Ansatz betrachtet. Positiv hervorgehoben wird die Möglichkeit, einzelne Methoden auszuwählen und weitere Informationen in Form der Methodenkarten direkt aus der Software heraus einzusehen (F1). Die auf diese Weise überschaubare Methodenübersicht ermöglicht es laut F1, die zukünftigen Managementbemühungen für ein bestimmtes Problemfeld innerhalb der Distribution auf einer fundierten Basis voranzutreiben. F2 spricht die Möglichkeit an, weitere Methoden, die sich fallspezifisch bewährt haben, in den Methodenbaukasten aufzunehmen, um die Ergebnisse der Software dadurch in jeder Anwendungsschleife weiter zu präzisieren. Dieser Vorgang könne vereinfacht werden, wenn die strukturierte Methodendarstellung um ein weiteres Feld, in das neue Methoden händisch eingetragen werden können, erweitert würde.

- **Ergebnisse der Methodik vor dem Hintergrund persönlicher Erfahrungswerte zur Optimierung des Distributionssystems**
  Über die vorgenommenen Anwendungsschritte zur Gewichtung und Bewertung konnten die aus Sicht eines Komplexitätsmanagements wichtigsten Kernbereiche der

untersuchten Organisation für F1 präzise wiedergegeben werden. Der als besonders relevant identifizierte Bereich *Informationsfluss-Schnittstelle zum Kunden* stimmt dabei insbesondere mit den Erfahrungswerten von F1 und F2 überein. Je besser die Komplexität an dieser Stelle gehandhabt werde, desto besser können Aufträge ausgelöst werden und desto höher kann die Qualität der Dienstleistung für den Kunden sein (F1). F2 unterstreicht außerdem die Wichtigkeit des Feldes *Informationsfluss-Distributionssystem im engeren Sinne*, welches im Rahmen der Anwendung der Methodik die zweithöchste Bewertung erhalten hat. Beispielhaft benennt er hier die Koordination zwischen Zentrale und Fahrern und den dafür erforderlichen Informationsaustausch. Aufgrund seiner Größe und Organisationsstruktur wird laut F1 ein Großteil der im Arbeitsablauf auftretenden komplexen Probleme in diesem Unternehmen von Fall zu Fall gelöst. Eine auf methodischem Vorgehen basierende Herangehensweise an Komplexität im Distributionssystem fand im Gegensatz zu den anderen beiden untersuchten Fällen in diesem Unternehmen bisher nur sehr bedingt statt. Die Anwendung der im Rahmen der vorliegenden Arbeit entwickelten Methodik zur Komplexitätsanalyse von Distributionssystemen wird von F1 als wichtige und sinnvolle Erweiterung bisher angewendeter Arbeitsweisen angesehen, da sie, von einer ganzheitlichen Erfassung der Komplexitätsthematik ausgehend, eine Fokussierung auf den Bereich des größten Nutzens vornimmt. Darüber hinaus wird über die Verwendung eines Methodenbaukastens dem bisher vorrangig betriebenen reaktiven Umgang mit Problemen eine Möglichkeit zu proaktivem Handeln hinzugefügt (F1).

7 Kritische Würdigung der Ergebnisse

Im Anschluss an die Entwicklung sowie die fallstudienartigen Anwendungen der vektorbasierten Methodik zum Management von Komplexität in Distributionssystemen werden in diesem Kapitel die wesentlichen Erkenntnisse diskutiert und in einem theoretischen und praktischen Kontext interpretiert. Zunächst wird ein Abgleich der Anforderungen an das Komplexitätsmanagement der Distribution aus Theorie und Praxis mit der entwickelten Methodik durchgeführt. Im anschließenden Abschnitt werden Implikationen für den Stand der Wissenschaft beim Management von Komplexität in der Distribution diskutiert, die sich aus der Entwicklung und der Anwendung der Methodik ergeben. Der letzte Teil dieses Kapitels beschäftigt sich mit der Erörterung von Interpretationsansätzen, die sich aus den Ergebnissen der Fallstudien für das Komplexitätsmanagement im Distributionsumfeld der Unternehmenspraxis und den in diesem Kontext geführten Interviews ableiten lassen und stellt damit eine Beurteilung der Konzeptanwendung dar.

7.1 Abgleich der entwickelten Methodik mit den Anforderungen aus Literatur und Praxis

Aus den in den Kapiteln 3 und 4 durchgeführten Analysen von Literatur und Praxis ergeben sich Anforderungen und Erfolgsindikatoren für ein durchgängiges Vorgehen zur Handhabung von Komplexität in der Distribution. Aus theoretischer Sicht entstammen die Anforderungen dabei den in der durchgeführten Literaturanalyse am häufigsten genannten Kriterien für ein erfolgreiches Komplexitätsmanagement auf verschiedenen Fokusstufen von der *Distribution im Konkreten* bis hin zum *System im Allgemeinen.* Ein Überblick der wichtigsten Erfolgsindikatoren aus praktischer Sicht konnte auf Grundlage der durchgeführten Experteninterviews erstellt werden. Bei der Untersuchung hat sich herausgestellt, dass einige Anforderungen sowohl in der Literatur, als auch in der Praxis von hoher Wichtigkeit sind. Die in den vorangegangenen Abschnitten entwickelte Methodik wurde vor dem Hintergrund einer möglichst breiten Erfüllung dieser Anforderungen aufgebaut. Abbildung 49 fasst zusammen, auf welche Weise die Methodik auf die Erfüllung der jeweiligen Anforderungen abzielt.

Der Forderung nach Berücksichtigung der Konnektivität und Varietät eines Systems als grundlegende, definitionsbildende Eigenschaften der statischen Komplexität wird Rechnung getragen durch die Wahl entsprechender Komplexitätstreiber, die diese Eigenschaften repräsentieren. So wird beispielsweise die Varietät anhand des Treibers *Anzahl der Standorte* beschrieben, während über die *Beschaffenheit der Transportwege* ein Teil der Konnektivität abgedeckt wird.

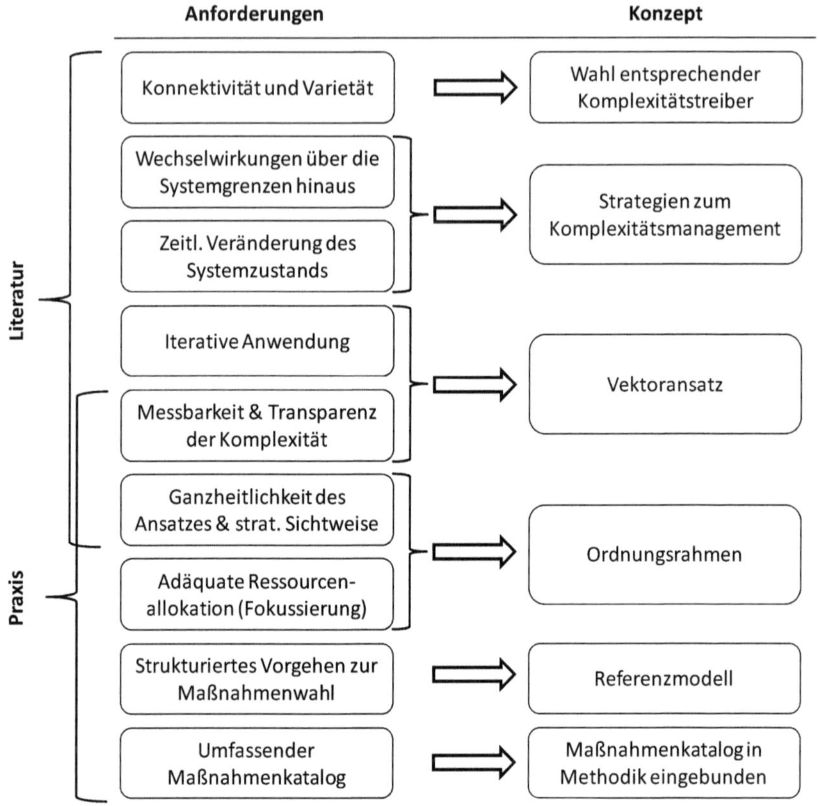

Abbildung 49: Erfüllung der Anforderungen (eigene Darstellung)

Die Beachtung von über die Systemgrenzen hinaus auftretenden Wechselwirkungen sowie von zeitlichen Veränderungen des Systemzustandes wird mit der Bildung und der Auswahl der Strategien zum Komplexitätsmanagement gewährleistet. Der erste Entscheidungsparameter, der zur Unterscheidung der drei Strategien (*Beherrschen, Reduzieren, Vermeiden)* eingeführt wurde, ist die Beeinflussbarkeit des betrachteten Komplexitätstreibers aus Sicht des Anwenders. Er erfüllt die Anforderung nach klar definierbaren Systemgrenzen und nach dem Grad der Beeinflussbarkeit externer Komplexitätsursachen. Der zweite Parameter ist der zeitliche Horizont der Komplexitätswirkung. Er deckt die Anforderung nach der Erfassung der zeitlichen Veränderung des Systemzustands ab. Bei den praktischen Anwendungen der Methodik hat es sich dabei als sinnvoll erwiesen, beide Entscheidungsparameter fallspezifisch festzulegen.

Durch die Wahl eines vektoriellen Ansatzes zur Bewertung und Veranschaulichung der Komplexität in Distributionssystemen kann den Anforderungen an die Methodik nach iterativer Anwendbarkeit, Messbarkeit und Transparenz Rechnung getragen werden. Da der Vektor als relatives Komplexitätsmaß anzusehen ist, ermöglicht eine iterative Anwendung den Vergleich verschiedener Komplexitätsniveaus eines fokalen Distributionssystems zu unterschiedlichen Zeitpunkten. Messbarkeit und Transparenz werden über die Wahl des Vektors als Bewertungsgrundlage und dessen schrittweise Entwicklung im Rahmen der in Abschnitt 5.1 erläuterten grundsätzlichen Limitationen bei der Behandlung der Komplexitätsthematik erreicht. Aus den Fallstudien ergibt sich in diesem Zusammenhang, dass eine unternehmensübergreifende Vergleichbarkeit der Ergebnisse auch zwischen Unternehmungen verschiedener Art und Größe gegeben ist.

Die Ganzheitlichkeit des entwickelten Ansatzes und das Einnehmen einer strategischen Sichtweise können zu einem entscheidenden Teil an der Verwendung eines Ordnungsrahmens festgemacht werden. Der Ordnungsrahmen dient der Allokation der Komplexitätstreiber zu den unterschiedlichen Bereichen der Distribution und stellt in seinem Design eine umfassende Berücksichtigung distributionsrelevanter Faktoren sicher. Darüber hinaus ist die gewählte hohe Aggregationsebene der Felder des Ordnungsrahmens im Hinblick auf die einzunehmende strategische Perspektive entstanden. Zum Beispiel wurde aus diesem Grund von einer weiteren Aufschlüsselung des Schrittes der *Distribution im engeren Sinne* nach Transport-, Umschlags- und Lagerungsprozessen abgesehen. Eine weitere Anforderung, die mit Hilfe des Ordnungsrahmens erfüllt werden kann, ist die adäquate Fokussierung von Managementressourcen. Die in Abschnitt 5.4.1 beschriebene Anwendung von paarweisen Vergleichen ermöglicht eine Konzentration primärer Managementaktivitäten auf die komplexitätskritischen Bereiche der Distribution. So wird in den Anwendungen eine Konzentration auf drei bzw. vier unternehmensspezifische Felder des Ordnungsrahmens vorgenommen.

Der aus der Praxisanalyse stammenden Forderung nach einem strukturierten Vorgehen zur Wahl geeigneter Managementmaßnahmen zur Handhabung der identifizierten Komplexität wird über die Anwendung des Referenzmodells Rechnung getragen, welches den Maßnahmenkatalog mit dem Komplexitätsvektor verknüpft. Eine Strukturierung der Komplexitätstreiber sowie die Zuordnung geeigneter Methoden werden durch die Verwendung der Strategien (*Beherrschen, Reduzieren, Vermeiden*), der Komplexitätsebenen (*Mikro, Makro*) und der 16 verwendeten Felder des Ordnungsrahmens erreicht. In den Fallstudien entsteht aus den geleisteten Vorarbeiten zusammen mit den vorgenommenen Eingaben auf diese Weise eine Übersicht von methodischen Handlungsempfehlungen, welche gemäß ihrer Priorität geordnet dargestellt werden können.

Der Wunsch nach der Entwicklung eines umfassenden Maßnahmenkatalogs wurde direkt umgesetzt. Als Resultat der Anwendung werden die dem betrachteten Feld des Ordnungsrahmens zugeordneten Maßnahmen als Handlungsempfehlungen dargestellt.

Zum Abgleich der entwickelten Methodik mit den in den vorhergehenden theoretischen und praktischen Analysen erarbeiteten Anforderungen werden in diesem Abschnitt die wichtigsten Aspekte zusammengefasst. Im Zusammenhang mit den einzelnen Anforderungen werden die Elemente der Konzeptentwicklung genannt, denen der größte Anteil an der Erfüllung der jeweiligen Anforderung zugesprochen wird. Durch die Entwicklung eines Komplexitätsvektors zur Bewertung der Komplexität von Distributionssystemen und dessen anschließende Verknüpfung mit möglichen Managementmethoden aus einem distributionsspezifischen Katalog können die wichtigsten identifizierten Anforderungen adressiert werden. Ein Beitrag weiterer Elemente der Methodik zu einzelnen Maßgaben sowie die Erfüllung zusätzlicher Randaspekte werden in diesem Rahmen nicht explizit diskutiert.

7.2 Theoretische Implikationen

Die in dieser Arbeit beschriebene Entwicklung einer Methode zum Management von Komplexität in der Distribution erfolgt auf Basis einer umfassenden Analyse des relevanten wissenschaftlichen Begriffsgerüstes und des aktuellen Standes der Forschung. Entlang des Entwicklungsverlaufes ergeben sich dabei Rückkopplungspunkte zum theoretischen Verständnis der diskutierten Themenkomplexe.

Bei der Erarbeitung eines Managementkonzeptes mit dem Ziel der Komplexitätsoptimierung des zu untersuchenden Systems existiert grundsätzlich das Problem, eine adäquate Ebene der Modellierung zu finden. Während eine ganzheitliche Erfassung der Komplexität zu einer Unüberschaubarkeit der Methodik führen würde, geht durch ein zu starkes Ausklammern wesentlicher Aspekte die Fähigkeit verloren, Aussagen über die Systemkomplexität treffen zu können (s. Abschnitt 5.1).

In der vorliegenden Arbeit wurde diesem Problem mit einem Ablauf entgegnet, bei dem, angefangen bei einer Betrachtung des Distributionssystems auf strategischer Ebene, eine fallspezifische Fokussierung auf die komplexitätskritischen Teilbereiche vorgenommen werden kann. Mit der entwickelten Methodik wird ein Beitrag zum anhaltenden theoretischen Diskurs über angewandtes Komplexitätsmanagement geleistet, der eine Möglichkeit zur Lösung des erläuterten Dilemmas aller Ansätze in diesem Themenfeld aufzeigt.

Für die Konzeptentwicklung waren einzelne Schritte notwendig, deren theoretische Implikationen im Folgenden in der Abfolge ihrer Integration in die Entwicklung der Methodik diskutiert werden:

Als sich im Vorfeld der eigentlichen Konzeptentwicklung ergebende Thematik wird die Fragestellung nach dem Verhältnis zwischen den Begriffen *System* und *Netzwerk* gesehen (s. Abschnitt 2.1.2). Die Diskussion über die Beziehung der beiden Begriffe wird in vielen Wissenschaftsdisziplinen vor unterschiedlichen Hintergründen geführt, was eine interdisziplinäre Vereinheitlichung weder möglich, noch zielführend erscheinen lässt. Aufbauend auf dieser Prämisse und einer Auswahl themenbezogener Arbeiten wird in dieser Arbeit eine Darstellung des Begriffsverhältnisses erarbeitet, durch die ein Beitrag auf dem Weg zur einheitlichen Differenzierung im Forschungsbereich der Logistik geleistet wird, indem das *Schattensystem* als Hauptunterscheidungsmerkmal zwischen den Begriffen System und Netzwerk identifiziert wird.

Ebenso existieren für die *Komplexität* als Systemeigenschaft Beschreibungsansätze, die sich vor allem durch die zur Definition herangezogenen Aspekte des Systemgedankens unterscheiden (s. Abschnitt 2.1.3). Ein Vergleich der differierenden Herangehensweisen führt zu dem Ergebnis, dass Inkonsistenzen bei der Begriffsverwendung (z. B. bei der Verwendung der Begriffe Komplexität und Kompliziertheit) und die definitorischen Zusammenhänge zwischen den einzelnen Bezeichnungen nicht immer hinreichend erläutert werden. Die vorliegende Arbeit liefert einen Definitionsansatz, der die verschiedenen begrifflichen Ebenen der Komplexität in einem einheitlichen Modell anhand der Differenzierungsparameter der *Zeitdimension* und der *Emergenz* zusammenfasst.

Ein entscheidender Schritt bei der Entwicklung des Verfahrens zur Komplexitätsbewertung ist für diese Arbeit ein Vorgehen zur Gliederung des Distributionssystems in strategische Teilbereiche, das eine Möglichkeit zur fallspezifischen Konzentration auf die komplexitätsrelevanten Teilbereiche des Untersuchungsgegenstandes ermöglicht. Der mit dieser Zielsetzung erstellte *Ordnungsrahmen* spannt 16 Teilbereiche der Distribution auf, anhand derer eine solche Konzentration stattfinden kann (s. Abschnitt 5.2). Er liefert auf diese Weise einen Beitrag zur theoretischen Diskussion über Möglichkeiten der Erfassung logistischer Systeme anhand einer matrixförmigen Anordnung der Dimensionen *Schritte der Wertschöpfung* und *Partialflüsse*. Dabei ist es denkbar, das Anwendungsgebiet des Ordnungsrahmens durch die Wahl anderer Wertschöpfungsschritte oder Partialflüsse auf andere Teilbereiche des Logistiksystems oder auf die Supply Chain als Ganzes zu erweitern.

Im Kontext der Konzeptentwicklung findet zudem eine Operationalisierung der zur Differenzierung von Maßnahmen des Komplexitätsmanagements in der Literatur gängigen Strategien der *Beherrschung*, *Reduzierung* und *Vermeidung* statt (s. Abschnitt 5.4.4). Anhand der eingeführten Entscheidungsparameter *Beeinflussbarkeit* und *Zeithorizont* wird eine Zuordnung distributionsrelevanter Komplexitätstreiber zu diesen Strategien ermöglicht. Bei dieser Zuordnung können alle verwendeten Komplexitätstreiber den Strategien zugeordnet werden. Demnach stellen sie eine wichtige Grundlage zur Entwicklung eines strukturierten und lösungsorientierten Ansatzes der Komplexitätsbewertung zu dar.

Die Verwendung eines *vektoriellen Ansatzes* zur Bewertung der Komplexität des Distributionssystems geht auf bestehende Konzepte zur Beschreibung von Netzwerken im Allgemeinen und Verfahren zur Analyse von Produktionssystemen zurück. Im Rahmen der untersuchten Fragestellung wird das Vektorkonzept um die Fähigkeit, auch nicht quantifizierbare Kennzahlen zu berücksichtigen und um eine einfache Möglichkeit zur Visualisierung der Komplexität erweitert (s. Abschnitt 5.4). Darüber hinaus ergibt sich aus der erarbeiteten Verknüpfung der Komplexitätsbewertung mit entsprechenden Handlungsempfehlungen aus einem Methodenbaukasten ein Weg, vektorielle Ansätze über eine reine Bewertung des fokalen Systems hinausgehend zu verwenden.

7.3 Diskussion der Ergebnisse der Anwendung

Die Methodik zum Management von Komplexität in Distributionssystemen hat ihre Funktionalität bewiesen. Die erarbeiteten Resultate decken sich dabei mit den Erwartungen der Testanwender. Bei der exemplarischen Anwendung und der anschließenden Diskussion mit den Unternehmensvertretern haben sich insbesondere die folgenden Aspekte zur weiteren Diskussion hervorgehoben:

Anhand der Ergebniswerte lässt sich feststellen, dass die Methodik sowohl bei großen Konzernen, als auch bei kleinen, inhabergeführten Unternehmen anwendbar ist. Der Aufbau der Methodik führt zu Komplexitätswerten, die relativ zu verstehen sind und nicht das Gesamtmaß der Komplexität in Form einer absoluten Größe wiedergeben. Aus diesem Grund ist es nicht möglich, anhand des Komplexitätsvektors die Differenz des aktuellen Komplexitätsniveaus zu einem Sollzustand der Komplexität zu visualisieren. Stattdessen wird auf diese Weise jedoch eine unternehmensübergreifende Vergleichbarkeit der Komplexitätsniveaus gewährleistet, die sich als unabhängig von der Größe des untersuchten Systems darstellt. Diese Tatsache spiegelt sich auch darin wider, dass bei Fallstudie 2 und Fallstudie 3, trotz der sehr unterschiedlichen Größe der untersuchten Unternehmen, das gleiche Feld des Ordnungsrahmens die höchste Bewertung erfährt. Die Ergebnisse der Methodik bestätigen demnach das Vorliegen einer höheren Sensitivität auf den Ursprung und die Art der Komplexität, als auf die Größe der fokalen Organisation. Erklären lässt sich diese Erkenntnis anhand der strategischen Anlegung des Ordnungsrahmens und der Bewertung von Komplexitätstreibern durch die Anwender anstelle einer Verwendung von absolut messbaren Kennzahlen als Grundlage zur Vektorbildung. An dieser Stelle muss festgehalten werden, dass eine detaillierte Analyse möglicher Interdependenzen zwischen den Komplexitätsniveaus in verschiedenen Feldern des Ordnungsrahmens im Rahmen der Methodik nicht möglich ist. Die Implementierung solcher Kausalzusammenhänge könnte sowohl auf der Ebene der organisatorischen Bereiche als auch auf der Ebene der untersuchten Komplexitätstreiber der Gegenstand anschließender Bestrebungen zur Weiterentwicklung des Konzeptes sein.

Der relative Charakter der resultierenden Werte für die Komplexitätsvektoren ermöglicht das Treffen einer Aussage über die primär zu verfolgende Strategie des Komplexitätsmanagements. Im nächsten Schritt kann ein Vergleich der Ergebnisse mit anderen Anwendungsfällen oder aber mit wiederholten Durchläufen im selben Unternehmen durchgeführt werden. Auf diese Weise ist sowohl ein Vergleich mit anderen Organisationen innerhalb des Distributionssystems in Form eines Benchmarks, als auch eine Nachverfolgung der eigenen Distributionskomplexität im Zeitverlauf möglich. Auch kann auf diese Weise der Anwendungserfolg der vorgeschlagenen Komplexitätsmanagementmaßnahmen überprüft werden. Die Methodik ermöglicht allerdings nur die Erfassung aktueller Momentaufnahmen. Eine kontinuierlich und automatisiert ablaufende, den zeitlichen Verlauf der Komplexitätsniveaus widerspiegelnde Messung ist nicht möglich.

Es muss kritisch angemerkt werden, dass die Bewertung der Komplexität auf Basis einer persönlichen Einschätzung des Anwenders vorgenommen wird. Die daraus resultierende Gefahr einer zu positiven oder zu negativen Bewertung der Treiber kann jedoch zumindest teilweise vermieden werden. Ein mehrfach genannter Vorschlag zur weiteren Erhöhung der Aussagekraft der Methodik ist zum Beispiel die Implementierung einer Vergleichsmöglichkeit der Ergebnisse unterschiedlicher Anwendungsdurchläufe in den Software-Demonstrator. Der im Rahmen der Konzeptentwicklung diskutierte relative Charakter des Komplexitätsvektors ermöglicht einen Abgleich der Resultate aus Anwendungen zu unterschiedlichen Zeitpunkten im gleichen Distributionssystem oder auch aus Anwendungen in unterschiedlichen Distributionssystemen (s. Abschnitt 5.4.5). Auch eine Analyse gleichzeitig durchgeführter Anwendungen innerhalb eines Systems durch Unternehmensvertreter mit unterschiedlichen Fachgebieten ist möglich. Durch diese Vergleichsmöglichkeiten kann die Durchführung empfohlener Managementmaßnahmen auf eine fachlich noch breitere Basis gestellt werden. Die Implementierung dieser Vergleichsverfahren in die Software würde dabei außerdem zu einer Vereinfachung der Anwendung und Erhöhung der Bedienerfreundlichkeit beitragen.

Als richtiger Weg wird von den Unternehmensvertretern grundsätzlich die Betrachtung des Zeithorizontes zur Unterscheidung der Strategien *Vermeiden* und *Reduzieren* als fallspezifisch einstellbare Größe erwähnt. Ein Hinweis auf die einmalig durch den Anwender vorzunehmende Wahl der Größe dieses Parameters soll als weitere Hilfestellung im Hinblick auf die Benutzerfreundlichkeit in die Software integriert werden.

Die zur Unterscheidung von Kurz- und Langfristigkeit am Anfang der Methodendurchführung festgelegten Werte für den Zeithorizont unterscheiden sich deutlich voneinander: In Fallstudie 1 (Unternehmen D) wird eine Zeitspanne von einer Woche gewählt, in Fallstudie 2 (Unternehmen C) eine Spanne von drei Monaten und in Fallstudie 3 (Unternehmen F) eine Spanne von einem Monat. Ein Grund für diese Tatsache könnte in den unterschiedlichen Perspektiven der Unternehmen in Bezug auf ihre Distributionsaktivitäten liegen. Weil Unternehmen D als Großhändler von standardisierten Bauteilen mit geringem Produktwert einen sehr hohen Umschlag pro Tag erzielt und damit die Logistikkosten relativ zum Produktwert hoch sind, kann eine Taktung der Distribution angenommen werden, die auf kurze Zeiträume ausgelegt ist. Es ergibt sich, dass Veränderungen, die mehr als eine Woche in Anspruch nehmen, schon als langfristig im Hinblick auf den Unternehmenserfolg angesehen werden können. Unternehmen F produziert an Kundenwünsche angepasste Spezialprodukte bei denen die Logistikkosten vergleichsweise gering ausfallen und setzt dabei eine weit geringere Stückzahl pro Zeit um. Die Taktung der Logistik wird demnach als langfristiger angenommen. Entscheidungen, die die Komplexität des Distributionssystems beeinflussen, könnten schlussfolgernd auch nach mehreren Wochen noch als kurzfristig angenommen werden, da die Geschwindigkeit der Distributionsprozesse einen verhältnismäßig kleineren Erfolgsfaktor darstellt. In den durchgeführten Fallstudien kann kein Zusammenhang zwischen dem gewählten Wert für den Zeithorizont zur Unterscheidung von Kurz- und Langfristigkeit und dem Verhältnis der resultierenden Beträge für die Subvektoren der Strategien *Vermeiden* und *Reduzieren* festgestellt werden. In Fallstudie 1 und Fallstudie 2 haben die Subvektoren der Vermeidung in allen untersuchten Feldern einen höheren Betrag als die der Reduzierung. In Fallstudie 3 erhalten in zwei Feldern die Subvektoren der Reduzierung höhere Werte und in den anderen zwei Feldern die Subvektoren der Vermeidung. Trotz sich stark voneinander unterscheidenden Zeithorizonten wurde also sowohl bei Fallstudie 1, als auch bei Fallstudie 2 die Mehrheit der bewerteten Komplexitätstreiber nicht als kurzfristig handhabbar eingestuft. Die Kategorisierung der Treiber in Bezug auf den Zeithorizont ihrer Beeinflussbarkeit durch die Anwender folgt der gewählten Zeitspanne. Es lässt sich hieraus schließen, dass der Betrachtungshorizont der Anwender proportional ist zur Taktung der Logistikprozesse. Der in den Fallstudien identifizierte stärkere Fokus auf Strategien der Komplexitätsvermeidung deckt sich mit der in Abschnitt 2.2.2 beschriebenen Asymmetrie der Wirkungen von Reduktion und Vermeidung.

Im Rahmen der Anwendungen werden nicht alle auf Basis der Komplexitätsbewertung vorgeschlagenen Methoden als unternehmensspezifisch sinnvoll erachtet. Ein noch präziserer Output des Vorgehens, der die Anwendung der methodischen Handlungsempfehlungen an konkrete Problemfelder des untersuchten Systems knüpft, könnte in Form eines automatisierten Ablaufes nur über eine drastische Erhöhung des erforderlichen Inputs realisiert werden. Im Hinblick auf das Verhältnis von Aufwand und Nutzen der Anwendung wird eine automatisiert ablaufende Prüfung der Umsetzbarkeit einzelner Methoden daher als nicht sinnvoll erachtet. Vielmehr wird die priorisierte Darstellung möglicher Handlungsansätze als Grundlage zur Entscheidungsunterstützung und Auswahlbasis für den Anwender gesehen (s. Abschnitt 5.5.2). Für dessen Auswahl sind als Hilfestellung auf den einzelnen Methodenkarten die besonders relevanten Komplexitätstreiber für die jeweilige Methode aufgelistet.

Durch den modularen Aufbau der Methodik mit über das Referenzmodell klar definierten Schnittstellen können weitere Bewertungskriterien in den Katalog von Komplexitätstreibern aufgenommen werden ohne die Funktionalität der Methodik zu beeinflussen. Ebenso können auf Basis weiterer Erfahrungen mit der Anwendung zusätzliche Methodenkarten in den Baukasten aufgenommen werden.

An dieser Stelle sollte außerdem die Wahl allgemein gehaltener Dimensionen des Komplexitätsvektors Erwähnung finden. Von den Praxisvertretern wird die Notwendigkeit formuliert, dass der Anwender sich mit der Bedeutung der Begrifflichkeiten im Hinblick auf das von ihm zu untersuchende System vertraut macht. Durch kurze Erläuterungstexte kann die Software diesbezüglich eine Hilfestellung geben. Grundsätzlich wird die Wahl allgemein gehaltener Dimensionen bestätigt, da durch sie eine inhaltlich weit gefächerte Anwendbarkeit der Methodik für verschiedene Akteure der Distribution gewährleistet werden kann.

8 Schlussbetrachtung

8.1 Zusammenfassung zentraler Ergebnisse der Arbeit

Vor dem Hintergrund global ausgerichteter Supply Chains müssen sich Unternehmen differenzierten Kundenwünschen im Hinblick auf die Vielseitigkeit und Verfügbarkeit der Produkte und dem Kostendruck durch den internationalen Wettbewerb stellen. Der distributionslogistische Teil der Supply Chain ist als sozio-technisches System, das die direkte Verbindung zum Kunden als der Wertschöpfung nachgelagerte Stufe herstellt, in besonderem Maße von den Auswirkungen der somit stetig steigenden Komplexität in all seinen organisatorischen Bereichen betroffen. Ein Vorgehen zur Analyse der Komplexität von Distributionssystemen stand bisher noch nicht im Mittelpunkt von Forschungsarbeiten in diesem Themenfeld. Ziel der vorliegenden Arbeit ist vor diesem Hintergrund die Entwicklung eines Ansatzes zur Analyse und Bewertung der distributionsspezifischen Komplexität als Grundlage für die Ableitung von Handlungsempfehlungen für das strategische Distributionsmanagement.

Als theoretische Grundlagen werden zunächst die Themenfelder Komplexität und Distribution behandelt und zur Untersuchung der Problemstellung begrifflich eingegrenzt. Zur Schaffung einer inhaltlichen Verbindung dieser beiden Begriffe wird das interdisziplinäre Erkenntnismodell der Systemtheorie als theoretischer Bezugsrahmen der Arbeit eingeführt. Über sie lassen sich die Komplexität als spezielle Systemeigenschaft und die Distribution als spezielle Ausprägung eines logistischen Systems in dem Sinne zusammenführen, dass die Komplexität eines Distributionssystems als Phänomen verstanden werden kann, das auf der Anzahl und Unterschiedlichkeit der Systemelemente und -beziehungen, deren zeitlicher Veränderlichkeit sowie der Einbeziehung von Emergenzeffekten basiert.

Als nächster Schritt werden im Stand der Forschung aktuelle Ansätze zum Komplexitätsmanagement diskutiert. Es wird eine Untersuchung auf unterschiedlichen Fokusstufen vorgenommen, die, angefangen bei Ansätzen, die spezifisch auf Distributionssysteme zugeschnitten sind, über allgemeinere betriebswirtschaftliche Konzepte bis hin zu grundlegend systemtheoretisch ausgerichteten Methoden einen Überblick des aktuellen Wissensstandes generiert. Über eine Auswertung der Literaturanalyse werden Hauptkriterien identifiziert, die in der Theorie zur Handhabung von Komplexität herangezogen werden. Die Kriterien lassen sich entlang der drei Bestandteile der für diese Arbeit verwendeten Komplexitätsdefinition in statische, dynamische und generische Kriterien untergliedern. Anhand der Häufigkeit ihrer Nennung lassen sich besonders die Kriterien *Varietät, Konnektivität, strukturelle Komplexität, zeitliche Veränderlichkeit des Systemzustandes, Ganzheitlichkeit von Steuerung und Planung, Wechselwirkungen innerhalb des Systems und über die Systemgrenzen hinaus* sowie *Produkt- und Prozesscharakteristika* identifizieren. Für den weiteren Verlauf der Entwicklung einer Methodik zur Komplexitätsanalyse von Distributionssystemen werden diese Kriterien berücksichtigt.

Zur Ermittlung der praxisseitigen Anforderungen an die Methodik werden als explorative Studie im Vorfeld der Konzeptionierung im Rahmen einer qualitativen Erhebung acht Vertreter von Unternehmen mit verschiedenen Funktionen im Bereich der Distribution in semistrukturierten Interviews befragt. Die Selektion der Interviewpartner erfolgt dabei über ein Purposive Sampling anhand der drei Kriterien *Bezug zu Distributionsaktivitäten, Ausübung einer leitenden Funktion* und *Berücksichtigung unterschiedlicher Perspektiven auf das Distributionssystem*. Auf diese Weise wird eine Übersicht verschiedener komplexitätsorientierter Managementmethoden erstellt, die in der Praxis angewendet werden. Darüber hinaus werden Erfolgsindikatoren und Stellhebel des Komplexitätsmanagements identifiziert. Die Erfolgsindikatoren werden als praxisseitiges Anforderungsprofil für die anschließende Konzeptentwicklung verstanden. Hervorzuheben sind als Anforderungen die Faktoren *Transparenz, Messbarkeit, Datenverfügbarkeit* und *Fokussierung der Ressourcen* auf die komplexitätskritischen Bereiche der Distribution. Zu den wichtigsten identifizierten Stellhebeln gehören *Kooperationspartner und Handelswege, Standorte, Verkehrsträger, Prozesse* und die *Homogenität der Ladung*. Berücksichtigt werden diese Stellhebel insbesondere bei der Erstellung des distributionsspezifischen Kataloges von Komplexitätstreibern.

Auf Basis der vorangegangenen Analysen von Theorie und Praxis wird im Hauptteil der Arbeit die schrittweise Entwicklung einer Methodik zur Bewertung und Visualisierung von Komplexität in Distributionssystemen beschrieben. Im Anschluss wird die Ableitung von Handlungsempfehlungen durch Verknüpfung von Bewertung und methodischen Managementvorschlägen aufgezeigt. Ausgehend von den Anforderungen, die Komplexität ganzheitlich zu betrachten und gleichzeitig eine Möglichkeit zur Bündelung von Managementressourcen auf die kritischen Bereiche bereitzustellen, werden *Komplexitätstreiber* im Rahmen eines mehrdimensionalen *Referenzmodells* kategorisiert und anschließend in Form eines *Komplexitätsvektors* dargestellt.

Zur handlungsorientierten Darstellung von Komplexität bieten sich *Komplexitätstreiber* an, die als Faktoren mit kritischem Einfluss auf die untersuchte Systemkomplexität verstanden werden. Die notwendige Erstellung eines strukturierten Treiberkatalogs erfolgt anhand einer Literaturanalyse unter Berücksichtigung der Ergebnisse aus dem Stand der Forschung (Kapitel 3) und dem Stand der Praxis (Kapitel 4). Darüber hinaus werden die identifizierten Treiber in Bezug auf ihre Analysetiefe und ihre Distributionsrelevanz gefiltert und angepasst.

Über das *Referenzmodell* lassen sich die Treiber anhand ihres Wirkungsbereiches innerhalb des Systems, der definitorischen Ebene der durch sie adressierten Komplexität sowie der passenden Strategie zum Komplexitätsmanagement kategorisieren. Die Allokation zum Wirkungsbereich erfolgt anhand eines Ordnungsrahmens, der das Distributionssystem über *Partialflüsse* (*Organisation, Materialfluss, Informationsfluss, akquisitorischer Fluss*) und *Schritte der Wertschöpfung* (*Produktion, Warenausgang, Distributionssystem im engeren Sinne, Schnittstelle zum Kunden*) in 16 Matrixfelder einteilt. Als Grundlage für die Differenzierung der Treiber bezüglich ihrer Komplexitätsebene wird die in dieser Arbeit erarbeitete Komplexitätsdefinition verwendet, die zwischen einer *Mikro*- und einer *Makroebene* unterscheidet. Zuletzt wird eine Zuordnung der Treiber zu den drei im Rahmen des Komplexitätsmanagements geläufigen Strategien *Beherrschen, Reduzieren* und *Vermeiden* vorgenommen. Die Strategiezuordnung wird fallspezifisch vom Anwender durchgeführt, da ein systemabhängiger Handlungsspielraum in Bezug auf jeden Treiber zu erwarten ist. Hierfür wird der Anwender für jeden Treiber um eine Einordnung nach den Entscheidungsparametern *Beeinflussbarkeit* und *Zeithorizont* gebeten, über die eine eindeutige Strategiezuordnung erfolgen kann.

Auf Basis dieser Vorarbeiten entsteht der Komplexitätsvektor in zwei durch den Anwender vorzunehmenden Teilschritten: Über eine *Gewichtung* der Felder des Ordnungsrahmens, die über *paarweise Vergleiche* der einzelnen Partialflüsse und Wertschöpfungsschritte vorgenommen wird, ergibt sich die Möglichkeit einer Konzentration der Managementbemühungen auf die komplexitätsrelevanten Bereiche des zu untersuchenden Distributionssystems. Die anschließende *Bewertung* der entsprechenden Komplexitätstreiber findet mit Hilfe einer Skala anhand der Frage statt, welchen Einfluss der betrachtete Treiber auf die Komplexität des aktuell untersuchten Bereiches des Distributionssystems hat.

Für die komplexitätskritischen Bereiche des Distributionssystems entstehen Komplexitätsvektoren, die ein relatives Komplexitätsmaß visualisieren. Die Vektoren sind in der Lage, Größe und Art der Komplexität darzustellen und schlagen eine Primärstrategie zur Komplexitätshandhabung vor. Zur Generierung konkreter Handlungsempfehlungen als Entscheidungsgrundlage für das Management der Distribution wird ein Methodenbaukasten erarbeitet, der sich über das Referenzmodell an die vektorielle Komplexitätsbewertung knüpfen lässt. Zur Wahl der geeigneten Methoden wird sowohl die fachspezifische Literatur als auch das Praxiswissen der Unternehmensvertreter berücksichtigt. Die Methoden werden in Form von standardisierten Methodenkarten dargestellt, sodass eine übersichtliche Auswahl adäquater Methoden zu jedem Bewertungsergebnis angezeigt werden kann.

Im Anschluss an die Entwicklung der Methodik wird zum vereinfachten Einsatz in der Unternehmenspraxis eine prototypische Software entwickelt, über die die durch den Anwender notwendigen Eingaben abgefragt und automatisch zu einem Ergebnis verarbeitet werden. Die praktische Evaluation der Vorgehensweise erfolgt durch die mehrfache fallstudienartige Anwendung bei verschiedenartigen Akteuren innerhalb des Distributionssystems. Hierzu werden die Ergebnisse ausgewertet und mit verschiedenen Unternehmensvertretern im Hinblick auf ihre Funktionalität und Validität analysiert. Es können sinnvolle Ergebnisse erzeugt und die Arbeitsweise der Methodik bestätigt werden. Darüber hinaus wurden auch wichtige Impulse für eine zukünftige Weiterentwicklung geliefert.

Das in dieser Arbeit entwickelte Konzept wurde in kontinuierlicher Kooperation mit den ausgewählten Praxisvertretern entwickelt. Es stellt einen ganzheitlichen Ansatz zur Analyse und Bewertung von komplexen Distributionssystemen durch strukturierte Aufbereitung relevanter Informationen für das Management dar. Im Einklang mit den erarbeiteten Anforderungen an eine solche Methodik wird das System als Ganzes auf einer strategischen Ebene abgebildet und damit eine Anwendung durch Akteure und Unternehmen mit unterschiedlichen Rollen in der Distribution ermöglicht. Außerdem wird ein messbares und transparentes Komplexitätsmaß entwickelt, das als Hilfestellung für eine adäquate Verteilung vorhandener Managementressourcen dient. Die ausführliche Analyse der theoretischen Grundlagen trägt, genau wie die bei der Konzeptentwicklung erforderlichen Arbeitsschritte, im wissenschaftlichen Diskurs zur Präzisierung der Verwendung begrifflicher Konzepte im Themenfeld des Komplexitätsmanagements bei.

8.2 Limitationen und Ausblick auf weiteren Forschungsbedarf

Das in dieser Arbeit vorgestellte Konzept wurde ausgehend von einer Analyse der theoretischen und praktischen Ausgangssituation entwickelt und anschließend in mehreren Fallstudien exemplarisch angewendet. In den verschiedenen durchlaufenen Arbeitsschritten ergeben sich Limitationen, aus denen sich ein Bedarf weiterer Forschungsarbeiten ableitet.

Im Rahmen der theoretischen Untersuchungen zum Stand der Forschung werden Konzepte zur Beschreibung und Handhabung von Komplexität auf verschiedenen Abstraktionsebenen des Managements mit dem Ziel untersucht, die Vorgehensweise auf eine möglichst breite theoretische Basis zu stellen. Die Anzahl der Literaturquellen, die sich im Rahmen verschiedener Fokusstufen mit Ansätzen zum Komplexitätsmanagement beschäftigen, wird so lange erhöht, bis durch die Hinzunahme weiterer Quellen keine neuen Kriterien mehr identifiziert werden konnten (vgl. Flint & Woodruff 2001, S. 324 f.). Gleichwohl besteht immer die Möglichkeit, dass die aus der Anzahl der Nennungen gebildete Rangfolge der wichtigsten identifizierten Kriterien durch die Berücksichtigung weiterer Quellen verändert werden kann. Eine

Ausweitung der Literaturanalyse wäre dementsprechend eine Möglichkeit zur weiteren Präzisierung der zu Grunde liegenden Komplexitätskriterien.

Im Vorfeld der Entwicklung werden zur Untersuchung des Standes der Praxis Experteninterviews geführt, um eingesetzte Vorgehensweisen zu identifizieren sowie Erfolgsindikatoren und Stellhebel für ein Komplexitätsmanagement der Distribution zu ermitteln. Im Rahmen dieser Arbeit stellen die Interviews eine Vorarbeit zur späteren Konzeptionierung der Methodik dar. Diese Tatsache spiegelt sich in der Wahl eines qualitativ-explorativen Vorgehens wider. Die Samplegröße ist nicht auf Repräsentativität ausgelegt. Eine *Überprüfung der Validität der generierten Informationen* könnte in weitergehenden Forschungsarbeiten durch quantitative Studien vorgenommen werden (vgl. Blumberg, Cooper & Schindler 2008, S. 192).

Das vorgestellte Vorgehen stellt mit der Bewertung von Komplexität in Distributionssystemen und der sich daran anschließenden strukturierten Ableitung von methodischen Handlungsempfehlungen ein umfassendes Managementkonzept dar. Das Konzept basiert zu einem nicht unerheblichen Teil auf je einem Katalog von Komplexitätstreibern und Managementmethoden. Sowohl die Treiber zur Bewertung als auch die Methoden zur Ausgabe von Handlungsempfehlungen werden auf Basis von Theorie- und Praxisrecherchen ausgewählt und zur Erlangung einer strukturierten und einheitlichen Darstellung anhand des entwickelten Referenzmodells kategorisiert. Mit dem Referenzmodell wird demnach eine Systematik bereitgestellt, anhand derer *weitere Treiber und Methoden in zukünftigen Bestrebungen in die Methodik integriert* werden können. Diese zusätzlichen Elemente könnten dabei aus einer erweiterten Literaturanalyse, der Durchführung weiterer qualitativer oder quantitativer Praxiserhebungen oder auch den Erfahrungen aus der Anwendung im Unternehmenskontext entstehen und den momentanen Stand von 60 Komplexitätstreibern und 39 Methoden weiter ausbauen. Zur Analyse der Repräsentativität von Treibern und der Komplexitätswirkung der Methoden empfiehlt sich an dieser Stelle außerdem eine *quantitative Anschlussuntersuchung*.

Ziel der Konzeptentwicklung in dieser Arbeit ist ein Vorgehen zur Komplexitätshandhabung, das speziell auf Distributionssysteme ausgerichtet ist. Eine Verallgemeinerung dieses Betrachtungsgegenstandes ist nicht ohne die Durchführung zusätzlicher Arbeitsschritte möglich, die neben einer Neuausrichtung des Interviewsamples auch methodische Anpassungen umfassen müssen. Ein weiterführender Forschungsbedarf besteht darin, das Vorgehen und die aus ihm gewonnenen Erkenntnisse über Distributionssysteme auf die Beschaffung als weiter wertstromaufwärts angesiedeltes Teilsystem der Supply Chain zu übertragen. Auch eine *Verallgemeinerung zu einem die gesamte Supply Chain abdeckenden Bewertungsverfahren* für Komplexität ist denkbar. In beiden Fällen kann das grundlegende Vorgehen der Vektorbildung und Ableitung von Handlungsempfehlungen bestehen bleiben, während Anpassungen am Ordnungsrahmen sowie an der Treiber- und Methodenwahl vorgenommen werden müssen.

Auch die entwickelte Software zur vereinfachten Anwendung in der Praxis bietet Ansatzpunkte für weitere Entwicklungsschritte. So könnte beispielsweise eine browserbasierte Variante im Hinblick auf die Nutzerfreundlichkeit zu *Verbesserungen bei Intuitivität der Bedienung und Vernetzung von Durchführung und Auswertung* führen.

Im Rahmen der durchgeführten prototypischen Anwendungen der Methodik können erste Aussagen bezüglich der Validität der generierten Ergebnisse erzeugt werden. Eine vollständige empirische Validitätsprüfung kann über die zusätzliche Anwendung quantitativer Ansätze erreicht werden (vgl. Kelle 2008, S. 146; Häder 2010, S. 66 ff.). Ein solches Hinzuziehen quantitativer Arbeitsschritte führt zu einer weiteren Verallgemeinerbarkeit der Ergebnisse und könnte das Ziel anschließender Forschungsbestrebungen sein (vgl. Mayring 2001). Hierbei sind sowohl wiederholte Anwendungen im gleichen Unternehmen als auch großzahlig angelegte Anwendungen bei unterschiedlichen Organisationen im Distributionskontext denkbar.

Auch im Hinblick auf Wissenschaftsdisziplinen außerhalb des Supply Chain Managements bieten die Ergebnisse dieser Arbeit Anknüpfungspunkte für weitere Forschungsarbeiten. Der Begriff der Komplexität wird sowohl in der wirtschaftswissenschaftlichen Literatur als auch in der Managementpraxis häufig verwendet. Dabei können sich jedoch signifikante definitorische Unterschiede und bei der Verwendung in der Praxis auch begriffliche Unschärfen ergeben. Die in dieser Arbeit durchgeführten Experteninterviews haben in Bezug auf das Management von Distributionssystemen gezeigt, dass es zielführend ist, ein allgemeines Begriffsverständnis herzustellen und auf dieser Basis Impulse zur Anwendung bestimmter Optimierungsmethoden zu geben. Vor dem Hintergrund der in diesem Kontext erzielten Ergebnisse scheint es lohnenswert, auch in anderen Bereichen der Betriebs- und Volkswirtschaftslehre, die sich anhand von Systemen beschreiben lassen (wie beispielsweise Produktions-, Administrations- und Finanzsysteme), *einen Abgleich des Begriffsverständnisses der Komplexität zwischen Theorie und Praxis durchzuführen*. Es ist davon auszugehen, dass sich darauf aufbauend auch in diesen Feldern der oft nur zur Umschreibung schwer lösbarer Probleme verwendete Begriff der Komplexität zu einem *greifbaren Ausgangspunkt zur Ableitung von Optimierungsansätzen weiterentwickeln* lässt. Eine grundsätzliche Herausforderung besteht in der Messung und Visualisierung von Komplexität, die per Definition nicht vollständig determinierbar ist. Die sich daraus ergebende *Fragestellung nach dem zu wählenden Grad der Vereinfachung* wurde in dieser Arbeit zum Teil durch Anwendung des Paretoprinzips beantwortet. Dieses Vorgehen könnte auch in anderen Wissenschaften, deren Betrachtungsgegenstand dynamisch-komplexe Systeme sind (wie z. B. die Physik, die Biologie oder die Soziologie) oder auch in der allgemeinen Systemtheorie selbst Gegenstand weiterer Untersuchungen sein.

Literaturverzeichnis

Adam, D. & Johannwille, U., 1998. Die Komplexitätsfalle. In D. Adam, Hrsg. *Komplexitätsmanagement*. Schriften zur Unternehmensführung, Wiesbaden: Gabler, S. 5-28.

Aderhold, J., 2004. *Form und Funktion sozialer Netzwerke in Wirtschaft und Gesellschaft*, Wiesbaden: VS Verlag.

Ahlert, D., 1985. *Distributionspolitik: das Management des Absatzkanals*, Stuttgart; New York: Fischer.

Amaral, L. A. N. & Ottino, J. M., 2004. Complex Networks - Augmenting the Framework for the Study of Complex Systems. *The European Physical Journal B*, (38), S. 147-162.

Ashby, W. R., 1957. *Introduction to Cybernetics*, London: Routledge Kegan & Paul.

Ashmos, D. P., Duchon, D. & McDaniel, R. R., 2000. Organizational Responses to Complexity: The Effect on Organizational Performance. *Journal of Organizational Change Management*, 13(6), S. 577-595.

Auffermann, C., 2008. Handelslogistik. In D. Arnold u. a., Hrsg. *Handbuch Logistik*, Berlin/Heidelberg: Springer, S. 525-533.

Aurik, J., 2007. *Taking Control of Complexity*, Chicago: A.T. Kearney.

Baehr, H.D., 1974. *Physikalische Größen und ihre Einheiten: Eine Einführung für Studenten, Naturwissenschaftler und Ingenieure*, Düsseldorf: Bertelsmann.

Ballou, R.H., 2004. *Business Logistics, Supply Chain Management. Planning, Organizing, and Controlling the Supply Chain* 5. Aufl., Upper Saddle River, NJ: Pearson Prentice Hall.

Barth, K., Hartmann, M. & Schröder, H., 2007. *Betriebswirtschaftslehre des Handels,* 6. Aufl., Wiesbaden: Gabler.

Bar-Yam, Y., 2000. *About Complex Systems - Significant Points in the Study of Complex Systems*. http://necsi.org/projects/yaneer/points.html, Abruf: 28.10.2010.

Baumann, O., 2008. *Problem Solving in Complex Systems: Essays on Search, Design, and Strategy*, München.

Baumgarten, H., Darkow, I. & Walter, S., 2000. Future of Logistics. In R. Hossner, Hrsg. *Jahrbuch der Logistik*, Düsseldorf: Handelsblatt, S. 12-23.

Baumgarten, H., Sommer-Dittrich, T. & Friese, M., 2003. Einsatz von Realoptionen zur effizienten Simulation wandlungsfähiger industrieller Strukturen. In *Simulation und Visualisierung 2003*, Magdeburg, S. 21-34.

Bea, F. X. & Haas, J., 2004. *Strategisches Management*, Stuttgart: UTB.

Beckmann, K., 2007. *Logistik* 1. Aufl., Rinteln: Merkur.

Beer, S., 1984. *Kybernetik und Management* 3. Aufl., Frankfurt a. M.: Fischer.

Belz, C., 2005. Komplexitätsmanagement durch professionelle Markenführung C. Belz, T. Tomczak, & T. Rudolph, Hrsg. *Thexis: Fachzeitschrift für Marketing*, 22 (1), S. 2-8.

Benz, C., 2008. *Qualitätsplanung: Operative Umsetzung strategischer Ziele*, München: Hanser.

Berens, W. & Schmitting, W., 1998. Controllinginstrumente für das Komplexitätsmanagement: Potentiale des internen Rechnungswesens. In D. Adam, Hrsg. *Komplexitätsmanagement*, Wiesbaden: Gabler, S. 97-110.

Bergmann, L. & Schäfer, C., 1998. *Lehrbuch der Experimentalphysik: Mechanik, Relativität, Wärme*, Berlin: de Gruyter.

Berkovich, M., Leimeister, J. M. & Krcmar, H., 2010. Ein Bezugsrahmen für Requirements Engineering hybrider Produkte. In T. Böhmann & J. M. Leimeister, Hrsg. *Integration von Produkt & Dienstleistung*, Norderstedt: BoD – Books on Demand, S. 17-31.

Berner, W., 2008. *Ursache-Wirkungs-Analyse: Komplexität in den Griff bekommen*, http://www.umsetzungsberatung.de/veraenderungsstrategie/komplexitaet.php, Abruf: 19.10.2011

von Bertalanffy, L., 1968. *General System Theory: Foundations, Development, Applications: Revised Edition*, New York: George Braziller.

von Bertalanffy, L., 1950. The Theory of Open Systems in Physics and Biology. *Science, New Series*, 111(2872), S. 23-29.

Best, E. & Weth, M., 2010. *Process Excellence: Praxisleitfaden für erfolgreiches Prozessmanagement*, Wiesbaden: Gabler.

Betge, D., 2006. *Koordination in Advanced Planning und Scheduling-Systemen* 1. Aufl., Wiesbaden: Gabler.

Bichler, K., Krohn, R., Riedel, G. & Schöppach, F., 2010. *Beschaffungs- und Lagerwirtschaft: Praxisorientierte Darstellung der Grundlagen, Technologien und Verfahren* 9. Aufl., Wiesbaden: Gabler.

Binner, H.F., 2002. *Prozessorientierte TQM-Umsetzung* 2. Aufl., München/Wien: Hanser.

Blecker, T., Kersten, W. & Meyer, C. M., 2005. Development of an Approach for Analyzing Supply Chain Complexity. In T. Blecker & F. Gerhard, Hrsg. *International Mass Customization Meeting 2005*, Berlin: GITO, S. 47-59.

Blecker, T., Kersten, W., Späth, H. & Bohn, M., 2005. Finding the Optimal Postponement Approach for Demand Chain Management. In *EIASM Coference Paper: 2nd European Forum on Market-Driven Supply Chains*, Milan, Italy, S. 1-26.

Bleicher, K., 2004. *Das Konzept Integriertes Management: Visionen - Missionen - Programme* 7. Aufl., Frankfurt a. M.: Campus Verlag.

Bliss, C., 2000. *Management von Komplexität. Ein integrierter, systemtheoretischer Ansatz zur Komplexitätsreduktion.*, Wiesbaden: Gabler.

Blockus, M.-O., 2010. *Komplexität in Dienstleistungsunternehmen: Komplexitätsformen, Kosten- und Nutzenwirkungen, empirische Befunde und Managementimplikationen* 1. Aufl., Wiesbaden: Gabler.

Blumberg, B., Cooper, D. R. & Schindler, P. S., 2008. *Business Research Methods* 2. Aufl., London: McGraw-Hill.

Bogaschewsky, R., Eßig, M., Lasch, R. & Stölzle, W., 2010. *Supply Management Research: Aktuelle Forschungsergebnisse 2010*, Wiesbaden: Gabler.

Böger, M., 2010. *Gestaltungsansätze und Determinanten des Supply Chain Risk Managements: Eine explorative Analyse am Beispiel von Deutschland und den USA* 1. Aufl., Lohmar/Köln: Eul.

Bogner, A. & Menz, W., 2005. Das theoriegenerierende Experteninterview - Erkenntnisinteresse, Wissensformen, Interaktion. In A. Bogner, B. Littig, & W. Menz, Hrsg. *Das Experteninterview: Theorie, Methode, Anwendung*, Wiesbaden: VS, S. 33-70.

Bolz, M., 2011. *Logistisches Prozessmodell in regionalen Produktionskooperationen: Vermeidung von Kapazitätsengpässen durch Produktionsverlagerungen in Produktionsnetzwerken* 1. Aufl., Hamburg: Diplomica.

Borchardt, A. & Göthlich, S. E., 2007. Erkenntnisgewinnung durch Fallstudien. In S. Albers, Hrsg. *Methodik der empirischen Forschung*, Wiesbaden: Gabler, S. 33-48.

Borg, I. & Staufenbiel, T., 2007. *Lehrbuch - Theorien und Methoden der Skalierung*, Bern: Huber.

Bortz, J. & Döring, N., 2006. *Forschungsmethoden und Evaluation: für Human- und Sozialwissenschaftler* 4. Aufl., Berlin [u. a.]: Springer.

Bossert, P., Kappelhoff, I. & Niessner, A., 2010. Nachhaltiges Master Data Management. In *Software in der Logistik. Bestände richtig steuern,* München: Huss, S. 48-51.

Bouncken, R. B., Jochims, T., Küsters, E. A., 2008. *Steuerung versus Emergenz: Entwicklung und Wachstum von Unternehmen*, Wiesbaden: Gabler.

Boyer, K. K. & Swink, M. L., 2008. Empirical Elephants - Why Multiple Methods are Essential to Quality Research in Operations and Supply Chain Management. *Journal of Operations Management*, 26(3), S. 338-344.

Brehm, C., 2003. *Organisatorische Flexibilität der Unternehmung: Bausteine eines erfolgreichen Wandels*, Wiesbaden: Deutscher Universitäts-Verlag.

Bretzke, W.-R., 2010. *Logistische Netzwerke* 2. Aufl., Berlin/Heidelberg: Springer.

Bronner, R., 1992. Komplexität. In E. Frese, Hrsg. *Enzyklopädie der Betriebswirtschaftslehre - Handwörterbuch der Organisation*, Stuttgart: Schäffer-Poeschel, S. 1121-1130.

Brosze, T., Meyer, J. C. & Sander, U., 2010. Bestandsmanagement und -optimierung - Liquidität freisetzen, Kosten senken. *Unternehmen der Zukunft*, (1), S. 82-86.

Budin, G., 1996. *Wissensorganisation und Terminologie: Die Komplexität und Dynamik wissenschaftlicher Informations- und Kommunikationsprozesse*, Tübingen: Narr.

Bürli, R. & Friebe, P., 2008. *Distribution: Grundlagen mit zahlreichen Beispielen, Repetitionsfragen mit Lösungen und Glossar* 1. Aufl., Zürich: Compendio Bildungsmedien.

Burschel, C., Losen, D. & Wiendl, A., 2004. *Betriebswirtschaftslehre der nachhaltigen Unternehmung*, München: Oldenbourg.

Busch, A. & Dangelmaier, W., 2004. *Integriertes Supply Chain Management* 2. Aufl., Wiesbaden: Gabler.

Busch, R., Fuchs, W. & Unger, F., 2008. *Integriertes Marketing: Strategie- Organisation- Instrumente*, Wiesbaden: Gabler.

BusinessDictionary, 2010. "Driver". *Businessdictionary.com*. http://www.businessdictionary.com/definition/driver.html, Abruf: 11.05.2010.

Butts, C. T., 2001. The Complexity of Social Networks: Theoretical and Empirical Findings. *Social Networks*, 23(1), S. 31-72.

Butz, C., Gross, W., Hayden, C. & Zesch, F., 2010. *Der Einfluss des Ölpreises auf Distributionsnetzwerke von Industrie und Handel: Ein Mythos wird entzaubert. 4flow-Logistikstudie 2010* 1. Aufl., 4flow AG.

Carter, C. R. & Rogers, D. S., 2008. A Framework of Sustainable Supply Chain Management: Moving Toward New Theory. *International Journal of Physical Distribution & Logistics Management*, 38(5), S. 360-387.

Chaitin, G. J., 1987. *Algorithmic Information Theory*, New York: Cambridge.

Charmaz, K., 2007. *Constructing Grounded Theory: A Practical Guide through Qualitative Analysis*, London: Sage.

Choi, T. Y., Dooley, K. J. & Rungtusanatham, M., 2001. Supply Networks and Complex Adaptive Systems: Control versus Emergence. *Journal of Operations Management*, 19(3), S. 351-366.

Chopra, S. & Meindl, P., 2010. *Supply Chain Management* 4. Aufl., Boston [u. a.]: Pearson.

Christopher, M., 2005. *Logistics and Supply Chain Management: Creating Value-added Networks*, Harlow: FT Prentice Hall.

Coleman, J. S., 1991. *Grundlagen der Sozialtheorie, in 3 Bdn., Bd.1, Handlungen und Handlungssysteme*, München: Oldenbourg.

Corbin, J. & Strauss, A., 2008. *Basics of Qualitative Research: Techniques and Procedures for Developing Grounded Theory*, London: Sage.

Corsten, H., 1998. *Grundlagen der Wettbewerbsstrategie* 1. Aufl., Stuttgart: Teubner.

Corsten, H., 2001. *Unternehmungsnetzwerke: Formen unternehmungsübergreifender Zusammenarbeit*, München [u. a.]: Oldenbourg.

Costa, L., Rodrigues, F. A., Travieso, G. & Boas, P. R. V., 2005. Characterization of Complex Networks: A Survey of Measurements. *Advances in Physics*, 56(1), S. 167 - 242.

Crutchfield, J. P., 1994. Observing Complexity and the Complexity of Observation. In H. Atmanspacher, Hrsg. *Inside versus Outside. Series in Synergetics*, Berlin: Springer, S. 234-272.

Dalhöfer, J., 2009. *Komplexitätsbewertung indirekter Geschäftsprozesse* 1. Aufl. K. Rall, Hrsg., Aachen: Shaker.

Dangelmaier, W., 1990. *Produktion und Information: System und Modell*, Berlin [u. a.]: Springer.

Danieels, E., 2003. Tight-Loose Coupling with Customers: The Enactment of Customer Orientation. *Strategic Management Journal*, 24 (6), S. 559-576.

Dawes, J., 2008. Do Data Characteristics Change According to the Number of Scale Points Used? *International Journal of Market Research*, 50(1), S. 61-77.

Delfmann, W. u. a., 2010. Grundverständnis der Logistik als wissenschaftliche Disziplin. In W. Delfmann & T. Wimmer, Hrsg. *Strukturwandel in der Logistik - Wissenschaft und Praxis im Dialog*, Hamburg: DVV, S. 3-10.

Demuß, L., 2000. Methoden und Vorgehensweisen der Dienstleistungsentwicklung. In D. Spath, H.-J. Bullinger, & L. Demuß, Hrsg. *Entwicklung und Gestaltung innovativer Dienstleistungen*, Stuttgart: IRB, S. 5-30.

Dombrowski, U. & Schulze, S., 2009. „Design for Logistics" für effiziente Produktionsnetzwerke. *Werkstattstechnik*, 99(4), S. 220-225.

Domschke, W. & Scholl, A., 2002. *Grundlagen der Betriebswirtschaftslehre. Eine Einführung aus entscheidungsorientierter Sicht* 2. Aufl., Berlin/Heidelberg: Springer.

Domschke, W. & Scholl, A., 2010. *Logistik: Rundreisen und Touren,* überarbeitete und aktualisierte Auflage., München: Oldenbourg.

Drescher, P., 2003. *Moderation von Arbeitsgruppen und Qualitätszirkeln: Ein Handbuch*, Göttingen: Vandenhoeck & Ruprecht.

Drumm, H. J., 1970. *Elemente und Strukturdeterminanten des informatorischen Kommunikationssystems industrieller Unternehmungen*, Berlin: Duncker & Humblot.

Ebeling, W., Freund, J. & Schweitzer, F., 1998. *Komplexe Strukturen: Entropie und Information*, Stuttgart [u. a.]: Vieweg + Teubner.

Ebert, D., 2006. *Dispensation von Humanressourcen: Eine flexibilitätsorientierte Betrachtung*, Wiesbaden: Deutscher Universitäts-Verlag.

Ehrlenspiel, 2009. *Integrierte Produktentwicklung: Denkabläufe, Methodeneinsatz, Zusammenarbeit*, München: Hanser.

Ehrlenspiel, K., Kiewert, A. & Lindemann, U., 2005. *Kostengünstig Entwickeln und Konstruieren. Kostenmanagement bei der integrierten Produktentwicklung* 5. Aufl., Berlin [u. a.]: Springer.

Eisenhardt, K. M., 1989. Building Theories from Case Study Research. *Academy of Management Review*, 14(4), S. 532-550.

Ellram, L., 1996. The Use of the Case Study Method in Logistics Research. *Journal of Business Logistics*, 17(2), S. 93-138.

Emrich, H. M., Leweke, F. M. & Schneider, U., 1999. Nichtlineare Dynamik und das „Unerwartete“ in der Psychiatrie. In K. Mainzer, Hrsg. *Komplexe Systeme und nichtlineare Dynamik in Natur und Gesellschaft*, Berlin: Springer, S. 267-279.

Endreß, M., 2008. Selbstdeutungen und Handlungschancen. Zur analytischen Kontur des Makro-Mikro-Verhältnisses. In J. Greve, A. Schnabel, & R. Schützeichel, Hrsg. *Das Mikro-Makro-Modell der soziologischen Erklärung: zur Ontologie, Methodologie und Metatheorie eines Forschungsprogramms*, Wiesbaden: Verlag für Sozialwissenschaften, S. 193-221.

Érdi, P., 2007. *Complexity Explained* 1. Aufl., Berlin [u. a.]: Springer.

Faller, M. & Kracht, F., 2006. Komplexitätskostenrechnung für den Mittelstand - Ein zentrales Instrument des Komplexitätsmanagements. In V. Lingnau & A. Becker, Hrsg. *Einsatz von Controllinginstrumenten im Mittelstand*, Köln: Eul, S. 73-96.

Fawcett, S. E. & Waller, M. A., 2011. Making Sense Out of Chaos: Why Theory is Relevant to Supply Chain Research. *Journal of Business Logistics*, 32(1), S. 1-5.

Feldman, D. & Crutchfield, J., 1998. A Survey of „Complexity Measures“. In *Complex Systems Summer School 1998*, http://cse.ucdavis.edu/~cmg/compmech/tutorials/ ComplexityMeasures.pdf, Abruf: 11.12.2010

Filz, B., Fuhrmann, R. & Giehl, M., 1998. *Kennzahlensystem für die Distribution. Modell für kleine und mittlere Unternehmen*, Köln: TÜV Media.

Fisch, R. & Beck, D., 2004. Handhabung komplexer Aufgabenstellungen in Organisationen - Einführung und Übersicht. In R. Fisch & D. Beck, Hrsg. *Komplexitätsmanagement. Methoden zum Umgang mit komplexen Aufgabenstellungen in Wirtschaft, Regierung und Verwaltung*, Wiesbaden: Verlag für Sozialwissenschaften, S. 11-20.

Fischer, E., 1991. Komplexität - Probleme und mögliche Optimierungsansätze. In K. J. Schmidt, Hrsg. *Handbuch Logistik und Produktionsmanagement*, Landsberg/Lech: Moderne Industrie.

Flämig, H., 2010. Courier, Express and Parcel Industry. In K. Button, H. Vega & P. Nijkamp, Hrsg. *A Dictionary of Transport Analysis*, Cheltenham/Northhampton: Edward Elgar, S. 92-94.

Fleischmann, B., 2005. Distribution and Transport Planning. In *Supply Chain Management and Advanced Planning*, S. 229-244, http://dx.doi.org/10.1007/3-540-24814-5_13, Abruf: 21.04.2010.

Flick, U., 1995. *Handbuch qualitative Sozialforschung: Grundlagen, Konzepte, Methoden und Anwendungen*, Weinheim: Beltz.

Flick, U., 2004. *Triangulation. Eine Einführung* 1. Aufl., Wiesbaden: Verlag für Sozialwissenschaften.

Flint, D. J. & Woodruff, R. B., 2001. The Initiators of Changes in Customers' Desired Value: Results from a Theory Building Study. *Industrial Marketing Management*, 30(4), S. 321-337.

Freiwald, S., 2005. *Supply Chain Design: Robuste Planung mit differenzierter Auswahl der Zulieferer,* B. Werners u. a., Hrsg., Frankfurt a. M. [u. a.]: Peter Lang - Europäischer Verlag der Wissenschaften.

Frigg, R. & Hartmann, S., 2009. Models in Science. In E. N. Zalta, Hrsg. *The Stanford Encyclopedia of Philosophy* (Summer 2009 Edition), http://plato.stanford.edu/archives/sum2009/entries/models-science, Abruf: 23.11.2011.

Fritz, W., 1990. Marketing - ein Schlüsselfaktor des Unternehmenserfolgs? Eine kritische Analyse vor dem Hintergrund der empirischen Erfolgsfaktorenforschung. *Marketing ZFP*, (2), S. 91-110.

Fritz, W., 2004. *Internet-Marketing und Electronic Commerce* 3. Aufl., Wiesbaden: Gabler.

Frizelle, G. & Efstathiou, J., 2002. *Seminar Notes on „Measuring Complex Systems"*, http://www.psych.lse.ac.uk/complexity/events/2002/GerjanApril02lastversion.pdf, Abruf: 11.03 2010.

Fromm, J., 2004. *The Emergence of Complexity* 1. Aufl., Kassel: University Press.

Früh, W., 2007. *Inhaltsanalyse*, Konstanz: UVK.

Fuhse, J., 2009. Lässt sich die Netzwerkforschung besser mit der Feldtheorie oder der Systemtheorie verknüpfen? In *Grenzen von Netzwerken*, S. 55-80, http://dx.doi.org/10.1007/978-3-531-91856-3_4, Abruf: 17.11.2009.

Gabler Verlag Hrsg., 2011. Stichwort Logistik. *Gabler Wirtschaftslexikon*, http://wirtschaftslexikon.gabler.de/Archiv/55886/logistik-v6.html, Abruf: 19.05.2011.

Garver, M. S. & Mentzer, J. T., 2000. Salesperson Logistics Expertise: A Proposed Contingency Framework. *Journal of Business Logistics*, 21(2), S. 113 - 131.

Gassmann, O., 1999. Praxisnähe mit Fallstudienforschung. *Wissenschaftsmanagement*, 5(3), S. 11-16.

Gehle, M., 2006. *Internationales Wissensmanagement – Zur Steigerung der Flexibilität und Schlagkraft wissensintensiver Unternehmen*, Wiesbaden: Gabler.

Geimer, H., 2005. Komplexitätsmanagement globaler Supply Chains. *HMD - Praxis der Wirtschaftsinformatik*, 6(243), S. 38-47.

Geimer, H., Kühn, H. & Salje, R., 2005. Komplexitätsmanagement: Basis für erfolgreiches Supply Chain Management. *Supply Chain Managament*, 5(3), S. 43-48.

Gelbmann, U. & Vorbach, S., 2007. Technologieprognose. In H. Strebel, Hrsg. *Innovations- und Technologiemanagement*, Wien: Facultas, S. 135-143.

Gell-Mann, M., 1995a. What is Complexity? *Complexity* 1(1), Hoboken: John Wiley and Sons.

Gell-Mann, M., 1995b. *The Quark and the Jaguar: Adventures in the Simple and the Complex*, New York: W. H. Freeman.

Gerberich, C. W., 2004. Managen der Komplexität und Dynamik - Eine große Herausforderung für heutige Unternehmen. In *Komplexität und Dynamik als Herausforderung für das Management*, Wiesbaden: Gabler, S. 235-259.

Gesenhoff, E. & Hoffmann, J., 2009. Optimale Verpackungswege für eine nachhaltige Logistik. In *Software in der Logistik. Klimaschutz im Fokus*, München: Huss, S. 42-46.

Gießmann, M., 2010., *Komplexitätsmanagement in der Logistik – Kausalanalytische Untersuchung zum Einfluss der Beschaffungskomplexität auf den Logistikerfolg*, Köln, Eul.

Gilbert, D. U., 2003. *Vertrauen in strategischen Unternehmensnetzwerken: Ein strukturationstheoretischer Ansatz*, Wiesbaden: Deutscher Universitäts-Verlag.

Gillham, B., 2000. *Case Study Research Methods*, London: Continuum.

Gleissner, H. & Femerling, J.C., 2007. *Logistik*, Wiesbaden: Gabler.

Golicic, S. & Mentzer, J. T., 2005. Exploring the Drivers of Interorganizational Relationship Magnitude. *Journal of Business Logistics*, 26(2), S. 47-72.

Goodwin, B., 1994. *How the Leopard Changed Its Spots: The Evolution of Complexity*, Upper Saddle River: Prentice Hall & IBD.

Göpfert, I., 2002. Einführung, Abgrenzung und Weiterentwicklung des Supply Chain Managements. In A. Busch & W. Dangelmaier, Hrsg. *Integriertes Supply Chain Management. Theorie und Praxis effektiver unternehmensübergreifender Geschäftprozesse*, Wiesbaden: Gabler, S. 25-44.

Göpfert, I., 2009. *Logistik der Zukunft - Logistics for the Future* 5. Aufl., Wiesbaden: Gabler.

Göpfert, J., 2009. *Modulare Produktentwicklung: Zur gemeinsamen Gestaltung von Technik und Organisation*, Norderstedt: Books on Demand.

Gribble, S., 2001. Robustness in Complex Systems. *8th Workshop on Hot Topics in Operating Systems (HOTOS-VIII)*, S. 21--26.

Grossmann, C., 1992. *Komplexitätsbewältigung im Management. Anleitungen, integrierte Methodik und Anwendungsbeispiele*, St. Gallen: Verlag GCN.

Gudehus, T., 2006. *Logistik 1: Grundlagen, Verfahren und Strategien* 3. Aufl., Berlin/Heidelberg: Springer.

Güldenberg, S., 2003. *Wissensmanagement und Wissenscontrolling in lernenden Organisationen: Ein systemtheoretischer Ansatz*, Wiesbaden: Gabler.

Günter, B. & Helm, S., 2006. *Kundenwert: Grundlagen - Innovative Konzepte - Praktische Umsetzungen* 3. Aufl., Wiesbaden: Gabler.

Haberfellner, R., 1975. *Die Unternehmung als dynamisches System : Der Prozesscharakter der Unternehmungsaktivitäten*, Zürich: Verl. Industrielle Organisation.

Häder, M., 2010. *Empirische Sozialforschung: Eine Einführung* 2. Aufl., Wiesbaden: Verlag für Sozialwissenschaften.

Halldorsson, A. & Larson, P. D., 2004. Logistics versus Supply Chain Management: An International Survey. *International Journal of Logistics: Research & Application*, 7(1), S. 17-31.

Hansen, W.-R., 2010. Effizienz steigern durch automatische Identifikation. In *Software in der Logistik. Bestände richtig steuern,* München: Huss, S. 48-51.

Hanssmann, F., 1993. *Einführung in die Systemforschung. Methodik der modellgestützten Entscheidungsvorbereitung* 4. Aufl., München: Oldenbourg.

Harker, P. T., 1987. Incomplete Pairwise Comparisons in the Analytic Hierarchy Process. *Mathematical Modelling*, 9(11), S. 837-848.

Hartig-Perschke, R., 2009. *Anschluss und Emergenz – Betrachtungen zur Irreduzibilität des Sozialen und zum Nachtragsmanagement der Kommunikation*, Wiesbaden: Verlag für Sozialwissenschaften.

Hauptmann, S., 2006. *Gestaltung des Outsourcings von Logistikleistungen: Empfehlungen zur Zusammenarbeit zwischen verladenden Unternehmen und Logistikleistungen*, Heidelberg: Deutscher Universitäts-Verlag.

Heidenblut, V. & ten Hompel, M., 2008. *Taschenlexikon Logistik: Abkürzungen, Definitionen und Erläuterungen der wichtigsten Begriffe aus Materialfluss und Logistik* 1. Aufl., Berlin [u. a.] Springer.

Heiserich, O.-E., 2002. *Logistik: Eine praxisorientierte Einführung* 3. Aufl., Wiesbaden: Gabler.

Held, T. & Lammers, T., 2009. The Impact of the Implementation of the EC Regulation No 561/2006 on German Small and Medium-Sized Trucking Companies. In T. Blecker, W. Kersten, & M. Meyer, Hrsg. *High-Performance Logistics - Methods and Technologies.* Operations and Technology Management, Berlin: Erich Schmidt Verlag, S. 31-40.

Hellingrath, B. & Schürrer, S., 2009. Energieeffizienz und Umweltbilanz von Supply Chains. In *Software in der Logistik. Klimaschutz im Fokus,* S. 16-21.

Hesselbach, J. & Menge, M., 2002. Methoden zur Variantenbeherrschung in der Produktion. In H.-J. Franke, J. Hesselbach, B. Huch, & N. Firchau, Hrsg. *Variantenmanagement in der Einzel- und Kleinserienfertigung*, München/ Wien: Hanser, S. 87-105.

Hillmer, H.-J., 1987. *Planung der Unternehmensflexibilität: Eine allgemeine theoretische Konzeption und deren Anwendung zur Bewältigung strategischer Flexibilitätsprobleme* F. X. Bea & E. Zahn, Hrsg., Frankfurt a. M.: P. Lang – Europäischer Verlag der Wissenschaften.

Hofer, A. R. & Knemeyer, A. M., 2009. Controlling for Logistics Complexity: Scale Development and Validation. *The International Journal of Logistics Management*, 20(2), S. 187-200.

Holzer, B., 2008. Netzwerke und Systeme. Zum Verhältnis von Vernetzung und Differenzierung. In *Netzwerkanalyse und Netzwerktheorie*, S. 155-164, http://dx.doi.org/10.1007/978-3-531-91107-6_11, Abruf: 29.06.2010.

ten Hompel, M., 2011. *Logistik braucht robuste Systeme*, http://www.chemanager-online.com/themen/logistik/prof-dr-michael-ten-hompel-fraunhofer-iml-logistik-braucht-robuste-systeme, Abruf: 09.08.2011.

Hönscheidt, I. & Sucky, E., 2007. Konfiguration von Logistiknetzwerken: Gestaltung des Distributionsnetzwerks eines Unternehmens der Automobilindustrie. In H.-O. Günther, D. C. Mattfeld, & L. Suhl, Hrsg. *Management logistischer Netzwerke. Entscheidungsunterstützung, Informationssysteme und OR-Tools*, Heidelberg: Physica, S. 61-84.

Hoole, R., 2004. Can You Reduce Your Supply Chain Complexity? - Simplify your supply chain to cut costs and improve overall performance. *PRTM's Insight*, (42267), S. 26-30.

Hopcroft, J. E. & Ullmann, J. D., 1979. *Introduction to Automata Theory, Languages and Computation*, Reading, Massachusetts: Addison Wesley.

Hoppe, N. & Conzen, F., 2002. *Europäische Distributionsnetzwerke* 1. Aufl., Wiesbaden: Gabler.

Horváth, P. & Gleich, R., 1998. Komplexitätskostenmanagement mit Prozess-Benchmarking und Performance Measurement. In *Effektive Entwicklung und Auftragsabwicklung variantenreicher Produkte*. VDI-Berichte 1434, Düsseldorf: VDI-Verlag, S. 175-195.

Horváth, P. & Mayer, R., 1989. Prozeßkostenrechnung - Der neue Weg zu mehr Kostentransparenz und wirkungsvolleren Unternehmensstrategien. *Controlling*, 1(4), S. 214-219.

Hu, S. J., Zhu, X., Wang, H. & Koren, Y., 2008. Product Variety and Manufacturing Complexity in Assembly Systems and Supply Chains. *CIRP Annals - Manufacturing Technology*, 57(1), S. 45-48.

Huber, A., 2008. *Praxishandbuch Strategische Planung: Die neun Elemente des Erfolgs*, Berlin: Erich Schmidt.

Huch, B., 2005. *Produktportfoliooptimierung in Transportnetzwerken: Eine Quantifizierung von Skalen- und Komplexitätseffekten am Beispiel des kombinierten Verkehrs*, Berlin: dissertation.de.

Hülsmann, M. & Lohmann, J., 2009. *Interorganisationales Lernen: ein kompetenzorientierter Ansatz zur Steuerung von Logistiknetzwerken*, Wiesbaden: Gabler.

Hummel, T. & Malorny, C., 2011. *Total Quality Management: Tipps für die Einführung* 4. Aufl., München: Hanser.

Hundsnes, T., 2000. *The Management of Complexity*, Bergen: SNF.

Ihde, G. B., 1991. *Transport, Verkehr, Logistik: Gesamtwirtschaftliche Aspekte und einzelwirtschaftliche Handhabung* 2. Aufl., München: Vahlen.

Ivanov, D., 2006. *DIMA - Decentralized Integrated Modelling Approach: Ein interdisziplinärer Ansatz zur Modellierung von Produktions- und Logistiknetzwerken* 1. Aufl., Chemnitz: GUC Gesellschaft f. Unternehmensrechnung u. Controlling.

Ivanov, D. & Sokolov, B., 2009. *Adaptive Supply Chain Management* 1. Aufl., Berlin [u. a.] Springer.

Jensen, O., 2001. *Key-Account-Management. Gestaltung - Determinanten - Erfolgsauswirkungen* 1. Aufl., Wiesbaden: Deutscher Universitäts-Verlag.

Jochum, R., 1998. Die Philosophie der Komplexität. Neuere Ansätze. *Internet-Zeitschrift für Kulturwissenschaften*, (4), http://www.inst.at/trans/4Nr/jochum.htm, Abruf: 11.02.2010.

Jung, H., 2006. *Allgemeine Betriebswirtschaftslehre* 10. überarbeitete Auflage., München/Wien: Oldenbourg.

Jünger, M., 2008. *Internes Unternehmenswachstum: Analyse von Wachstumstreibern und empirische Evaluation in mittelständischen Unternehmen*, München: Utz.

Jungnickel, D., 1994. *Graphen, Netzwerke und Algorithmen* 3. Aufl., Mannheim: BI-Wiss.-Verlag.

Kade, G., 1968. Die Systemidee in den Wirtschaftswissenschaften. In A. Diemer, Hrsg. *System und Klassifikation in Wissenschaft und Dokumentation*, Meisenheim am Glan: Hain, S. 105-119.

Kahle, E., 2001. *Betriebliche Entscheidungen*, München: Oldenbourg.

Kaiser, A., 1995. *Integriertes Variantenmanagement mit Hilfe der Prozesskostenrechnung*. Hochschule St. Gallen für Wirtschafts-, Rechts- und Sozialwissenschaften.

Kampen, J. K. & Swyngedouw, M., 2000. The Ordnial Controversy Revisited. *Quality & Quantity*, 34(1), S. 87-102.

Kanwischer, D., 2002. Experteninterviews. In D. Kanwischer & T. Rhode-Jüchtern, Hrsg. *Qualitative Forschungsmethoden in der Geographiedidaktik*. Geographiedidaktische Forschungen, Nürnberg, S. 90-112.

Kaplan, R. S. & Norton, D. P., 1996a. *The Balanced Scorecard: Translating Strategy into Action* 1. Aufl., Boston: Harvard Business Press.

Kaplan, R. S. & Norton, D. P., 1996b. Using the Balanced Scorecard as a Strategic Management System. *Harvard Business Review*, S. 75-85.

Kapoor, S. K. & Kansal, P., 2004. *Basics of Distribution Management: A Logistical Approach*, New Delhi: Prentice-Hall of India.

Kappelhoff, P., 1999. Komplexitätstheorie und Steuerung von Netzwerken. In J. Sydow & A. Windeler, Hrsg. *Steuerung von Netzwerken. Konzepte und Praktiken*, Opladen: VS Verlag für Sozialwissenschaften, S. 347-398.

Kappelhoff, P., 2002. Komplexitätstheorie: Neues Paradigma für die Managementforschung? In G. Schreyögg & P. Conrad, Hrsg. *Managementforschung*, Wiesbaden: Gabler, S. 49-101.

von Kardorff, E., 1995. Qualitative Sozialforschung - Eine Standortbestimmung. In U. Flick u. a., Hrsg. *Handbuch qualitative Sozialforschung: Grundlagen, Konzepte, Methoden und Anwendungen*, Weinheim: Beltz, S. 3-10.

Kelle, U., 2008. *Die Integration qualitativer und quantitativer Methoden in der empirischen Sozialforschung: Theoretische Grundlagen und methodologische Konzepte*, Opladen: Verlag für Sozialwissenschaften.

Kersten, W., 2001. Prozessinnovationen in der Produktentwicklung. In *Innovative Organisationsformen: Neue Entwicklungen in der Unternehmensorganisation*, Stuttgart: Schäffer-Poeschel, S. 371–398.

Kersten, W., Allonas, C., Brockhaus, S. & Wagenstetter, N., 2010. Green Logistics: An Innovation for Logistics Products? In T. Blecker & W. Kersten, Hrsg. *Process Optimization Methods in Logistics. Operations and Technology Management*, Berlin: ESV - Erich Schmidt Verlag, S. 369-386.

Kersten, W., Grussenmeyer, R. & Lammers, T., 2011. Complexity Management in Distribution Networks – Reviewing Current Approaches. In K. Grzybowska, Hrsg. *Management of Global and Regional Supply Chain – Research and Concepts*, Poznan: Publishing House of Poznan University of Technology, S. 9-25.

Kersten, W., Grussenmeyer, R., Lammers, T., 2012. Current Approaches in Complexity Management – Practical and Theoretical Implications for Distribution Networks. In M. Fertsch & L. Pacholski, Hrsg. *Research in Logistics & Production*, 2(1), S. 55-68.

Kersten, W., Hohrath, P., Held, T. & Meyer, C. M., 2007. Komplexitäts- und Risikomanagement als Methodenbausteine des Supply Chain Managements. In I. Hausladen, Hrsg. *Management am Puls der Zeit - Strategien, Konzepte und Methoden*, München: TCW Transfer-Centrum, S. 1159–1181.

Kersten, W., Lammers, T., Hülle, J. & Möller, K., 2009. Kostenorientierte Analyse der Modularisierung - Ein strukturiertes Vorgehen zur Entwicklung eines kennzahlenbasierten Bewertungsansatzes. In G. Spur, Hrsg. *ZWF - Zeitschrift für wirtschaftlichen Fabrikbetrieb*, (12/2009), S. 1136-1140.

Kersten, W., Lammers, T. & Skirde, H., 2011. Entwicklung eines Kriterienkataloges zur strukturierten Allokation von Effekten der Modularisierung. In F. Bertram & F. Czymmek, Hrsg. *Modulstrategie in der Beschaffung*, Berlin: Logos, S. 14-30.

Kersten, W. & Meyer, C. M., 2005. Improving the Implementation and Application of Complexity Management in Logistics. In *Conference on Operations and Supply Chain Management*, Bali-Indonesia.

Kersten, W., Rall, K., Meyer, C. M. & Dalhöfer, J., 2006. Complexity Management in Logistics and ETO-Supply Chains. In *Complexity Management in Supply Chains, Concepts, Tools and Methods*, Berlin: Erich Schmidt, S. 325–342.

Kestel, R., 1995. *Variantenvielfalt und Logistiksysteme: Ursachen, Auswirkungen, Lösungen*, Wiesbaden: Deutscher Universitäts-Verlag.

Khurana, A., 1999. Managing complex production processes. *MIT Sloan Managment Review*, Vol. 40(No. 2), S. 85-97.

Kincaid, H., 1996. *Philosophical Foundations of the Social Sciences – Analyzing Controversies in Social Research*, New York: Cambridge University Press.

Kipshagen, L., 1983. *Die Planung von Distributionssystemen der Konsumgüterindustrie unter besonderer Berücksichtigung der Tourenauslieferung. Die Konzeption einer Modellhierarchie*, Reihe Wirtschaftswissenschaften, Frankfurt a. M.: Thun.

Kirchhof, R., 2003. *Ganzheitliches Komplexitätsmanagement: Grundlagen und Methodik des Umgangs mit Komplexität im Unternehmen* 1. Aufl. D. Specht, Hrsg., Wiesbaden: Deutscher Universitäts-Verlag.

Kitano, H., 2004. Biological robustness. *Nature Reviews. Genetics*, 5(11), S. 826-837.

Klaas, T., 2002. *Logistik-Organisation: Ein konfigurationstheoretischer Ansatz zur logistikorientierten Organisationsgestaltung* 1. Aufl., Wiesbaden: Gabler.

Klaas-Wissing, T., 2008. Logistik-Benchmarking. In D. Arnold u. a., Hrsg. *Handbuch Logistik*, Berlin/Heidelberg: Springer, S. 1094-1107.

Klabunde, S., 2003. *Wissensmanagement in der integrierten Produkt- und Prozessgestaltung*, Wiesbaden: Deutscher Universitäts-Verlag.

Klaus, P., 2005. Die Frage der optimalen Komplexität in Supply-Chains und Supply-Netzwerken. In M. Eßig & U. Arnold, Hrsg. *Perspektiven des Supply Management: Konzepte und Anwendungen*, Berlin/Heidelberg: Springer, S. 361-375.

Kleemann, F., Krähnke, U. & Matuschek, I., 2009. *Interpretative Sozialforschung: Eine praxisorientierte Einführung*, Wiesbaden: Verlag für Sozialwissenschaften.

Klepsch, B., 2004. *Komplementäre Produkt- und Fabrikmodularisierung am Beispiel der Automobilindustrie*, Düsseldorf: VDI-Verlag.

Klug, F., 2010. *Logistikmanagement in der Automobilindustrie: Grundlagen der Logistik im Automobilbau* 1. Aufl., Berlin/Heidelberg: Springer.

Kluge, F. & Seebold, E., 2002. *Etymologisches Wörterbuch der deutschen Sprache. Buch und CD. Kombi-Version* 24. Aufl., Berlin/New York: Gruyter.

Knieß, M., 2002. *Kreatives Arbeiten*, München: DTV-Beck.

Knop, R., 2009. *Erfolgsfaktoren strategischer Netzwerke kleiner und mittlerer Unternehmen: Ein IT-gestützter Wegweiser zum Kooperationserfolg*, Wiesbaden: Gabler.

Koch, R., 2008. *Das 80/20 Prinzip: Mehr Erfolg mit weniger Aufwand* 3. Aufl., Frankfurt a. M. [u. a.]: Campus Verlag.

Koeppen, B., 2008. *Modularisierung komplexer Produkte anhand technischer und betriebswirtschaftlicher Komponentenkopplungen* 1. Aufl., Aachen: Shaker.

Kohlsdorf, T., 2008. Branchenkultur und Netzwerke - Eine komplexitätstheoretische Annäherung. In F. Himpel, B. Kaluza, & J. Wittmann, Hrsg. *Spektrum des Produktions- und Innovationsmanagements - Komplexität und Dynamik im Kontext von Interdependenz und Kooperation*, Wiesbaden: Gabler, S. 335-344.

Kolmogorov, A. N., 1965. Three approaches to the quantitative definition of information. In *Problems of Information Transmission*, 2(2), S. 1-7.

Konrad, G., 2005. *Theorie, Anwendbarkeit und strategische Potenziale des Supply Chain Management* 1. Aufl., Wiesbaden: Gabler.

Koppenhagen, F., 2004. *Systematische Ableitung modularer Produktarchitekturen: Komplexitätsreduzierung in der Konzeptphase* 1. Aufl., Aachen: Shaker.

Köster, O., 1998. *Komplexitätsmanagement in der Industrie*, Wiesbaden: Deutscher Universitäts-Verlag.

Krämer, P., 2006. Risikomanagement oder Qualitätsmanagement? In J. Ennker, D. Pietrowski, & P. Kleine, Hrsg. *Risikomanagement in der operativen Medizin*, Darmstadt: Steinkopff, S. 140-154.

Kromrey, H., 1994. *Empirische Sozialforschung*, Stuttgart: Lucuis & Lucius.

Krüger, W. & Schwarz, G., 1990. Konzeptionelle Analyse und praktische Bestimmung von Erfolgsfaktoren und Erfolgspotentialen. In K. Bleicher & P. Gomez, Hrsg. *Zukunftsperspektiven der Organisation - Festschrift zum 65. Geburtstag von Prof. Dr. Robert Staerkle*, Bern: Stäpfli, S. 179-209.

Krumm, S. & Creutz-Adams, N., 2010. Neue Wege gehen - Wer Komplexität beherrscht, gewinnt: Gestern, Heute und Morgen. In G. Schuh, Hrsg. *Was ist Komplexitätsmanagement? - Eine Themenreise*, S. 4-7.

Kuckartz, U., Dresing, T., Rädiker, S. & Stefer, C., 2007. *Qualitative Evaluation. Der Einstieg in die Praxis* 1. Aufl., Wiesbaden: Verlag für Sozialwissenschaften.

Laatz, W., 1993. *Empirische Methoden. Ein Lehrbuch für Sozialwissenschaftler*, Thun: H. Deutsch.

Lamnek, S., 2005. *Qualitative Sozialforschung: Lehrbuch* 4. Aufl., Weinheim/Basel: Beltz.

Lasch, R. & Gießmann, M., 2009. Ganzheitliche Ansätze zum Komplexitätsmanagement - Eine kritische Würdigung aus Sicht der Beschaffungslogistik. In R. Bogaschewsky, M. Eßig, R. Lasch, & W. Stölzle, Hrsg. *Supply Management Research*, Wiesbaden: Gabler, S. 195-231.

Lauber, R. & Göhner, P., 1999. *Prozeßautomatisierung. 1. Automatisierungssysteme und -strukturen, Computer- und Bussysteme für die Anlagen- und Produktautomatisierung, Echtzeitprogrammierung und Echtzeitbetriebssysteme, Zuverlässigkeits- und Sicherheitstechnik*, Berlin/Heidelberg: Springer.

Laughlin, R. B., 2009. *Abschied von der Weltformel: Die Neuerfindung der Physik*, München/Zürich: Piper.

Laufenberg, L., 1996. *Methodik zur integrierten Produktgestaltung für die situative Umsetzung des Simultaneous Engineering*, Aachen: Shaker.

Licata, I., 2008. Emergence and Computation at the Edge of Classical and Quantum Systems. In I. Licata & A. Sakaji, Hrsg. *Physics of Emergence and Organization*, Singapur: World Scientific, S. 1-26.

Lindemann, S., 2010. Neue Anforderungen an das Logistik-Reporting. In *Software in der Logistik. Bestände richtig steuern,* München: Huss.

Lindemann, U., 2009. *Methodische Entwicklung technischer Produkte: Methoden flexibel und situationsgerecht Anwenden*, Berlin: Springer.

Lipp, U. u. a., 2008. *Workshops, Seminare und Besprechungen: Mit Kreativität und Methode zum sicheren Erfolg*, Weinheim/Basel: Beltz.

Luczak, H., Weber, J. & Wiendahl, H.-P., 2003. *Logistik-Benchmarking: Praxisleitfaden mit LogiBEST* 2. Aufl., Berlin/Heidelberg: Springer.

Ludwig, B., 2001. *Management komplexer Systeme: Der Umgang mit Komplexität bei unvollkommener Information: Methoden, Prinzipien, Potentiale*, Berlin: Edition Sigma.

Luhmann, N., 1980. Komplexität. In E. Grochla, Hrsg. *Enzyklopädie der Betriebswirtschaftslehre - Handwörterbuch der Organisation*, Stuttgart: Poeschel, S. 1070-1082.

Luhmann, N., 1994. *Soziale Systeme: Grundriß einer allgemeinen Theorie* 4. Aufl., Frankfurt a. M.: Suhrkamp.

Luhmann, N., 2009. *Soziologische Aufklärung 2: Aufsätze zur Theorie der Gesellschaft* 6. Aufl., Wiesbaden: Verlag für Sozialwissenschaften.

Mainzer, K., 1999. Komplexe Systeme und Nichtlineare Dynamik in Natur und Gesellschaft. In K. Mainzer, Hrsg. *Komplexe Systeme und Nichtlineare Dynamik in Natur und Gesellschaft*, Berlin: Springer, S. 3-28.

Mainzer, K., 2008. *Komplexität* 1. Aufl., Paderborn: UTB.

Mainzer, K., 2004. *Was sind komplexe Systeme? - Komplexitätsforschung als integrative Wissenschaft*, http://www.integrative-wissenschaft.de/Archiv/dokumente/Mainzer-14_10_04 .pdf, Abruf: 21.10.2010.

Malik, F., 1998. *Komplexität - was ist das? Modewort oder mehr? Kybernetisches Führungswissen – Control of High Variety-Systems*, http://www.kybernetik.ch/dwn/Komplexitaet.pdf, Abruf: 06.07.2010.

Malik, F., 2008. *Strategie des Managements komplexer Systeme: Ein Beitrag zur Management-Kybernetik evolutionärer Systeme* 10. Auflage 2008, Bern [u. a.]: Haupt.

Malik, F., 2004. *Systemisches Management, Evolution, Selbstorganisation: Grundprobleme, Funktionsmechanismen und Lösungsansätze für komplexe Systeme* 4. Aufl., Bern [u. a.]: Haupt.

Mangan, J., Lalwani, C. & Butcher, T., 2008. *Global Logistics and Supply Chain Management*, Chichester/Hoboken: John Wiley and Sons.

Manuj, I. & Mentzer, J. T., 2008. Global Supply Chain Risk Management Strategies. *International Journal of Physical Distribution & Logistics Management*, 38(3), S. 192-223.

Masak, D., 2009. *Der Architekturreview: Vorgehensweise, Konzepte und Praktiken*, Berlin/Heidelberg: Springer.

Mattsson, L.-G., 2003. Reorganization of Distribution in Globalization of Markets: The Dynamic Context of Supply Chain Management. *Supply Chain Management: An International Journal*, 8(5), S. 416-426.

Mayer, A., 2007. *Modularisierung der Logistik. Ein Gestaltungsmodell zum Management von Komplexität in der industriellen Logistik,* 1. Aufl., Berlin: Universitätsverlag der TU Berlin.

Mayring, P., 2001. Combination and Integration of Qualitative and Quantitative Analysis. *Forum: Qualitative Social Research*, 2(1), http://www.qualitative-research.net/index.php/fqs/article/viewArticle/967/2110#g7, Abruf: 14.09.2011.

Maznevski, M., Steger, U., Amann, W., 2007. Managing Complexity in Global Organizations, *IMD*, 141.

McCracken, G., 1988. *The long interview*, Newbury Park: SAGE.

McKinnon, A. C., 1989. *Physical distribution systems*, London: Routledge..

Meepetchdee, Y. & Shah, N., 2007. Logistical Network Design with Robustness and Complexity Considerations. *International Journal of Physical Distribution & Logistics Management*, 37(3), S. 201 - 222.

Meffert, H., 1985. Größere Flexibilität als Unternehmungskonzept. *zfbf*, (37), S. 121-153.

Meffert, H., 2000. *Marketing: Grundlagen marktorientierter Unternehmensführung: Konzepten, Instrumente, Praxisbeispiele: Mit neuer Fallstudie VW Golf*, Wiesbaden: Gabler.

Meier, H. & Hanenkamp, N., 2004. Komplexitätsmanagement in der Supply Chain. In W. Dangelmaier & A. Busch, Hrsg. *Integriertes Supply Chain Management - Theorie und Praxis effektiver unternehmensübergreifender Geschäftsprozesse*, Wiesbaden: Gabler, S. 111-130.

Melzer-Ridinger, R., 2004. *Materialwirtschaft und Einkauf*, München: Oldenbourg.

Mentzer, J. T. u. a., 2001. Defining Supply Chain Management. *Journal of Business Logistics*, 22(2), S. 1-25.

Meyer, C. M., 2007. *Integration des Komplexitätsmanagements in den strategischen Führungsprozess der Logistik* 1. Aufl., Bern [u. a.]: Haupt.

Meyer, J.-A. & Lorenzen, K., 2002. *Internationale Kooperationen von kleinen und mittleren Unternehmen. Dargestellt am Beispiel deutsch-dänischer Unternehmen* 1. Aufl., Lohmar: Eul.

Meyer-Ortmanns, H., 2004. Functional Complexity Measure for Networks. *Physica A*, 337, S. 679-690.

Miles, M. B. & Huberman, M., 1984. *Qualitative Data Analysis: An Expanded Sourcebook* 1. Aufl., Thousand Oaks: Sage.

Milgate, M., 2001. Supply Chain Complexity and Delivery Performance: An International Exploratory Study. *Supply Chain Management: An International Journal*, 6(3), S. 106 - 118.

Miragliotta, G., Perona, M. & Portioli-Staudacher, A., 2002. Complexity Management in the Supply Chain: Theoretical Model and Empirical Investigation in the Italian Household Appliance Industry. In S. Seuring & M. Goldbach, Hrsg. *Cost Management in Supply Chains*, Heidelberg: Physica, S. 381-397.

Mitchell, S., 2008. *Komplexitäten: Warum wir erst anfangen, die Welt zu verstehen* Originalausgabe., Frankfurt a. M.: Suhrkamp.

Möhrle, M. G. & Isenmann, R., 2006. *Technologie-Roadmapping. Zukunftsstrategien für Technologieunternehmen:* 2. Aufl., Berlin [u. a.]: Springer.

Moore, W. J., 1990. *Grundlagen der physikalischen Chemie*, Berlin: Walter de Gruyter.

Müller, I., 2001. *Grundzüge der Thermodynamik: Mit historischen Anmerkungen*, Berlin [u. a.]: Springer.

Müller, M. W., 1999. *Erfolgsfaktoren und Management strategischer Allianzen und Netzwerke: Gestaltungshinweise für erfolgreiche Kooperationen mit Fallbeispielen internationaler Transportdienstleistungsnetzwerke*, Dissertation Rostock.

Müller-Dauppert, B., 2005. *Logistik-Outsourcing: Ausschreibung, Vergabe, Controlling*, München: Vogel.

Naefe, P., 2008. *Basiswissen Methodisches Konstruieren: Für Studium und Praxis*, Wiesbaden: Vieweg.

Nagel, M., 2003. *Flexibilitätsmanagement: Ein systemdynamischer Ansatz zur quantitativen Bewertung von Produktionsflexibilität.*, Wiesbaden: Gabler.

Oeser, E., 1987. Evolutionäres Management und Evolutionäre Erkenntnistheorie. In R. Riedl & E. Bonet, Hrsg. *Entwicklung der Evolutionären Erkenntnistheorie*, Wien: Verlag der Österreichischen Staatsdruckerei, S. 163-178.

Otto, A., 2002. *Management und Controlling von Supply Chains* 1. Aufl., Wiesbaden: Deutscher Universitätsverlag.

Pallestrang, G., 2010. Globale Transportprozesse im Griff. *Logistik für Unternehmen*, (7/8).

Papier, F., 2008. Supply Chain Management. In D. Arnold u. a., Hrsg. *Handbuch Logistik*, Berlin/Heidelberg: Springer, S. 21-34.

Pathak, S. u. a., 2007. Complexity and Adaptivity in Supply Networks: Building Supply Network Theory Using a Complex Adaptive Systems Perspective. *Decision Sciences*, 38(4), S. 547-580.

Patzak, G., 1982. *Systemtechnik, Planung komplexer innovativer Systeme. Grundlagen, Methoden, Techniken*, Berlin [u. a.]: Springer.

Payne, G. & Payne, J., 2004. *Key Concepts in Social Research*, London/Thousand Oaks: SAGE.

Perona, M. & Miragliotta, G., 2004. Complexity Management and Supply Chain Performance Assessment. A field study and a conceptual framework. *International Journal of Production Economics*, 90(1), S. 103-115.

Pfohl, H.-C., 2009. *Logistiksysteme: Betriebswirtschaftliche Grundlagen*, Berlin [u. a.]: Springer.

Pfohl, H.-C., 2000. *Supply Chain Management: Logistik Plus?*, Berlin: Schmidt.

Pfohl, H.-C., Gallus, P. & Köhler, H., 2008. Konzeption des Supply Chain Risikomanagements. In H.-C. Pfohl, Hrsg. *Sicherheit und Risikomanagement in der Supply Chain*, Hamburg: Deutscher Verkehrs Verlag, S. 7-94.

Porst, R., 2008. *Fragebogen. Ein Arbeitsbuch* 1. Aufl., Wiesbaden: Verlag für Sozialwissenschaften.

Porter, M. E., 1998. *Competitive Advantage: creating and sustaining superior performance: with a new introduction*, New York: Free Press.

Premkumar, G., 2000. Inter-Organizational Systems and Supply Chain Management - An Information Processing Perspective. In *Proceedings of the 8th European Conference on Information Systems, Trends in Information and Communication Systems for the 21st Century, ECIS 2000, Vienna, Austria, July 3-5.*

Prigogine, I., 1988. *Vom Sein zum Werden: Zeit und Komplexität in den Naturwissenschaften* 5. Aufl., München: Piper.

Prockl, G., Bauer, A. & Pflaum, A., 2004. *Entwicklungspfade und Meilensteine moderner Logistik. Skizzen einer Roadmap* 1. Aufl., Wiesbaden: Gabler.

Puhl, H., 1999. *Komplexitätsmanagement: Ein Konzept zur ganzheitlichen Erfassung, Planung und Regelung der Komplexität in Unternehmensprozessen*, Univ. Kaiserslautern, Lehrstuhl für Fertigungstechnik und Betriebsorganisation.

Rall, K. & Dalhöfer, J., 2004. Komplexität indirekter Prozesse bei der Erstellung variantenreicher Produkte. *Zeitschrift für wirtschaftlichen Fachbetrieb*, 99(11/2004), S. 623-630.

Rall, K., Dalhöfer, J., Meyer, C. M. & Kersten, W., 2006. Supply Chain Complexity in Indirect Processes of Production Systems. *International Conference on Logistics and Supply Chain Management.*

Rao, K. & Young, R. R., 1994. Global Supply Chains: Factors Influencing Outsourcing of Logistics Functions. In *International Journal of Physical Distribution & Logistics Management*, 24(6), S. 11-20.

Rasco, H.-P., 2009. *Anschluss und Emergenz*, Wiesbaden: Verlag für Sozialwissenschaften, http://www.springerlink.com/content/g7157574v3512466/, Abruf: 20.10.2010.

Rathnow, P. J., 1993. *Integriertes Variantenmanagement – Bestimmung, Realisierung und Sicherung der optimalen Produktvielfalt*, Göttingen: Vandenhoeck & Ruprecht.

Reither, F., 1997. *Komplexitätsmanagement. Denken und Handeln in komplexen Situationen*, München: Gerling.

Roberts, L., 1994. *Process Reengineering: The Key to Achieving Breakthrough Success*, Milwaukee: ASQC Quality Press.

Robinson, J., 1971. *Essays in the Theory of Economic Growth*, London: Palgrave Macmillan.

Rodriguez, S. R., 2007. *Komplexitätsmanagement bei der Erschließung neuer Beschaffungsmärkte am Beispiel der Gestaltung des chinesischen Liefernetzwerkes des Volkswagen-Konzerns*, Lohmar: Eul.

Rössler, P., 2005. *Inhaltsanalyse*, Konstanz: UVK.

Rosenberg, R., 2002. Kostensenkung durch Komplexitätsmanagement. In K.-P. Franz & P. Kajüter, Hrsg. *Kostenmanagement: Wertsteigerung durch systematische Kostensteuerung,* Stuttgart: Schäffer-Poeschel.

Rossin, D. F., Springer, M. C. & Klein, B. D., 1999. New Complexity Measures for the Facility Layout Problem: An Empirical Study using traditional and neural Network Analysis. *Computers & Industrial Engineering*, 36, S. 585-602.

Rüegge, F., 1975. *Distributions-Logistik aus entscheidungs- und systemtheoretischer Sicht*, St. Gallen: Gais.

Rushton, A., Croucher, P. & Baker, P., 2010. *The Handbook of Logistics and Distribution Management*, London: Kogan Page.

Saeed, B. & Young, D., 1998. *Managing the Hidden Costs of Complexity*, Boston Consulting Group, Whitepaper.

Saleh, J. H., Hastings, D. E. & Newman, D. J., 2001. Extracting the Essence of Flexibility in System Design. *In Proc. IEEE NASA/DOD Workshop on Evolvable Hardware*, S. 1--14.

Schanz, G., 2004. Wissenschaftsprogramme der Betriebswirtschaftslehre. In F. X. Bea, E. Dichtl, & M. Schweitzer, Hrsg. *Allgemeine Betriebswirtschaftslehre*, Stuttgart: Fischer, S. 83-164.

Schauenburg, J. & Schauenburg, H., 2005. Treffsichere Entscheidungen durch methodische Unterstützung. In H. Barske, A. Gerybadze, L. Hünninghausen, & T. Sommerlatte, Hrsg. *Digitale Fachbibliothek Innovationsmanagement*, Düsseldorf: Symposium.

Schawel, C. & Billing, F., 2004. *Top 100 Management Tools. Das wichtigste Buch eines Managers* 1. Aufl., Wiesbaden: Gabler.

Scherer, E., 1998. The Reality of Shop Floor Control - Approaches to Systems Innovation. In E. Scherer, Hrsg. *Schop Floor Control - A Systems Perspective*, Berlin: Springer.

Scherf, O., 2003. *Komplexität aus systemischer Sicht*, St. Gallen Unviersität.

Scherm, E. & Pietsch, G., 2008. Management- und Entscheidungsunterstützung in Organisationen: Zwischen Technik und Interaktion. In *Intelligente Entscheidungsunterstützung: Aktuelle Herausforderungen und Lösungsansätze - Intelligent Decision Support: Current Challenges and Approaches; Festschrift for/für Hermann Gehring,* Wiesbaden: Gabler.

Scheuchl, M., 2006. *Einflussfaktoren und Planungsmethodik für supra-adaptive Logistiksysteme*, München: Utz.

Schlademann, J. & Pamies, S. G. G., 2010. *Entscheidungsfindungsmodelle- Systematische Entscheidungsfindung*, München: GRIN.

Schlange, L. E., 1994. Komplexitätsmanagement – Grundlagen und Perspektiven. In A. Schüller & L. E. Schlange, Hrsg. *Komplexitätsmanagement und Managementpraxis,* Stuttgart: Enke, S. 1-32.

Schluh, K.H., 1992. Wissensbasierte PPS-Technologie verkürzt Durchlaufzeiten und Projektentwicklungszeiten. *ZWF - Zeitschrift für wirtschaftliche Fertigung*, (87), S. 630-632.

Schmidt, M., 2009. *Management? Handlungsmuster erfolgreicher Führungskräfte*, Wiesbaden: Gabler.

Schmidt, N. & Lubecki-Weschke, N., 2010. Benchmarking - alter Hut oder Erfolgsstrategie in und aus der Krise? *Logistik für Unternehmen*, (1/2), S. 42-43.

Schmitt, R., Vorspel-Rueter, M. & Wienholdt, M., 2010. Handhabung von Komplexität in flexiblen Produktionssystemen. *Industrie Management*, (26), S. 53-56.

Schneider, R. & Grünewald, C., 2001. Supply Chain Management-Lösung mit mySAP.com. In O. Lawrenz, K. Hildebrand, M. Nenninger, & T. Hillek, Hrsg. *Supply Chain Management. Konzepte, Erfahrungsberichte und Strategien auf dem Weg zu digitalen Wertschöpfungsnetzwerken*, Braunschweig [u. a.]: Vieweg, S. 169-202.

Scholz-Reiter, B., 2008. Logistikdienstleistungen. In D. Arnold u. a., Hrsg. *Handbuch Logistik*, Berlin/Heidelberg: Springer, S. 581-610.

Scholz-Reiter, B. u. a., 2006. Einfluss der strukturellen Komplexität auf den Einsatz von selbststeuernden logistischen Prozessen. In H.-C. Pfohl & T. Wimmer, Hrsg. *Steuerung von Logistiksystemen - auf dem Weg zur Selbststeuerung. Konferenzband zum 3. BVL-Wissenschaftssymposium Logistik*, Hamburg: Deutscher Verkehrs-Verlag, S. 11-25.

Scholz-Reiter, B., de Beer, C., Freitag, M., Hamann, T., Rekersbrink, H. & Tervo, J. T., 2008. Dynamik logistischer Systeme. In Nyhuis, P., Hrsg. *Beiträge zu einer Theorie der Logistik*, Berlin/Heidelberg: Springer, S. 109-138.

Schuh, G., 1989. *Gestaltung und Bewertung von Produktvarianten*, Düsseldorf: VDI-Verlag.

Schuh, G., 2005. *Produktkomplexität managen: Strategien - Methoden - Tools*, München/Wien: Hanser.

Schuh, G., Gottschalk, S. & Kupke, D., 2008. Individualisierte Produktion - Flexible Konfigurationslogik zur Gestaltung von integrativen Produktionssystemen. *wt Werkstatttechnik online 98*, S. 285-290.

Schulte, C., 2009. *Logistik. Wege zur Optimierung der Supply Chain* 5. Aufl., München: Vahlen.

Schwegler, H., 1992. Systemtheorie als Weg zur Vereinheitlichung der Wissenschaften? In W. Krohn & G. Küppers, Hrsg. *Emergenz: Die Entstehung von Ordnung, Organisation und Bedeutung*, Frankfurt a. M.: Suhrkamp, S. 27-56.

Schweiger, S. & Brunner, V., 2006. Schach der Vielfalt - Wie Beschaffung und Logistik Komplexität in den Griff kriegen. *Beschaffung Aktuell*, (3), S. 30-31.

Sedlácek, J., 1968. *Einführung in die Graphentheorie*, Frankfurt/Zürich: Deutsch.

Sedlacek, K.-D., 2010. *Emergenz: Strukturen der Selbstorganisation in Natur und Technik*, Norderstedt: BoD – Books on Demand.

Seider, C. & Kaltenbach, M., 2009. Eine Kommandozentrale für die komplette Lieferkette. *Logistik für Unternehmen*, 61(10), S. 61-63.

Shannon, C. E. & Weaver, W., 1949. *Mathematical Theory of Communication*, Urbana: University of Illinois Press.

Sieck, H., 2011. *Key Account Management: Wie Sie erfolgreich KAM im Mittelstand oder im global agierenden Konzern einführen und professionell weiterentwickeln* 2. Aufl., Norderstedt: Books on Demand.

Smith, A., 1924. *An Inquiry into the Nature and Causes of the Wealth of Nations*, London: J. M. Dent.

Smykay, E. W., 1973. *Physical Distribution Management* 3. Aufl., New York: MacMillan.

Soldati, R., 2009. Standardsoftware optimiert Transportprozesse. In *Software in der Logistik. Klimaschutz im Fokus.*

Specht, G. & Fritz, W., 2005. *Distributionsmanagement* 4. Aufl., Stuttgart: Kohlhammer.

Spee, D., 2010. RFID bisher nur Zukunftsmusik. In *Software in der Logistik. Bestände richtig steuern*, München: Huss, S. 52-55.

Stacey, R. D., 1997. *Unternehmen am Rande des Chaos. Komplexität und Kreativität in Organisationen*, Stuttgart: Schäffer-Poeschel.

Staufenbiel, T. & Kleinmann, M., 2002. PaiRS: Ein Skalierungsverfahren für die Eignungsdiagnostik. *Zeitschrift für Personalpsychologie*, (1), S. 27-34.

von der Stein, A., 1968. Der Systembegriff in seiner geschichtlichen Entwicklung. In A. Diemer, Hrsg. *System und Klassifikation in Wissenschaft und Dokumentation*, Meisenheim am Glan: Hain, S. 1-14.

Stephan, A., 2000. Eine kurze Einführung in die Vielfalt und Geschichte emergentistischen Denkens. In T. Wägenbaur, Hrsg. *Blinde Emergenz? - Interdisziplinäre Beiträge zu Fragen kultureller Evolution*, Heidelberg: Synchron Wissenschaftsverlag der Autoren, S. 33-48.

Stieglitz, A., 1999. *Die Reorganisation handelslogistischer Versorgungsketten: Einflußfaktoren und Instrumente*, München: Huss.

Straube, F., 2004. *e-Logistik: ganzheitliches Logistikmanagement*, Berlin [u. a.]: Springer Verlag.

Strohmeier, G., 2007. *Ganzheitliches Risikomanagement in Industriebetrieben: Grundlagen, Gestaltungsmodell und praktische Anwendung*, Wiesbaden: Deutscher Universitäts-Verlag.

Sucky, E., 2008. Netzwerkmanagement. In D. Arnold u. a., Hrsg. *Handbuch Logistik*, Berlin/Heidelberg: Springer, S. 934-946.

Sydow, J., 2010. Netzwerke, Allianzsysteme, Verbünde, Kooperationen und Konstellationen. In J. Sydow, Hrsg. *Management von Netzwerkorganisationen*, Wiesbaden: Gabler, S. 1-6.

Sydow, J., 1992. *Strategische Netzwerke - Evolution und Organisation*, Wiesbaden: Gabler.

Tellis, W., 1997. Introduction to Case Study. *The Qualitative Report*, 3(2).

Tempelmeier, H., 2005. *Bestandsmanagement in Supply Chains*, Norderstedt: BoD – Books on Demand.

Thode, S., 2003. *Integration in unternehmensinternen sozialen Beziehungen: Theoretischer Ansatz, Operationalisierung und Bewertung der Umsetzung durch moderne Organisationskonzept.*, Wiesbaden: Deutscher Universitäts-Verlag.

Toth, M., 2008. Prozesse in Logistiknetzwerken - Supply Chain Management. In D. Arnold u. a., Hrsg. *Handbuch Logistik*, Berlin/Heidelberg: Springer, S. 459-486.

Trappmann, M., Hummell, H. J. & Sodeur, W., 2005. *Strukturanalyse sozialer Netzwerke: Konzepte, Modelle, Methoden*, Wiesbaden: Verlag für Sozialwissenschaften.

Tsoulfidis, L., 2009. *Competing Schools of Economic Thought*, Berlin/Heidelberg: Springer.

Ueda, K., Lengyel, A. & Hatano, I., 2004. Emergent Synthesis Approaches to Control and Planning in Make to Order Manufacturing Environments. *CIRP Annals - Manufacturing Technology*, 53 (1), S. 385-388.

Ulrich, H., 1968. *Die Unternehmung als produktives soziales System*, Bern: Haupt.

Ulrich, H., 1988. Von der Betriebswirtschaftslehre zur systemorientierten Managementlehre. In R. Wunderer, Hrsg. *Betriebswirtschaftslehre als Management- und Führungslehre*, Stuttgart: Poeschel, S. 173-190.

Ulrich, H. & Probst, G. J. B., 1995. *Anleitung zum ganzheitlichen Denken und Handeln* 4. Aufl., Bern: Haupt.

Urry, J., 2003. *Global Complexity*, Malden: Polity Press.

Vachon, S. & Klassen, R. D., 2002. An Exploratory Investigation of the Effects of Supply Chain Complexity on Delivery Performance. *Engineering Management, IEEE Transactions on*, 49(3), S. 218-230.

Vahrenkamp, R., 2007. *Logistik: Management und Strategien* 6. überarbeitete und erweiterte Auflage, München: Oldenbourg.

Vastag, A., 2008. Beschreibung und Abgrenzung der Distribution/Strategieparameter der Distribution. In D. Arnold u. a., Hrsg. *Handbuch Logistik*, Berlin/Heidelberg: Springer, S. 405-447.

Voigt, K.-I., 2008. *Industrielles Management: Industriebetriebslehre aus prozessorientierter Sicht*, Berlin/Heidelberg: Springer.

Waldraff, A., 2007. Dynamische Aspekte komplexer Logistiksysteme. In F. J. Garcia Sanz, K. Semmler, & J. Walther, Hrsg. *Die Automobilindustrie auf dem Weg zur globalen Netzwerkkompetenz*, Berlin/Heidelberg: Springer, S. 161-180.

Wannenwetsch, H., 2009. *Integrierte Materialwirtschaft und Logistik*, Berlin/Heidelberg: Springer.

Wannenwetsch, H. & Nicolai, S., 2004. *E-Supply-Chain-Management* 1. Aufl., Wiesbaden: Gabler.

Weidlich, W., 1999. Das Modellierungskonzept der Soziodynamik: Was leistet Synergetik? In K. Mainzer, Hrsg. *Komplexe Systeme und Nichtlineare Dynamik in Natur und Gesellschaft*, Berlin: Springer, S. 339-347.

Werner, H., 2010. *Supply Chain Management: Grundlagen, Strategien, Instrumente und Controlling* 4. Aufl., Wiesbaden: Gabler.

Westphal, J. R., 2001. *Komplexitätsmanagement in der Produktionslogistik. Ein Ansatz zur flussorientierten Gestaltung und Lenkung heterogener Produktionssysteme* 1. Aufl., Wiesbaden: Deutscher Universitäts-Verlag.

Wiener, N., 1965. *Cybernetics: or the Control and Communication in the Animal and the Machine* 2, Auflage, Cambridge: MIT Press.

Wildemann, H., 2003. Dezentralisierung von Kompetenz und Verantwortung. In Hans-Jörg Bullinger, H. J. Warnecke, & E. Westkämper, Hrsg. *Neue Organisationsformen im Unternehmen. Ein Handbuch für das moderne Management*, Berlin: Springer, S. 334-360.

Wildemann, H., 1999. Komplexität: Vermeiden oder beherrschen lernen - Für ein überlegtes Komplexitätsmanagement gibt es genug wirksame Mittel und Wege. *Harvard Business Manager. Das Wissen der Besten - Erweiterte deutsche Ausgabe der Harvard Business Review*, 21, S. 31-42.

Wildemann, H., 1998. Komplexitätsmanagement durch Prozeß- und Produktgestaltung. In H. Adam, Hrsg. *Komplexitätsmanagement*, Wiesbaden: Gabler, S. 47-68.

Wildemann, H., 1995. Komplexitätsmanagement in der Fabrikorganisation. *Zeitschrift für wirtschaftlichen Fabrikbetrieb*, 90(1-2), S. 21-27.

Wildemann, H., 2004. *Komplexitätsmanagement in Vertrieb, Beschaffung, Produkt, Entwicklung und Produktion* 5. Aufl., München: TCW Transfer-Centrum.

Wilding, R., 1998. The Supply Chain Complexity Triangle: Uncertainty Generation in the Supply Chain. *International Journal of Physical Distribution & Logistics Management*, 28(8), S. 599 - 616.

Wilke, H., 1993. *Systemtheorie* 4. Aufl., Jena: Fischer.

Will, T., 2010. *RFID in Maritime Container Logistics: A Delphi Study on Participant Specific Benefits*, Hamburg: tredition.

Windt, K., Philipp, T. & Böse, F., 2008. Complexity Cube for the Characterization of Complex Production Systems. *International Journal of Computer Integrated Manufacturing*, 21, S. 195-200.

Winkler, H., 2005. *Konzept und Einsatzmöglichkeiten des Supply Chain Controlling am Beispiel einer Virtuellen Supply Chain Organisation (VISCO)*, Wiesbaden: Deutscher Universitäts-Verlag.

Winter, M., 2009. *Referenzmodell zur Ableitung eines situationsadäquaten Projektmanagements*, Aachen: Shaker.

Wirtz, B. W., 2008. *Multi-Channel-Marketing: Grundlagen - Instrumente - Prozesse*, Wiesbaden: Gabler.

Wirtz, W., 2004. Erfolgsrezepte: Richtiger Umgang mit Komplexität. *a3 Volt*, (12), S. 107-108.

Wöhe, G., 2002. *Einführung in die Allgemeine Betriebswirtschaftslehre* 21. Aufl., München: Vahlen.

Wohlgemuth, O., 2002. *Management netzwerkartiger Kooperationen: Instrumente für die unternehmensübergreifende Steuerung* 1. Aufl., Wiesbaden: Deutscher Universitäts-Verlag.

Wolff, C., 2005. *Stabilität und Flexibilität von Kooperationen*, Wiesbaden: Deutscher Universitäts-Verlag.

Woodside, A. G., 2010. *Case Study Research: Theory, Methods, Practice*, Bingley: Emerald.

Wycisk, C., McKelvey, B. & Hulsmann, M., 2008. "Smart parts" Supply Networks as Complex Adaptive Systems: Analysis and Implications. *International Journal of Physical Distribution & Logistics Management*, 38(2), S. 108 - 125.

Yin, R. K., 2003. *Case Study Research: Design and Methods* 5. Aufl., Thousand Oaks: Sage.

Zielowski, C., 2006. *Managementkonzepte aus Sicht der Organisationskultur* U. Bauer, H. Biedermann & J. W. Wohinz, Hrsg., Wiesbaden: Deutscher Universitäts-Verlag.

Zobel, D., 2009. *Systematisches Erfinden: Methoden und Beispiele für den Praktiker*, Renningen: expert.

Zsifkovits, H. E. & Krenn, B., 2008. Beherrschung von komplexen Systemen durch Modellbildung und Simulation. In B. Krenn, O. Nowitzki, & C. Engelhardt-Nowitzki, Hrsg. *Management komplexer Materialflüsse mittels Simulation: State-of-the-Art und innovative Konzepte*, Wiesbaden: Deutscher Universitäts-Verlag, S. 55-70.

Zylstra, K. E., 2006. *Lean Distribution: Applying Lean Manufacturing to Distribution, Logistics, and Supply Chain*, Hoboken: John Wiley and Sons.

Anhang I: Praxisanalyse

Interviewleitfaden: Anforderungsprofil

Praktisches Komplexitätsmanagement in Distributionssystemen

Part A: Einführung

- Bitte geben Sie uns einen kurzen Überblick über Ihr Unternehmen und Ihren Tätigkeitsbereich im Unternehmen (Name, Ihre Funktion, Umsatz, Anzahl Mitarbeiter, Ziele des Unternehmens)

Part B: Organisation des Komplexitätsmanagements

- Was verstehen Sie unter „Komplexität“ und „Komplexitätsmanagement“?
- Was verstehen Sie unter „Distribution“ und „Distributionsmanagement“?
- Ist Komplexitätsmanagement in der Distributionsabteilung Ihres Unternehmens institutionalisiert/organisiert? Wenn ja, wie?
- Trennen Sie die beiden Bereiche Komplexitätsidentifizierung und -bewertung sowie Strategien zur Komplexitätsbewältigung? Wenn Nein → Part E

Part C: Instrumente der Komplexitätsidentifikation und -bewertung

- Welche Aktivitäten umfasst die Komplexitätsidentifikation und -bewertung in Ihrem Unternehmen?
- Werden dazu spezielle Instrumente und Methoden eingesetzt? Werden alle diese Methoden auch auf Ihr Distributionssystem angewendet?
- Was sind Ihre Erfahrungen mit diesen Methoden? Welche haben sich bewährt, welche nicht? Warum?
- Gibt es weitere Instrumente, die Ihnen bekannt sind, die aber nicht eingesetzt werden? Warum nicht?

Part D: Strategien der Komplexitätsbewältigung

- Wie wird Komplexitätsbewältigung in Ihrem Unternehmen umgesetzt? Werden dazu spezielle Strategien eingesetzt? Gibt es schon Anwendungsansätze im Distributionssystem?
- Welche Erfahrungen haben Sie mit diesen Methoden gemacht? Welche haben sich bewährt, welche nicht? Weswegen?
- Kennen Sie weitere Strategien, die jedoch nicht eingesetzt werden? Warum nicht?
- Nutzen Sie Instrumente zur Entscheidungsunterstützung in anderen Unternehmensbereichen (z. B. Supply Chain Management), die auch zur Komplexitätsanalyse (Identifikation, Bewertung, Bewältigungsstrategien) verwendet werden können?

Part E: Komplexitätsmanagement (nur wenn bei Frage B4 Nein)

- Wie wird Komplexitätsmanagement (Identifikation, Bewertung, Bewältigungsstrategien) in Ihrem Unternehmen umgesetzt? Werden dazu spezielle Strategien eingesetzt? Gibt es schon Anwendungsansätze im Distributionssystem?
- Welche Erfahrungen haben Sie mit diesen Methoden gemacht? Welche haben sich bewährt, welche nicht? Weswegen?
- Kennen Sie weitere Strategien, die jedoch nicht eingesetzt werden? Warum nicht?
- Nutzen Sie Instrumente zur Entscheidungsunterstützung in anderen Unternehmensbereichen (z. B. Supply Chain Management), die auch zur Komplexitätsanalyse (Identifikation, Bewertung, Bewältigungsstrategien) verwendet werden können?

Part F: Erfolgsindikatoren des Komplexitätsmanagements in Distributionssystemen

- Was macht Ihrer Meinung nach Komplexitätsmanagement in Distributionssystemen erfolgreich/nicht erfolgreich? Woran beurteilen Sie den Erfolg der von Ihnen eingesetzten Methoden und Strategien?
- Gibt es Ihrer Meinung nach unternehmens-/branchenspezifische Einflüsse/Faktoren, die sich auf die Auswahl von Instrumenten zur Identifikation, Bewertung und Bewältigung auswirken?
- Wenn Sie ein Komplexitätsmanagement in Distributionssystemen von Grund auf neu designen würden, wie würde es dann aussehen?

Part G: Stellhebel

- Was sind Ihrer Meinung nach Stellhebel in der Distribution, an denen angegriffen werden kann, um ein Komplexitätsmanagement einzuführen?

Part E: Weitere Aspekte

- Möchten Sie Punkte ergänzen, die wir in unserem bisherigen Gespräch nicht abgedeckt haben?
- Haben Sie weitere Wünsche oder Anregungen, die das Vorhaben betreffen?

Interviewleitfaden: prototypische Anwendung der Methodik

Zu Phase 1: Funktionalitätsprüfung (nur Praxispartner)

- Wie bewerten Sie die Benutzerfreundlichkeit und Handhabbarkeit der Anwendung?
- Halten Sie die Aggregationsebene, auf der die Methodik arbeitet, für angemessen (Verhältnis von umfassender inhaltlicher Abdeckung der Distribution und Konkretheitsgrad der abgeleiteten Handlungsempfehlungen)?
- Gibt es Kriterien, die für Sie für eine Komplexitätsanalyse der Distribution von Bedeutung sind, die aber nicht durch die Methodik abgedeckt werden?
- Haben Sie weitere Wünsche oder Anregungen, die das Vorhaben betreffen?

Zu Phase 2: Validitätsprüfung (Praxispartner und weitere(r) Unternehmensvertreter)

- Was ist Ihre Position im Unternehmen?
- Wie bewerten Sie die Aussagekraft des Komplexitätsvektors als Methode zur Bewertung von Komplexität in Distributionssystemen?
- Wie bewerten sie die Aussagekraft der strukturierten Ableitung von Handlungsempfehlungen zum Management von Komplexität in Distributionssystemen?
- Wie würden Sie die Ergebnisse der Methodik mit Ihren persönlichen Erfahrungswerten zur Optimierung des Distributionssystems vergleichen?

<u>Transkriptionsregeln</u>

Übersicht der verwendeten Regeln zur Transkription nach KUCKARTZ U. A. (2007, S. 27 f.):

- Es wird wörtlich transkribiert, also nicht lautsprachlich oder zusammenfassend. Vorhandene Dialekte werden nicht mit transkribiert.
- Sprache und Interpunktion werden leicht geglättet, d. h. an das Schriftdeutsch angenähert. Beispielsweise wird aus „Er hatte noch so'n Buch genannt" „Er hatte noch so ein Buch genannt".
- Alle Angaben, die einen Rückschluss auf eine befragte Person erlauben, werden anonymisiert.
- Deutliche, längere Pausen werden durch Auslassungspunkte (...) markiert.
- Besonders betonte Begriffe werden durch Unterstreichungen gekennzeichnet.
- Zustimmende bzw. bestätigende Lautäußerungen der Interviewer (Mhm, Aha etc.) werden nicht mit transkribiert, sofern sie den Redefluss der befragten Person nicht unterbrechen.
- Einwürfe der jeweils anderen Person werden in Klammern gesetzt.
- Lautäußerungen der befragten Person, die die Aussage unterstützen oder verdeutlichen (etwa lachen oder seufzen), werden in Klammern notiert.
- Die interviewende Person wird durch ein „I", die befragte Person durch den zuvor dem Unternehmen zugeordneten Buchstaben z. B. ein „B", gefolgt von ihrer Kennnummer, gekennzeichnet (etwa „B4").
- Jeder Sprecherwechsel wird durch eine Leerzeile zwischen den Sprechern deutlich gemacht, um die Lesbarkeit zu erhöhen.
- Zusätzlich wird noch die folgende Regel eingeführt:
  Unverständliche Begriffe werden mit *xxx* gekennzeichnet.

Anhang II: Komplexitätstreiber aus Theorie und Praxis

Aus der Praxisanalyse	
Quelle	***Treiber***
Praxispartner	Abhängigkeiten von Zulieferern, Kunden
Praxispartner	Anzahl Standorte
Praxispartner	Anzahl von Produkten
Praxispartner	Auftrags-/ Orderstruktur
Praxispartner	Funktionale Anforderungen
Praxispartner	Globalisierung
Praxispartner	Haftung & Versicherung
Praxispartner	Handelshemmnisse
Praxispartner	Homogenität der Sendung
Praxispartner	Innovationen
Praxispartner	IuK-System-Misfit
Praxispartner	Kundenzahl
Praxispartner	Laderaum
Praxispartner	Mitarbeiter & Arbeitszeiten
Praxispartner	Politisches bzw. gesetzliches Umfeld (Instabilitäten)
Praxispartner	Sendungsvolumen
Praxispartner	Termine
Praxispartner	Ungenügende Abstimmung und Information zwischen den betriebli-chen Teilsystemen
Praxispartner	Verkehrstreiber
Praxispartner	Verlagerung von Kundenaufgaben Upstream
Praxispartner	Vielfalt der Ergänzungsdienstleistun-gen
Praxispartner	Zoll

Ergänzende Literaturanalyse	
Quelle	***Treiber***
Bretzke 2010	Lieferwege
Bretzke 2010	Marktdynamik
Bretzke 2010	Staatliche Interventionen
Bretzke 2010	Verkehrsträger
Geimer, Kühn & Salje 2005	Anzahl Produktionsstandorte
Geimer, Kühn & Salje 2005	Kundenspezifische Forderungen
Geimer, Kühn & Salje 2005	Variantenzahl
Geimer, Kühn & Salje 2005	Verlagerungen ins Ausland
Hauptmann 2010	Anzahl logistischer Knoten
Hauptmann 2010	Geographische Erstreckung der Supply Chain
Hauptmann 2010	Kooperation
Hauptmann 2010	Länderspezifika
Hauptmann 2010	Menge der Stock Keeping Units
Hauptmann 2010	Servicegrad
Hofer und Knemeyer 2009	Geographische Zerstreutheit
Hofer und Knemeyer 2009	Vielfalt logistischer Transaktionen
Huch 2005	Veränderte Umweltbedingungen
Hundsnes 2000	Gesetzliche Regularien
Hundsnes 2000	Unsicherheit
Ivanov und Sokolov 2010	Anzahl der Interaktionen zwischen den Elementen
Ivanov und Sokolov 2010	Anzahl von Elementen
Ivanov und Sokolov 2010	Dynamisches Verhalten des Systems
Ivanov und Sokolov 2010	NP-schwere Probleme
Ivanov und Sokolov 2010	Unsicherheit
Ivanov und Sokolov 2010, Westphal 2001	Unterschiedlichkeit von Elementen
Ivanov und Sokolov 2010	Zielkonflikte
Klaus 2005	Zahl der Supply Chain Akteure
Klaus 2005	Vernetzungsgrad
Klaus 2005	Unsicherheiten im System
Klaus 2005	Variantenvielfalt
Mayer 2007	Heterogene Marktanforderungen
Mayer 2007	Kulturelle Aspekte
Mayer 2007	Produktvarianten
Mayer 2007	Weltweite Verstreuung der Absatz-märkte
Milgate 2001	Anzahl der Organisationsebenen
Milgate 2001	Anzahl der Verbindungen
Milgate 2001	Anzahl von Produkten
Milgate 2001	Geographische Faktoren
Milgate 2001	Grad der Systematisierung
Milgate 2001	Grad der Technisierung
Milgate 2001	Kommunikation und Zusammenspiel der Fachbereiche
Milgate 2001	Liefergeschwindigkeit
Milgate 2001	Produktvariabilität
Milgate 2001	Unvorhergesehene Variabilität der Nachfrage
Milgate 2001	Verteilung von Informationsflüssen im Netzwerk
Milgate 2001	Vertikale Integration
Milgate 2001	Zuverlässigkeit
Rojas Rodriguez 2007	Anzahl von Produkten
Rojas Rodriguez 2007	Beschaffungsvolumen
Rojas Rodriguez 2007	Verpackungstypen
Vastag 2008	Internationalisierung
Waldraff 2007	Kapazitätsengpässe
Waldraff 2007	Stufigkeit der Wertschöpfungskette
Waldraff 2007	Variantenvielfalt

*Meyer 2007**	
Quelle	***Treiber***
Meyer 2007	Abnehmende Möglichkeiten zur technologischen Produktdifferenzie-rung
Meyer 2007	Abschiebung von Verantwortung
Meyer 2007	Allgemein zunehmende Dynamik der Veränderungen
Meyer 2007	Änderungsvielfalt
Meyer 2007	Anforderungsvielfalt/ Individualisierung der Nachfrage
Meyer 2007	Anzahl Baugruppen
Meyer 2007	Anzahl der an einer Auftragserfüllung beteiligten Mitarbeiter
Meyer 2007	Anzahl der Artikel im Lager
Meyer 2007	Anzahl der Beschaffungspositionen
Meyer 2007	Anzahl der Lagerbewegungen
Meyer 2007	Anzahl der Lieferanten
Meyer 2007	Anzahl der Transportquellen
Meyer 2007	Anzahl der zu koordinierenden Res-

*Meyer 2007**	
Quelle	***Treiber***
	sourcen und Bereiche
Meyer 2007	Anzahl externer Schnittstellen
Meyer 2007	Anzahl interner Schnittstellen
Meyer 2007	Anzahl Materialien
Meyer 2007	Anzahl Standorte
Meyer 2007	Anzahl verwendete Bauteile
Meyer 2007	Anzahl von Produkten
Meyer 2007	Auftragsauslösungsart
Meyer 2007	Ausgeprägtes Formularwesen
Meyer 2007	Ausmaß der Prozessverknüpfungen
Meyer 2007	Auswahl der Märkte
Meyer 2007	Begrenzte Marktvolumensteigerungen
Meyer 2007	Bereichsegoismen
Meyer 2007	Beschäftigtenzahl
Meyer 2007	Bestände
Meyer 2007	Breite des Sortiments
Meyer 2007	Breite Produktionsprogramm
Meyer 2007	Differenzierungszwang (Wettbewerb)
Meyer 2007	Dispositionsart
Meyer 2007	Dispositionsart
Meyer 2007	Diversifikation in den Geschäftsbereichen
Meyer 2007	Entwicklung der Kommunikations- und Informationstechnologie
Meyer 2007	Entwicklungstiefe
Meyer 2007	Erhöhung der Wettbewerbsintensität
Meyer 2007	Erhöhung kundenindividuell wählbarer Bestandteile
Meyer 2007	Fehlende Strategie
Meyer 2007	Fertigungsablaufart
Meyer 2007	Fertigungstiefe
Meyer 2007	Funktionale Anforderungen
Meyer 2007	Funktionale Unternehmensgliederung
Meyer 2007	Funktionsorientierung
Meyer 2007	Gesetzliche Anforderungen
Meyer 2007	Globalisierung
Meyer 2007	Grad der Arbeitsteilung
Meyer 2007	Grad der externen Zusammenarbeit
Meyer 2007	Größe des Sortiments
Meyer 2007	Heterogenität des Auftragsbestandes
Meyer 2007	Heterogenität des Produktionsprogramms
Meyer 2007	Hochgradiges Bringprinzip
Meyer 2007	Hohe Anzahl an Hirarchieebenen
Meyer 2007	Höhere Variantenzahl (intern)
Meyer 2007	Horizontale Aufbaustruktur
Meyer 2007	Informationsasymmetrie
Meyer 2007	Informationsdefizit bez. komplexitätsrelevanter Informationen in vorhandenen Berichten und Dokumenten
Meyer 2007	Innovationen
Meyer 2007	IuK-System-Misfit
Meyer 2007	Komplexe Fertigungstechnologie
Meyer 2007	Komplexe Produktionsstrukturen
Meyer 2007	Komplexität der Betriebsmittel
Meyer 2007	Komplexität der wirtschaftlichen Systeme
Meyer 2007	Kopplung mit Serviceleistungen
Meyer 2007	Kundenanforderungen
Meyer 2007	Kundenstruktur
Meyer 2007	Kundenzahl
Meyer 2007	Lagermenge pro Artikel
Meyer 2007	Länderspezifika
Meyer 2007	Länge der Entscheidungsprozesse
Meyer 2007	Länge der Entscheidungswege
Meyer 2007	Lieferantenvielfalt

*Meyer 2007**	
Quelle	***Treiber***
Meyer 2007	Machtstreben
Meyer 2007	Mangel an Motivation und Identifikation
Meyer 2007	Mangel an Sozial und Fachkompetenz
Meyer 2007	Mangelhafte Anreizsysteme
Meyer 2007	Mangelhafte organisatorische Einbindung
Meyer 2007	Mangelhafte Übertragung der Information über Kundenwünsche aus bestehenden auf neue Produkte
Meyer 2007	Mangelnde Transparenz
Meyer 2007	Markt- und Wettbewerbsanforderungen
Meyer 2007	Marktdynamik
Meyer 2007	Mechanisierung einzelner Prozessabschnitte
Meyer 2007	Medienbrüche
Meyer 2007	Menge pro Lagerentnahme
Meyer 2007	Methodendefizit
Meyer 2007	Minimierung der Herstellkosten
Meyer 2007	Nachfrageschwankung
Meyer 2007	Ökologische und kulturelle Faktoren
Meyer 2007	Politisches bzw. gesetzliches Umfeld (Instabilitäten)
Meyer 2007	Produktionsorganisation
Meyer 2007	Reifegrad des Enderzeugnisses
Meyer 2007	Schnittstellengestaltung
Meyer 2007	Sinkende Vermarktungszeiten
Meyer 2007	Stagnierendes Preisniveau
Meyer 2007	Steigende Zahl von technologisch verwertbaren Forschungsergebnissen
Meyer 2007	Steigender Aufwand für Innovationen
Meyer 2007	Struktur/Heterogenität des Produktionsprogramms
Meyer 2007	Synchronisation der Prozesse
Meyer 2007	System-Misfit
Meyer 2007	Technisch-funktionale Änderungen
Meyer 2007	Tiefe des Produktionsprogramms
Meyer 2007	Transparenzdefizit: mangelnde Abbildung von Einflussgrößen und Niveau
Meyer 2007	Trennung von Aufgabe, Verantwortung und Kompetenz
Meyer 2007	Überflutung mit Informationen
Meyer 2007	Übermaß an Kontrollinstanzen
Meyer 2007	Ungenügende Abstimmung und Information zwischen den betrieblichen Teilsystemen
Meyer 2007	Unnötige produktbezogene Vielfalt
Meyer 2007	Unternehmensstrategie
Meyer 2007	Unzureichende Definition und Aufnahme der Komplexität in die Zielsysteme des Unternehmens
Meyer 2007	Unzureichende Möglichkeiten zur Bewertung/Erfassung der Komplexität
Meyer 2007	Unzureichende Möglichkeiten zur kostenmäßigen Erfassung der Komplexität
Meyer 2007	Verfügbares Know-how der Lieferanten
Meyer 2007	Verfügbarkeit von Technologien
Meyer 2007	Verkürzung der Lieferzeiten
Meyer 2007	Vertikale Aufbaustruktur
Meyer 2007	Vollständigkeit der Systemintegration
Meyer 2007	Volumina der Leistungsbestandteile
Meyer 2007	Wandel der Absatzmärkte/Marktstruktur
Meyer 2007	Wertschöpfungstiefe

*Meyer 2007**	
Quelle	***Treiber***
Meyer 2007	Wettbewerbsaktivitäten
Meyer 2007	Wettbewerbsstrategie
Meyer 2007	Zahl der Bearbeitungsstationen
Meyer 2007	Zahl der Endprodukte
Meyer 2007	Zahl der untersch. Bearbeitungszeiten
Meyer 2007	Zentralisierungsgrad
Meyer 2007	Zielsetzungs- und Steuerungsdefizit: Offenheit der Zielsysteme hinsichtlich der Komplexität
Meyer 2007	Zunehmende Vernetzung

* Primärquellen der Treiber in
MEYER (2007, S. 182 f.)

Anhang III: Elemente der Konzeptentwicklung

Element	Beschreibung
Allokationsfelder	Durch *Partialflüsse* und *Schritte im Wertschöpfungssystem* entstehende Teilbereiche des Distributionssystems im *Ordnungsrahmen*, denen *Komplexitätstreiber* zugeordnet werden können
Betrachtungsebenen	Zusammenfassung unterschiedlicher *Schritte im Wertschöpfungssystem* zur Allokation von Komplexitätsursachen und -wirkungen (Produktionssystem, Kundensystem, Distributionssystem im weiteren Sinne, Einflussgebiet, Wertschöpfungssystem)
Bewertungsskala	Endpunktbenannte Ratioskala mit fünf Skalenpunkten zur Bewertung des Einflusses der *Komplexitätstreiber* auf die Komplexität des zu untersuchenden Distributionssystems
Dimensionen	Dimensionen des Vektorraumes des *Komplexitätsvektors*, die sich aus der erarbeiteten Komplexitätsdefinition ergeben (Mikro, Makro)
Entscheidungsparameter	Beeinflussbarkeit und ihr zeitl. Horizont von *Komplexitätstreibern* als Parameter zur Beurteilung ihrer Strategiezugehörigkeit
Erfolgsindikatoren	In der Praxisanalyse identifizierte Parameter, die zur Bewertung der entwickelten Methodik herangezogen werden
Komplexitätstreiber	Systemelemente mit Komplexitätseinfluss, die als Bewertungsgrundlage zur Bildung des *Komplexitätsvektors* dienen
Komplexitätsvektor	Konzept zur Bewertung und Visualisierung von Komplexität in Distributionssystemen, das sich aus drei *Strategie*-Subvektoren zusammensetzt
Methodenbaukasten	Katalog von einheitlich dargestellten Methoden des Komplexitätsmanagements in der Distribution als erweiterbarer Pool, aus dem durch das entwickelte Konzept fallspezifisch einzelne Methoden als Handlungsempfehlungen ausgegeben werden können
Methodenkarte	Strukturierte Darstellungsform einer Methode im *Methodenbaukasten*
Ordnungsrahmen	Struktur zur Gliederung des Distributionssystems in Teilbereiche zur gezielten Zuordnung von *Komplexitätstreibern*, bestehend aus einer vert. (*Partialflüsse*) und einer horiz. (*Schritte im Wertschöpfungssystem*) Ebene
Paarweiser Vergleich	Methode zur Gewichtung der Ebenen des *Ordnungsrahmens* mit dem Ziel, die fallbezogen relevanten Allokationsfelder zu identifizieren
Partialflüsse	Vertikale Ebene des *Ordnungsrahmens* (Organisationsfluss, Materialfluss, Informationsfluss, Akquisitorischer Fluss)
Referenzmodell	Zusammenfassung der Kategorisierungsansätze (*Ordnungsrahmen, Dimensionen* und *Strategien*) zur, für die Ableitung von Handlungsempfehlungen notwendigen, strukturierten Verknüpfung von *Komplexitätstreibern* und *Methoden(karten)*
Schritte im Wertschöpfungssystem	Horizontale Ebene des *Ordnungsrahmens* (Beschaffung, Produktion, Warenausgang, Distributionssystem im engeren Sinne, Schnittstelle zum Kunden, Verwertung durch den Kunden)
Software Demonstrator	Umsetzung der entwickelten Methodik in ein Excel-Tool zur vereinfachten Anwendung
Stellhebel	In der Praxisanalyse identifizierte Angriffspunkte des Managements als wichtige Grundlage zur Wahl passender *Komplexitätstreiber*
Strategien	Komplexitätsbeherrschung, -vermeidung und -reduzierung als unterschiedliche Herangehensweisen zur Komplexitätshandhabung, für die jeweils ein Subvektor des *Komplexitätsvektors* gebildet wird

Anhang IV: Methodenbaukasten

<table>
<tr><td>Name der Methode</td><td>ABC-/XYZ-Analyse</td></tr>
<tr><td>Ziel</td><td>Ziel dieser beiden Analyseverfahren ist es, eine Klassifizierung verschiedener Elemente vorzunehmen. Das Klassifizierungsmerkmal ist hierbei nicht eindeutig bestimmt und kann vom Anwender entsprechend der Bedürfnisse festgelegt werden.</td></tr>
<tr><td>Ablauf / Vorgehen</td><td>Die einzelnen Elemente werden in drei Klassen, z. B. A, B, C unterteilt. Da das gesamte Teilespektrum eines Unternehmens heterogen sein kann, muss es eine Differenzierung erfahren. Im dispositiven Bereich handelt es sich z. B. um eine Teile-Mengen Wertstatistik, die sowohl den prozentualen Anteil eines Teiles an der Gesamtzahl der Teile als auch am Gesamtumsatz ausdrückt.

Schwankungen lassen sich durch Verwendung der XYZ – Analyse berücksichtigen. Eine Klassifikation ist etwa möglich hinsichtlich Verbrauch und dessen Vorhersagegenauigkeit bzw. zum Versorgungsrisiko.</td></tr>
<tr><td>Kriterien zur Anwendung im DS</td><td>Die Analyseverfahren können auf viele Größen eines DS angewendet werden.

Die Analysemethoden unterstützen das Variantenmanagement im DS, indem Bereiche identifiziert werden, in denen aufgrund hoher Variantenanzahl Komplexität vorherrscht oder entsteht. Dadurch können überflüssige Varianten eliminiert werden.</td></tr>
<tr><td colspan="2">Einordnung in das Referenzmodell</td></tr>
<tr><td>Strategie</td><td>(Beherrschen □, Vermeiden □, Reduzieren X)</td></tr>
<tr><td>Wirkbereich</td><td>(Felder des Ordnungsrahmens)

<table>
<tr><td></td><td>Produktion</td><td>Warenausgang</td><td>DS i.e.S.</td><td>Schnittstelle z. Kunden</td></tr>
<tr><td>Organisation</td><td></td><td>X</td><td>X</td><td></td></tr>
<tr><td>Informationsfluss</td><td></td><td></td><td></td><td></td></tr>
<tr><td>Materialfluss</td><td>X</td><td></td><td></td><td></td></tr>
<tr><td>Akquisit. Fluss</td><td></td><td></td><td></td><td></td></tr>
</table></td></tr>
<tr><td>Komplexitätsebene</td><td>(Mikro X , Makro □)</td></tr>
<tr><td colspan="2">Darstellung weiterer Informationen zur Anwendung</td></tr>
<tr><td>Zeitrahmen</td><td>Analysen lassen sich unter geringem Zeitaufwand realisieren.</td></tr>
<tr><td>Unternehmensebene</td><td>Strategisch □ Mittlere Ebene X Operativ □</td></tr>
<tr><td>Kosten zur Umsetzung</td><td>Gegenüber anderen Methoden lassen sich die Analyseverfahren unter geringem Aufwand realisieren.</td></tr>
<tr><td>Chancen und Risiken</td><td>Die Analyseverfahren ermöglichen es, verschiedene Elemente einer Grundgesamtheit schnell und mit wenig Aufwand, ihrer Priorität entsprechend zu ordnen und übersichtlich darzustellen.

Die Grundlage der Analyse ist allerdings nur eine Größe, entsprechend derer die Prioritäten festgelegt werden. Zudem sind die Verfahren nicht in der Lage einen Trend darzustellen. Somit besteht die Gefahr positive Trends zu übersehen, wenn nur der Priorisierung entsprechend gehandelt wird.</td></tr>
<tr><td>Weitere wichtige Aspekte?</td><td>-</td></tr>
<tr><td>Weiterführende Literaturquellen</td><td>Vahrenkamp 2007, S. 76 ff.; Bichler u. a. 2010, S. 83 ff.; Schawel & Billing 2004, S. 24 ff.</td></tr>
<tr><td>Komplexitätstreiber</td><td>Anzahl der Artikel im Lager und Lagerbewegungen, Anzahl der Produktvarianten, Breite des Produktsortiments, Kundenanzahl und Kundenstruktur</td></tr>
</table>

<table>
<tr><td>Name der Methode</td><td>Activity Based Costing (ABC)</td></tr>
<tr><td>Ziel</td><td>Analyse des Betriebsablaufs zur Identifizierung von Aktivitäten, Teil- und Hauptprozessen sowie anschließende Ableitung von Bezugsgrößen, um eine verursachungsgerechte Verteilung primär von Gemeinkosten zu erzielen.</td></tr>
<tr><td>Ablauf / Vorgehen</td><td>Aufgrund der Unzulänglichkeiten herkömmlicher Kostenrechnungssysteme wird ABC als Planungs- und Controllinginstrument eingesetzt. Es definiert etwa interne Verrechnungspreise oder auch Preise der Produkte für externe Kunden nach dem Verursacherprinzip. Das Vorgehen beim ABC erfolgt in fünf Schritten:

• Identifizierung von Prozessen/Aktivitäten
• Definition der Messgrößen
• Festlegung von Planmengen
• Planung Prozesskosten
• Definition von Kosten pro Aktivität</td></tr>
<tr><td>Kriterien zur Anwendung im DS</td><td>Anwendungsvoraussetzungen sind detaillierte Auswertungsmöglichkeiten der IT-Systeme, um Verursachungswege der Kosten nachzuvollziehen. Wichtig ist die Schaffung von Transparenz bei den einzelnen Prozessen.</td></tr>
<tr><td colspan="2">Einordnung in das Referenzmodell</td></tr>
<tr><td>Strategie</td><td>(Beherrschen □, Vermeiden □, Reduzieren X)</td></tr>
<tr><td>Wirkbereich</td><td>(Felder des Ordnungsrahmens)
<table>
<tr><th></th><th>Produktion</th><th>Warenausgang</th><th>DS i.e.S.</th><th>Schnittstelle z. Kunden</th></tr>
<tr><td>Organisation</td><td></td><td></td><td>X</td><td></td></tr>
<tr><td>Informationsfluss</td><td></td><td></td><td></td><td></td></tr>
<tr><td>Materialfluss</td><td></td><td></td><td></td><td></td></tr>
<tr><td>Akquisit. Fluss</td><td></td><td></td><td></td><td></td></tr>
</table></td></tr>
<tr><td>Komplexitätsebene</td><td>(Mikro X , Makro □)</td></tr>
<tr><td colspan="2">Darstellung weiterer Informationen zur Anwendung</td></tr>
<tr><td>Zeitrahmen</td><td>Mittelfristig, erforderlich ist die Betrachtung sämtlicher Unternehmensprozesse zur kostenmäßigen Erfassung.</td></tr>
<tr><td>Unternehmensebene</td><td>Strategisch □ Mittlere Ebene X Operativ □</td></tr>
<tr><td>Kosten zur Umsetzung</td><td>mittel</td></tr>
<tr><td>Chancen und Risiken</td><td>ABC ist sinnvoll für Unternehmen mit einer Vielzahl an Produkten und Services. Ideal wird es im Zusammenhang mit einem Prozessoptimierungsprojekt eingeführt. ABC ermöglicht, hohe Overheadkosten und weitere Kostentreiber bei einzelnen Produkten und Services zu identifizieren.</td></tr>
<tr><td>Weitere wichtige Aspekte</td><td>Das vorgestellte Konzept ist in vergleichbarer Form auch unter dem Begriff „Prozesskostenrechnung“ bekannt.</td></tr>
<tr><td>Weiterführende Literaturquellen</td><td>Horváth & Mayer 1989; Schawel & Billing 2004, S. 26 f.; Wöhe 2002</td></tr>
<tr><td>Komplexitätstreiber</td><td>Unzureichende Möglichkeit zur kostenmäßigen Erfassung/Bewertung/Handhabung der Komplexität, Vertikale Integration innerhalb des Distributionssystems der Unternehmen</td></tr>
</table>

<table>
<tr><td>Name der Methode</td><td>Advanced Planning-Systeme (APS)</td></tr>
<tr><td>Ziel</td><td>In der Produktionswirtschaft unterstützen AP-Systeme die Planungsfunktionen der PPS- und ERP-Systeme. Im Supply Chain Management sorgen sie für eine integrierte Planung sämtlicher Prozesse.</td></tr>
<tr><td>Ablauf / Vorgehen</td><td>Mit Hilfe von APS wird die Produktionsplanung in Form modular aufgebauter Softwaresysteme zerlegt, die sich als dekomponierte Produktionsplanungssysteme beschreiben lassen.</td></tr>
<tr><td>Kriterien zur Anwendung im DS</td><td>Um APS in DS einzusetzen, ist zunächst ein Koordinationsansatz notwendig, der die interdependenten Beziehungen berücksichtigt. (z. B. hierarchische Planung)</td></tr>
<tr><td colspan="2">Einordnung in das Referenzmodell</td></tr>
<tr><td>Strategie</td><td>(Beherrschen □, Vermeiden X, Reduzieren □)</td></tr>
<tr><td>Wirkbereich</td><td>(Felder des Ordnungsrahmens)
<table>
<tr><th></th><th>Produktion</th><th>Warenausgang</th><th>DS i.e.S.</th><th>Schnittstelle z. Kunden</th></tr>
<tr><td>Organisation</td><td></td><td></td><td></td><td></td></tr>
<tr><td>Informationsfluss</td><td>X</td><td>X</td><td>X</td><td>X</td></tr>
<tr><td>Materialfluss</td><td>X</td><td>X</td><td>X</td><td>X</td></tr>
<tr><td>Akquisit. Fluss</td><td></td><td></td><td></td><td></td></tr>
</table></td></tr>
<tr><td>Komplexitätsebene</td><td>(Mikro □, Makro X)</td></tr>
<tr><td colspan="2">Darstellung weiterer Informationen zur Anwendung</td></tr>
<tr><td>Zeitrahmen</td><td>Die Implementierung von APS stellt sich als mehrstufiger Prozess dar, wobei zunächst ein Koordinationsansatz gewählt werden muss, um dann die Zerlegung in Module vorzunehmen. Diese kann mitunter ein langfristiger und zeitintensiver Prozess sein.</td></tr>
<tr><td>Unternehmensebene</td><td>Strategisch □ Mittlere Ebene X Operativ X</td></tr>
<tr><td>Kosten zur Umsetzung</td><td>Der Aufwand und die damit einhergehenden Kosten sind verhältnismäßig hoch.</td></tr>
<tr><td>Chancen und Risiken</td><td>APS bieten Gelegenheit, Produktionsplanung unternehmensübergreifend mit Zulieferern und Kunden abzustimmen. Allerdings werden die beteiligten Unternehmen der Supply Chain nur in Ausnahmefällen die zur Installation notwendigen Informationen zur Verfügung stellen.</td></tr>
<tr><td>Weitere wichtige Aspekte?</td><td>Ähnlichkeit zu „Joint Forecasting“</td></tr>
<tr><td>Weiterführende Literaturquellen</td><td>Betge 2006, S. 76 ff.; Busch & Dangelmaier 2004, S. 217 ff.</td></tr>
<tr><td>Komplexitätstreiber</td><td>Anzahl von Medienbrüchen, Grad der Informationsasymmetrie, Integrationsgrad von Distributionsprozessen</td></tr>
</table>

Name der Methode	Algorithmus zur Lösung erfinderischer Aufgaben (ARIZ)
Ziel	Lösung komplexer Probleme durch Kreativitätstechniken
Ablauf / Vorgehen	ARIZ ist ein Kreativitätstool, das Probleme, Widersprüche und Rahmenbedingungen analysiert und die Ermittlung von Lösungsansätzen fördert. Die frühzeitige Definition des idealen Endresultats (IER) gibt dem Verfahren von Beginn an eine konkrete Zielrichtung. ARIZ besteht aus drei Phasen: • Analytische Phase: Definition des Problems und der Problemursachen, Erarbeitung des IER • Operative Phase: Analyse • Synthetische Phase: Erarbeitung der empfehlenswerten Veränderungen
Kriterien zur Anwendung im DS	Keine spezifischen
Einordnung in das Referenzmodell	
Strategie	(Beherrschen □, Vermeiden □, Reduzieren X)
Wirkbereich	(Felder des Ordnungsrahmens)
Komplexitätsebene	(Mikro X, Makro □)
Darstellung weiterer Informationen zur Anwendung	
Zeitrahmen	kurzfristig
Unternehmensebene	Strategisch □ Mittlere Ebene X Operativ □
Kosten zur Umsetzung	gering
Chancen und Risiken	ARIZ ist eine systematische, auf das ideale Endresultat ausgerichtete Suche nach Lösungen durch Förderung von Kreativität und Fantasie. Die Qualität der Lösungsansätze steht im Vordergrund. Die systematische Durchführung, egal ob in der Gruppe oder als Einzelperson, ist aufwendig und zeitintensiv.
Weitere wichtige Aspekte?	Sinnvoll ist die Unterstützung der Methode durch weitere, komplementäre Techniken, wie kreativ-intuitive (z. B. Brainstorming) oder systematisch-analytische Techniken (z. B. Morphologischer Kasten).
Weiterführende Literaturquellen	Schawel & Billing 2004, S. 32 f.; Knieß 2002; Zobel 2009
Komplexitätstreiber	Anwendbar für alle Probleme, die Komplexität erzeugen.

Wirkbereich (Felder des Ordnungsrahmens):

	Produktion	Warenausgang	DS i.e..	Schnittstelle z. Kunden
Organisation	X		X	X
Informationsfluss		X	X	X
Materialflss	X	X	X	X
Akquisit. Fluss				

<table>
<tr><td>Name der Methode</td><td colspan="5">Auftragsabwicklungszentrum (AAZ)</td></tr>
<tr><td>Ziel</td><td colspan="5">Schaffung einer Prozessorientierung in der Auftragsabwicklung zur Reduzierung von komplexitätsbedingten Fehlerquellen</td></tr>
<tr><td>Ablauf / Vorgehen</td><td colspan="5">Die Methode optimiert die Auftragsabwicklung für den Kunden durch den Wandel von der Funktions- zur Prozessoptimierung. Aufgrund unterschiedlicher Auftragsinhalte ist die Struktur des Auftragsabwicklungszentrums individuell an die Auftragstypen anzupassen. Erforderlich sind grundsätzliche Kernfunktionen mit spezifischen Randfunktionen, die sich an den genauen Auftragsinhalten orientieren. Prozessorientierte Aufgaben werden in den Auftragssegmenten gebündelt.</td></tr>
<tr><td>Kriterien zur Anwendung im DS</td><td colspan="5">Kein spezifischen</td></tr>
<tr><td colspan="6">Einordnung in das Referenzmodell</td></tr>
<tr><td>Strategie</td><td colspan="5">(Beherrschen □, Vermeiden □, Reduzieren X)</td></tr>
<tr><td rowspan="6">Wirkbereich</td><td colspan="5">(Felder des Ordnungsrahmens)</td></tr>
<tr><td></td><td>Produktion</td><td>Warenausgang</td><td>DS i.e.S.</td><td>Schnittstelle z. Kunden</td></tr>
<tr><td>Organisation</td><td></td><td></td><td></td><td></td></tr>
<tr><td>Informationsfluss</td><td></td><td>X</td><td>X</td><td>X</td></tr>
<tr><td>Materialfluss</td><td></td><td></td><td></td><td></td></tr>
<tr><td>Akquisit. Fluss</td><td></td><td></td><td></td><td></td></tr>
<tr><td>Komplexitätsebene</td><td colspan="5">(Mikro X, Makro □)</td></tr>
<tr><td colspan="6">Darstellung weiterer Informationen zur Anwendung</td></tr>
<tr><td>Zeitrahmen</td><td colspan="5">mittelfristig</td></tr>
<tr><td>Unternehmensebene</td><td colspan="5">Strategisch □ Mittlere Ebene X Operativ X</td></tr>
<tr><td>Kosten zur Umsetzung</td><td colspan="5">Gering bis mittel</td></tr>
<tr><td>Chancen und Risiken</td><td colspan="5">Die Schwachstellen in der Auftragsabwicklung sind in der Regel im organisatorischen und informatorischen Bereich zu finden. Die Schaffung eines Auftragsabwicklungszentrums bietet zahlreiche Vorteile, etwa ein effizienterer Personaleinsatz oder die Kostenreduzierung in der Auftragsbearbeitung.</td></tr>
<tr><td>Weitere wichtige Aspekte?</td><td colspan="5">-</td></tr>
<tr><td>Weiterführende Literaturquellen</td><td colspan="5">Wildemann 2004, S. 308 ff.; Straube 2004, S. 153 ff.; Heiserich 2002, S. 210 ff.</td></tr>
<tr><td>Komplexitätstreiber</td><td colspan="5">Verkürzung der Lieferzeiten, Ungenügende Abstimmung und Information zwischen den Teilsystemen des DS, Länge der Entscheidungswege, Anzahl Organisations-/Verwaltungsebenen</td></tr>
</table>

<table>
<tr><td>Name der Methode</td><td>Balanced Scorecard (BSC)</td></tr>
<tr><td>Ziel</td><td>Verbesserung der strategischen Unternehmensführung</td></tr>
<tr><td>Ablauf / Vorgehen</td><td>Verknüpfung verschiedener Perspektiven, um eine Strategie in konkrete, operative Maßnahmen zu überführen und diese in ihrer Umsetzung zu überwachen. Die Anwendung ist möglich, wenn ein individuelles, ausgewogenes Steuerungssystem für ein Unternehmen oder für ein Geschäftsfeld implementiert werden soll. Die BSC muss in der Regel für jedes Objekt neu konzipiert werden.

Die BSC umfasst vier Dimensionen. Im Mittelpunkt steht die Vision und Strategie:

• Kunden/Markt
• Lernen/Entwicklung
• Finanzen
• Geschäftsprozesse

Die Einführung einer BSC basiert auf vier Phasen:

• Ist-Analyse
• Geschäftsfeld-/segmentspezifische Erarbeitung der BSC
• Konsolidierung und Erstellung der Unternehmens-BSC
• Implementierung und Monitoring</td></tr>
<tr><td>Kriterien zur Anwendung im DS</td><td>Erforderlich ist eine Umsetzung im IT-System und die Schaffung erforderlicher Schnittstellen. Weiterhin bedarf es einer Projektorganisation sowie eine Hierarchisierbarkeit und Verknüpfung von Einzelzielen. Schwerpunkt sind die Bestandteile Kunden/Markt und Geschäftsprozesse.</td></tr>
<tr><td colspan="2">Einordnung in das Referenzmodell</td></tr>
<tr><td>Strategie</td><td>(Beherrschen □, Vermeiden X, Reduzieren □)</td></tr>
<tr><td>Wirkbereich</td><td>(Felder des Ordnungsrahmens)
<table>
<tr><th></th><th>Produktion</th><th>Warenausgang</th><th>DS i.e.S.</th><th>Schnittstelle z. Kunden</th></tr>
<tr><td>Organisation</td><td></td><td>X</td><td></td><td>X</td></tr>
<tr><td>Informationsfluss</td><td></td><td></td><td></td><td>X</td></tr>
<tr><td>Materialfluss</td><td></td><td></td><td></td><td>X</td></tr>
<tr><td>Akquisit. Fluss</td><td></td><td></td><td></td><td>X</td></tr>
</table></td></tr>
<tr><td>Komplexitätsebene</td><td>(Mikro □, Makro X)</td></tr>
<tr><td colspan="2">Darstellung weiterer Informationen zur Anwendung</td></tr>
<tr><td>Zeitrahmen</td><td>Mittel- bis langfristig</td></tr>
<tr><td>Unternehmensebene</td><td>Strategisch X Mittlere Ebene □ Operativ □</td></tr>
<tr><td>Kosten zur Umsetzung</td><td>Erforderlich sind hohe Managementkapazitäten</td></tr>
<tr><td>Chancen und Risiken</td><td>Die BSC ergänzt finanzwirtschaftliche Kennziffern und Kennzahlen auf Kunden- und Prozessebene. Die Aussagekraft des Controllings wird erhöht. Einzelziele werden zu einem Gesamtansatz aggregiert, die Strategieumsetzung unterstützt.</td></tr>
<tr><td>Weitere wichtige Aspekte?</td><td>-</td></tr>
<tr><td>Weiterführende Literaturquellen</td><td>Schawel & Billing 2004, S. 35 f.; Kaplan & Norton 1996b; Kaplan & Norton 1996a; Meyer 2007</td></tr>
<tr><td>Komplexitätstreiber</td><td>Wettbewerbsanforderungen, Konflikte zwischen Unternehmenszielen und Zielen im DS, Bereichsegoismen, Grad der Abhängigkeit von Kunden (zu enge oder zu lose Kundenbindung), Kundenanzahl und Kundenstruktur</td></tr>
</table>

<table>
<tr><td>Name der Methode</td><td>Benchmarking/Best-practice</td></tr>
<tr><td>Ziel</td><td>Identifizierung von Praktiken für bessere Lösungen von Unternehmensprozessen und Aufdeckung von Leistungsabweichungen zu anderen Unternehmen bzw. Distributionssystemen.</td></tr>
<tr><td>Ablauf / Vorgehen</td><td>In den meisten Fällen erfolgt ein Kennzahlenvergleich zwischen den Benchmarking-Teilnehmern. Auf der Basis dieser Leistungsanalyse entwickeln sich im Folgenden Lern- und Veränderungsprozesse. Zur Durchführung von Benchmarking-Untersuchungen gibt es eine Vielzahl verschiedener Vorgehensweisen. Grundlegend sind die Phasen Vorbereitung, Analyse und Umsetzung.</td></tr>
<tr><td>Kriterien zur Anwendung im DS</td><td>Keine DS-spezifischen Kriterien.

Vor Beginn des Benchmarking sind verschiedene Entscheidungen zu treffen, etwa hinsichtlich angestrebter Erfolgsgröße, fokussiertem Vergleichsobjekt und einbezogenen Vergleichspartnern.</td></tr>
<tr><td colspan="2">Einordnung in das Referenzmodell</td></tr>
<tr><td>Strategie</td><td>(Beherrschen □, Vermeiden X, Reduzieren □)</td></tr>
<tr><td>Wirkbereich</td><td>(Felder des Ordnungsrahmens)
<table>
<tr><th></th><th>Produktion</th><th>Warenausgang</th><th>DS i.e..</th><th>Schnittstelle z. Kunden</th></tr>
<tr><td>Organisation</td><td>X</td><td>X</td><td>X</td><td>X</td></tr>
<tr><td>Informationsfluss</td><td></td><td></td><td></td><td></td></tr>
<tr><td>Materialfluss</td><td></td><td></td><td></td><td></td></tr>
<tr><td>Akquisit. Fluss</td><td></td><td></td><td></td><td></td></tr>
</table></td></tr>
<tr><td>Komplexitätsebene</td><td>(Mikro □ , Makro X)</td></tr>
<tr><td colspan="2">Darstellung weiterer Informationen zur Anwendung</td></tr>
<tr><td>Zeitrahmen</td><td>Mittelfristig, abhängig von Umfang und Dauer der Benchmarking-Studie</td></tr>
<tr><td>Unternehmensebene</td><td>Strategisch □ Mittlere Ebene X Operativ □</td></tr>
<tr><td>Kosten zur Umsetzung</td><td>Mittel</td></tr>
<tr><td>Chancen und Risiken</td><td>Benchmarking-Studien haben für Unternehmen auf verschiedene Weise Nutzen. Durch den Vergleich mit den anderen Unternehmen ermöglichen sie eine Standortbestimmung der eigenen Leistungen im Unternehmen und zeigen Rationalisierungspotenziale auf. Das Kennenlernen von neuen Praktiken ermöglicht die Umsetzung von Best-Practice-Methoden.</td></tr>
<tr><td>Weitere wichtige Aspekte?</td><td>Ein optimiertes Benchmarking-Modell wurde durch das Fraunhofer SCS entwickelt. Am Benchmarking-Center (BMC) können interessierte Unternehmen jederzeit an der offenen Lagerhaus-Studie teilnehmen, was eine kontinuierliche Fortschreibung der Datenbank ermöglicht. Im Rahmen des Benchmarking von Lagerprozessen wird ein Distributionslager vom Wareneingang bis zum Warenausgang untersucht. Die Bewertung stützt sich auf die drei Zielgrößen Kosten, Qualität und Produktivität. Zusätzlich werden qualitative Aspekte berücksichtigt. Die Transparenz und Nachvollziehbarkeit der Datenanalyse ermöglicht die Identifikation von Best-Practices.

Qualitativ hochwertige Informationen zur Situation im Unternehmen sind von hoher Bedeutung aufgrund der steigenden Wettbewerbsanforderungen und Komplexität der Prozesse. Hohe Bedeutung hat daher das Logistik-Reporting. Fast alle Anbieter von ERP-Systemen bieten in ihren Systemen integrierte Reporting- und Kennzahlensysteme an. Die Erstellung von Reports erfolgt dabei in Echtzeit.</td></tr>
<tr><td>Weiterführende Literaturquellen</td><td>Luczak, Weber & Wiendahl 2003, S. 8 ff.; N. Schmidt & Lubecki-Weschke 2010, S. 42 f.; Klaas-Wissing 2008, S. 1094 ff.; Lindemann 2010, S. 22 ff.</td></tr>
<tr><td>Komplexitätstreiber</td><td>Wettbewerbsanforderungen, Länge der Bearbeitungszeiten, Umgang mit Unsicherheiten/Risiken/Störfällen</td></tr>
</table>

Name der Methode	Bestandsmanagement
Ziel	Reduzierung der Bestandskosten bei gleichzeitiger Verbesserung des Lieferservices
Ablauf / Vorgehen	Sinnvoll ist es, in einem ersten Schritt eine unternehmensspezifische Analyse der Bestandssenkungspotenziale durchzuführen. Dabei ist es wichtig, auch die Kennzahlen zu Lagerumschlag, Kapitalbindung, Lieferservice und jährlichen Bestandskosten zu berücksichtigen. Somit können die Wechselwirkungen zwischen Lieferservice, Liquidität und Bestandskosten im Zielsystem beachtet werden. Ergebnis ist eine durchschnittliche Verbesserung aller Dimensionen. Spezielle Planungsverfahren bieten die erforderliche Software zur Analyse und Optimierung des operativen Bestandsmanagements. Grundlage für die Potenzialanalayse ist die Ermittlung aller relevanten Stamm- und Bewegungsdaten. Anschließend ist die Bildung einzelner Projektteams empfehlenswert. Die Entscheidungsinstanz bildet ein Lenkungsausschuss, dem mindestens ein Mitglied des Top-Managements angehört. Anschließend ist ein Gesamtsystem für die Kosten- und Zielgrößen zu entwerfen, um etwa in allen Funktions- und Aufgabebereichen mit einheitlichen Kennzahlen zu arbeiten. Die Kosten- und Zielgrößen sind mit den Fachabteilungen und dem Controlling abzustimmen. Ergebnis ist ein allgemein verbindliches Zielsystem.
Kriterien zur Anwendung im DS	Notwendig ist die Zusammenarbeit der verschiedenen Fachabteilungen. Hohe Bedeutung hat daher das Projektmanagement, um ein Gesamtoptimum zu finden und die vorhandenen Verbesserungspotenziale für das Unternehmen zu erschließen.
Einordnung in das Referenzmodell	
Strategie	(Beherrschen □, Vermeiden □, Reduzieren X)
Wirkbereich	(Felder des Ordnungsrahmens)

	Produktion	Warenausgang	DS i.e.S.	Schnittstelle z. Kunden
Organisation			X	
Informationsfluss				
Materialfluss		X	X	
Akquisit. Fluss				

Komplexitätsebene	(Mikro □ , Makro X)
Darstellung weiterer Informationen zur Anwendung	
Zeitrahmen	Mittelfristig
Unternehmensebene	Strategisch □ Mittlere Ebene X Operativ □
Kosten zur Umsetzung	mittel
Chancen und Risiken	Die Erfolgswirksamkeit einer Bestandsreduzierung ist insbesondere im Vergleich zu einer den gleichen Effekt erzielenden Umsatzsteigerung deutlich größer. Das Reduktionspotenzial der Bestände nimmt jedoch mit steigendem Kundeneinfluss ab. Im Durchschnitt sind in allen Branchen Bestandsreduzierungen um rund 20 Prozent realistisch. Wichtig ist, dass die verschiedenen Dimensionen im Zielsystem gemeinsam betrachtet werden und ein Gesamtoptimum angestrebt wird.
Weitere wichtige Aspekte?	-
Weiterführende Literaturquellen	Brosze, Meyer & Sander 2010; Tempelmeier 2005)
Komplexitätstreiber	Wettbewerbsanforderungen, Bestandshöhe im und Durchsatz durch das Distributionssystem

<table>
<tr><td>Name der Methode</td><td>Business Process Reengineering (BPR)</td></tr>
<tr><td>Ziel</td><td>Systematisches Überarbeiten bzw. komplette Neugestaltung von Geschäftsprozessen zur Optimierung der Leistungserbringung</td></tr>
<tr><td>Ablauf / Vorgehen</td><td>BPR erfolgt in der Regel im Rahmen eines Projektes. Der Ablauf basiert auf 4 Phasen:

• Setup BPR-Projekt
• Prozessanalyse
• Prozess Reengineering: Erarbeitung von Alternativen mit dem Ziel der Prozessverbesserung
• Umsetzung und Monitoring</td></tr>
<tr><td>Kriterien zur Anwendung im DS</td><td>Keine spezifischen DS-Kriterien.

Das Top-Management muss das Projekt unterstützen. Erforderlich sind ein gemeinsames Verständnis über Projektumfang und -ziel, der Zugang zu Informationen (z. B. Kosten, Kapazitäten), die Unterstützung durch IT-Systeme, die Fokussierung auf interne und externe Kunden sowie die enge Einbindung der Prozessverantwortlichen und -beteiligten.</td></tr>
<tr><td colspan="2">Einordnung in das Referenzmodell</td></tr>
<tr><td>Strategie</td><td>(Beherrschen □, Vermeiden X, Reduzieren □)</td></tr>
<tr><td>Wirkbereich</td><td>(Felder des Ordnungsrahmens)
<table>
<tr><td></td><td>Produktion</td><td>Warenausgang</td><td>DS i.e.S.</td><td>Schnittstelle z. Kunden</td></tr>
<tr><td>Organisation</td><td></td><td></td><td>X</td><td></td></tr>
<tr><td>Informationsfluss</td><td>X</td><td>X</td><td>X</td><td>X</td></tr>
<tr><td>Materialfluss</td><td>X</td><td>X</td><td>X</td><td>X</td></tr>
<tr><td>Akquisit. Fluss</td><td></td><td></td><td></td><td></td></tr>
</table></td></tr>
<tr><td>Komplexitätsebene</td><td>(Mikro □ , Makro X)</td></tr>
<tr><td colspan="2">Darstellung weiterer Informationen zur Anwendung</td></tr>
<tr><td>Zeitrahmen</td><td>Mittel- bis langfristig</td></tr>
<tr><td>Unternehmensebene</td><td>Strategisch X Mittlere Ebene X Operativ □</td></tr>
<tr><td>Kosten zur Umsetzung</td><td>Erforderlich sind hohe Managementkapazitäten.</td></tr>
<tr><td>Chancen und Risiken</td><td>BPR schafft Transparenz über den Ist-Zustand von Geschäftsprozessen. Dadurch werden Redundanzen und Ineffizienzen beseitigt. Der Einsatz von Ressourcen und der erzielte Output werden optimiert, der Zeitverbrauch für Geschäftsprozesse reduziert.</td></tr>
<tr><td>Weitere wichtige Aspekte?</td><td>-</td></tr>
<tr><td>Weiterführende Literaturquellen</td><td>Schawel & Billing 2004, S. 49 f.; Best & Weth 2010; Roberts 1994</td></tr>
<tr><td>Komplexitätstreiber</td><td>Anwendbar für alle Prozesse, die aufgrund ihrer Komplexität überarbeitet bzw. neu gestaltet werden müssen.

Integrationsgrad von Distributionsprozessen, Überflutung mit unnötigen Informationen</td></tr>
</table>

<table>
<tr><td>Name der Methode</td><td>Crossdocking</td></tr>
<tr><td>Ziel</td><td>Höhere Auslastung der Transportmittel, Optimierte Anlieferfrequenz in den Filialen</td></tr>
<tr><td>Ablauf / Vorgehen</td><td><ul><li>Einrichtung eines bestandslosen Umschlagpunktes</li><li>Bündelung von Kundenanlieferungen mehrerer Hersteller für verschiedene Filialen in diesem Knoten</li><li>Schnelle Bearbeitung der Sendungen im Knotenpunkt, um sie direkt zum Kunden weiterzuleiten</li><li>In einem mehrstufigen Crossdocking erfolgen zusätzlich Kommissioniertätigkeiten (Transshipment)</li></ul></td></tr>
<tr><td>Kriterien zur Anwendung im DS</td><td>Zur Anwendung der Crossdocking Strategie ist der Betrieb eines zusätzlichen Umschlagknotenpunktes erforderlich (mit entsprechender Umschlagtechnik). Notwendig sind eine umfassende Informationsversorgung aller Beteiligten und eine hohe Synchronisation der Prozesse.</td></tr>
<tr><td colspan="2">Einordnung in das Referenzmodell</td></tr>
<tr><td>Strategie</td><td>(Beherrschen □, Vermeiden X, Reduzieren □)</td></tr>
<tr><td>Wirkbereich</td><td>(Felder des Ordnungsrahmens)<table>
<tr><td></td><td>Produktion</td><td>Warenausgang</td><td>DS i.e.S.</td><td>Schnittstelle z. Kunden</td></tr>
<tr><td>Organisation</td><td></td><td></td><td>X</td><td></td></tr>
<tr><td>Informationsfluss</td><td></td><td></td><td></td><td></td></tr>
<tr><td>Materialfluss</td><td></td><td>X</td><td>X</td><td>X</td></tr>
<tr><td>Akquisit. Fluss</td><td></td><td></td><td></td><td></td></tr>
</table></td></tr>
<tr><td>Komplexitätsebene</td><td>(Mikro X , Makro □)</td></tr>
<tr><td colspan="2">Darstellung weiterer Informationen zur Anwendung</td></tr>
<tr><td>Zeitrahmen</td><td>Die Umsetzung von Crossdocking benötigt eine gewisse Vorbereitungszeit (Standortplanung, Einrichtung Umschlagpunkt, Vernetzung der Beteiligten, Umstellung der Prozesse)</td></tr>
<tr><td>Unternehmensebene</td><td>Strategisch X Mittlere Ebene □ Operativ □</td></tr>
<tr><td>Kosten zur Umsetzung</td><td>Hohe Kosten (Einrichtung Umschlagpunkt, IT-Tools)</td></tr>
<tr><td>Chancen und Risiken</td><td>Die Risiken zur Anwendung von Crossdocking sind gering. Durch die Durchführung zusätzlicher Kommissioniertätigkeiten wird der Produktionsbetrieb entlastet. Crossdocking eignet sich besonders für umfangreiche Warenlieferungen mit einer Vielzahl an zu beliefernden Filialen: Damit kann die Auslastung der Transportmittel im Hauptlauf deutlich erhöht und die Komplexität in der Endbelieferung der Filialen vermieden werden. Crossdocking ermöglicht die Distribution von vielen kleinen Lieferungen mit kurzem Vorlauf an den Endkunden.</td></tr>
<tr><td>Weitere wichtige Aspekte?</td><td>Teilelement des Efficient Consumer Response für eine Effiziente Bevorratung</td></tr>
<tr><td>Weiterführende Literaturquellen</td><td>Bretzke 2010, S. 289 ff.; Bürli & Friebe 2008, S. 77 f.</td></tr>
<tr><td>Komplexitätstreiber</td><td>Anzahl Standorte, Produktionsstruktur (Räumliche Verteilung von Produktionsstandorten), Sendungsvolumina, Anzahl der Produktvarianten, Breite des Produktsortimentes</td></tr>
</table>

<table>
<tr><td>Name der Methode</td><td>Cross-Impact-Analyse (Szenario-Analyse)</td></tr>
<tr><td>Ziel</td><td>Analyse der Beziehungen zwischen zukünftigen Ereignissen bezüglich Richtung, Stärke und der zeitlichen Komponente ihres Zusammenhangs</td></tr>
<tr><td>Ablauf / Vorgehen</td><td>Die Cross-Impact-Analyse findet Einsatz in der Szenario-Technik. Diese betrachtet einen langfristigen Planungshorizont und geht von einer beschränkt vorhersehbaren Zukunft aus. Es werden verschiedene Szenarien bzw. Zukunftsentwicklungen erstellt und entsprechende Entwicklungspfade von der Gegenwart in die Zukunft abgeleitet.

Die Cross-Impact-Analyse betrachtet die Wechselwirkungen in komplexen Systemen und gibt so einen Überblick über Zusammenhänge möglicher zukünftiger Entwicklungen. Potenzielle Umweltentwicklungen werden in Bezug gesetzt zu Unternehmenszielen und -strategien.</td></tr>
<tr><td>Kriterien zur Anwendung im DS</td><td>Die Anwendung der Analysemethode erfordert (für DS-Systeme spezifisches) Expertenwissen.</td></tr>
<tr><td colspan="2">Einordnung in das Referenzmodell</td></tr>
<tr><td>Strategie</td><td>(Beherrschen □, Vermeiden X, Reduzieren □)</td></tr>
<tr><td>Wirkbereich</td><td>(Felder des Ordnungsrahmens)
<table>
<tr><th></th><th>Produktion</th><th>Warenausgang</th><th>DS i.e.S.</th><th>Schnittstelle z. Kunden</th></tr>
<tr><td>Organisation</td><td></td><td>X</td><td>X</td><td>X</td></tr>
<tr><td>Informationsfluss</td><td></td><td></td><td></td><td></td></tr>
<tr><td>Materialfluss</td><td></td><td></td><td></td><td></td></tr>
<tr><td>Akquisit. Fluss</td><td></td><td></td><td></td><td></td></tr>
</table></td></tr>
<tr><td>Komplexitätsebene</td><td>(Mikro □ , Makro X)</td></tr>
<tr><td colspan="2">Darstellung weiterer Informationen zur Anwendung</td></tr>
<tr><td>Zeitrahmen</td><td>Langfristiger Planungshorizont, kurzfristig einsetzbar</td></tr>
<tr><td>Unternehmensebene</td><td>Strategisch X Mittlere Ebene □ Operativ □</td></tr>
<tr><td>Kosten zur Umsetzung</td><td>Gering, erforderlich sind jedoch Expertenwissen und Managementkapazitäten</td></tr>
<tr><td>Chancen und Risiken</td><td>Die Analysemethode kann grundsätzlich für alle Arten von Ereignissen verwendet werden, wie etwa soziale, technologische oder politisch-rechtliche Entwicklungen. Im Gegensatz zu anderen Szenariotechniken, wie z. B. die Delphi-Methode, kann sie auch kurzfristig eingesetzt werden.

Die Problematik der Methode liegt in der Schätzung der Eintrittswahrscheinlichkeit der Ereignisse, dem damit verbundenen Aspekt der Auswahl geeigneter Experten sowie dem hohen rechnerischen Aufwand.</td></tr>
<tr><td>Weitere wichtige Aspekte?</td><td>-</td></tr>
<tr><td>Weiterführende Literaturquellen</td><td>Bea & Haas 2004, S. 275 ff.; I. Göpfert 2009; Gelbmann & Vorbach 2007, S. 141 ff.</td></tr>
<tr><td>Komplexitätstreiber</td><td>Umgang mit Unsicherheiten/Risiken, Wettbewerbsanforderungen, Auswirkungen des Globalisierungsprozesses im DS, Politisches/gesetzliches Umfeld, Nachhaltigkeitsbestrebungen</td></tr>
</table>

<table>
<tr><td>Name der Methode</td><td>Customer Value Management</td></tr>
<tr><td>Ziel</td><td>Fokussierung auf Kunden bzw. Segmente mit einer hohen Wertschöpfung für das eigenen Unternehmen sowie die Maximierung des Wertes einzelner Kunden</td></tr>
<tr><td>Ablauf / Vorgehen</td><td>Der Customer Value ist der Wertbeitrag, den ein Unternehmen mit einem speziellen Kunden in einem bestimmten Zeitrahmen erzielt. Die Anwendung der Methode ist denkbar, wenn die einzelnen Kunden(-segmente) unterschiedliche Wertbeiträge zum Gewinn beitragen und eine differenzierte Marktbearbeitung zulassen. Für die die Kundenwertanalyse ist eine der folgenden Methoden anzuwenden:

• Customer Lifetime Value: betrachtet den Gewinn, der mit dem Kunden über die Zusammenarbeitsdauer erzielt wird
• Scoring-Analyse: Anwendung verschiedener Wertparameter (z. B. aktueller Umsatz, Kosten, Loyalität). Der Kundengesamtwert wird anhand einer Aggregation der einzelnen Parameterwerte ermittelt.
• ABC-Analyse: Annahme, dass 20% der Kunden 80% des Umsatzes erzeugen. Zusätzlich Kostenanalyse erforderlich.
• Portfolio-Analyse: Nutzung einer 2x2-Matrix. Kundenanalyse anhand zweier ausgewählter Kriterien.</td></tr>
<tr><td>Kriterien zur Anwendung im DS</td><td>Es ist eine Differenzierung erforderlich zwischen theoretischem (Gesamtvolumen) und praktischem Kundenwert (z. B. Teil des Auftragsvolumens, das dem eigenen Unternehmen zufließt). Die Customer-Value-Messung ist für jedes Segment zu unterscheiden.</td></tr>
<tr><td colspan="2">Einordnung in das Referenzmodell</td></tr>
<tr><td>Strategie</td><td>(Beherrschen □, Vermeiden □, Reduzieren X)</td></tr>
<tr><td>Wirkbereich</td><td>(Felder des Ordnungsrahmens)
<table><tr><th></th><th>Produktion</th><th>Warenausgang</th><th>DS i.e.S.</th><th>Schnittstelle z. Kunden</th></tr><tr><td>Organisation</td><td></td><td></td><td>X</td><td>X</td></tr><tr><td>Informationsfluss</td><td></td><td></td><td></td><td>X</td></tr><tr><td>Materialfluss</td><td></td><td></td><td></td><td>X</td></tr><tr><td>Akquisit. Fluss</td><td></td><td></td><td></td><td>X</td></tr></table></td></tr>
<tr><td>Komplexitätsebene</td><td>(Mikro □ , Makro X)</td></tr>
<tr><td colspan="2">Darstellung weiterer Informationen zur Anwendung</td></tr>
<tr><td>Zeitrahmen</td><td>Kurz- bis mittelfristig, abhängig von der Kundenanzahl und -struktur</td></tr>
<tr><td>Unternehmensebene</td><td>Strategisch □ Mittlere Ebene X Operativ □</td></tr>
<tr><td>Kosten zur Umsetzung</td><td>gering</td></tr>
<tr><td>Chancen und Risiken</td><td>Die Methode identifiziert Kunden mit zusätzlichen Wertpotenzialen. Über den Wertbeitrag einzelner Kunden (qualitative Kriterien, z. B. Loyalität oder quantitative Kriterien, z. B. Deckungsbeitrag) wird Transparenz geschaffen. Der Fokus liegt auf Kunden mit hohem Wertbeitrag. Marketing- und Vertriebsaktivitäten werden konsequent auf diese ausgerichtet.</td></tr>
<tr><td>Weitere wichtige Aspekte?</td><td>Bestandteil des Customer Relationship Management (CRM), das die segmentspezifische Betreuung und Bearbeitung von Kunden in Marketing und Vertrieb umfasst. Kontinuierliches CRM basiert auf der Implementierung eines Regelkreises.</td></tr>
<tr><td>Weiterführende Literaturquellen</td><td>Günter & Helm 2006; Schawel & Billing 2004, S. 63 f.</td></tr>
<tr><td>Komplexitätstreiber</td><td>Grad der Abhängigkeit vom Kunden, Wettbewerbsanforderungen, Nachfrageschwankungen, Termine (Zeitfenster beim Kunden)</td></tr>
</table>

<table>
<tr><td>Name der Methode</td><td>Deduktiver Logikbaum</td></tr>
<tr><td>Ziel</td><td>Reduzierung von Komplexität durch Zerlegung des Problems in seine Einzelteile.</td></tr>
<tr><td>Ablauf / Vorgehen</td><td>Komplizierte Sachverhalte und Beziehungen werden klar strukturiert und visualisiert. Es werden neue Ebenen gebildet, bis die Ursache des Problems identifiziert worden ist und konkrete Maßnahmen für die einzelnen Äste des Baums formuliert werden können. Genutzt werden können mathematische und logische Bäume.</td></tr>
<tr><td>Kriterien zur Anwendung im DS</td><td>-</td></tr>
<tr><td colspan="2">Einordnung in das Referenzmodell</td></tr>
<tr><td>Strategie</td><td>(Beherrschen □, Vermeiden □, Reduzieren X)</td></tr>
<tr><td>Wirkbereich</td><td>(Felder des Ordnungsrahmens)
<table>
<tr><th></th><th>Produktion</th><th>Warenausgang</th><th>DS i.e.S.</th><th>Schnittstelle z. Kunden</th></tr>
<tr><td>Organisation</td><td></td><td>X</td><td>X</td><td>X</td></tr>
<tr><td>Informationsfluss</td><td></td><td></td><td></td><td></td></tr>
<tr><td>Materialfluss</td><td></td><td></td><td></td><td></td></tr>
<tr><td>Akquisit. Flus</td><td></td><td></td><td></td><td></td></tr>
</table></td></tr>
<tr><td>Komplexitätsebene</td><td>(Mikro □ , Makro X)</td></tr>
<tr><td colspan="2">Darstellung weiterer Informationen zur Anwendung</td></tr>
<tr><td>Zeitrahmen</td><td>Abhängig von der Komplexität des Problems</td></tr>
<tr><td>Unternehmensebene</td><td>Strategisch □ Mittlere Ebene X Operativ □</td></tr>
<tr><td>Kosten zur Umsetzung</td><td>Erforderlich sind entsprechende Managementkapazitäten</td></tr>
<tr><td>Chancen und Risiken</td><td>Die Verwendung des Deduktiven Logikbaums sorgt für eine Komplexitätsreduktion von Problemen. Dazu werden alle Komponenten des Problems dargestellt. Dies ermöglicht die Identifizierung von Lücken oder Verbesserungsmaßnahmen.</td></tr>
<tr><td>Weitere wichtige Aspekte?</td><td>-</td></tr>
<tr><td>Weiterführende Literaturquellen</td><td>Schawel & Billing 2004, S. 65 f.</td></tr>
<tr><td>Komplexitätstreiber</td><td>Anwendbar für alle Komplexitätsprobleme.

Unzureichende Definition und Aufnahme der Komplexität in das Zielsystem des Distributionssystems</td></tr>
</table>

Name der Methode	Efficient Consumer Response (ECR)
Ziel	Schaffung von effizienten Strukturen in der Wertschöpfungskette und gezieltes Eingehen auf Kundenbedürfnisse in der Konsumgüterindustrie.
Ablauf / Vorgehen	Neugestaltung der Wertschöpfungskette mittels einer engen, vertikalen Kooperation von Handel und Industrie. Umsetzung von zwei strategischen Maßnahmen: • Ausrichtung aller Aktivitäten an den Bedürfnissen der Kunden • Optimierung der Kernprozesse von Handel und Industrie
Kriterien zur Anwendung im DS	ECR ist in erster Linie eine Methode für die Konsumgüterindustrie und basiert auf einer intensiven Zusammenarbeit von Handel und Industrie. Für diesen Fall ist es ohne weitere Einschränkungen für die Distributionskette anwendbar.
Einordnung in das Referenzmodell	
Strategie	(Beherrschen □, Vermeiden X, Reduzieren □)
Wirkbereich	(Felder des Ordnungsrahmens)

	Produktion	Warenausgang	DS i.e.S.	Schnittstelle z. Kunden
Organisation		X	X	X
Informationsfluss		X	X	X
Materialfluss		X	X	X
Akquisit. Fluss				

Komplexitätsebene	(Mikro X, Makro □)
Darstellung weiterer Informationen zur Anwendung	
Zeitrahmen	Einzelne Maßnahmen zum ECR können mittelfristig umgesetzt werden, die vollständige Umsetzung von ECR benötigt einen langfristigen Zeitraum.
Unternehmensebene	Strategisch X Mittlere Ebene X Operativ X
Kosten zur Umsetzung	Hoch (wenn ECR mit all seinen Teilmaßnahmen umgesetzt wird)
Chancen und Risiken	Kundenbedürfnisse werden schneller und gezielter erfüllt, die Prozesskosten in der Wertschöpfungskette werden deutlich reduziert. Die Philosophie des ECR muss vom gesamten Betrieb und Management umgesetzt und gelebt werden.
Weitere wichtige Aspekte?	ECR besteht aus einer Vielzahl einzelner Maßnahmen, die aufeinander aufbauen (ECR-Pyramide). ECR kann aufgeteilt werden in zwei Bereiche: Supply Side (logistischer Bereich), Demand Side (Marketingbereich)
Weiterführende Literaturquellen	Auffermann 2008, S. 528 ff.; Bürli & Friebe 2008, S. 17 f.
Komplexitätstreiber	Länge der Entscheidungswege, Steuerungsdefizite einzelner Elemente im DS, Vertikale Integration des Unternehmens innerhalb des DS

Name der Methode	Efficient Unit Load (EUL)
Ziel	Bildung von optimierten Ladeeinheiten für eine höhere Auslastung der Transportmittel
Ablauf / Vorgehen	Die Verpackungsvielfalt und -heterogenität wird reduziert durch eine gemeinsame Optimierung der Verpackungen (Primär-, Sekundär- und Tertiärverpackungen) und durch eine Standardisierung der Paletten. Insellösungen zwischen den beteiligten Unternehmen werden beseitigt. EUL ist in erster Linie eine Methode für die Konsumgüterindustrie und Handelslogistik.
Kriterien zur Anwendung im DS	Keine Spezifischen.
Einordnung in das Referenzmodell	
Strategie	(Beherrschen X, Vermeiden □, Reduzieren □)
Wirkbereich	(Felder des Ordnungsrahmens)
Komplexitätsebene	(Mikro X, Makro □)
Darstellung weiterer Informationen zur Anwendung	
Zeitrahmen	Mittel- bis kurzfristig umsetzbar, abhängig von der Artikelvielfalt und der Unternehmensgröße
Unternehmensebene	Strategisch □ Mittlere Ebene □ Operativ X
Kosten zur Umsetzung	gering, jedoch abhängig von weiteren Faktoren (siehe Zeitrahmen)
Chancen und Risiken	Die Standardisierung von Paletten und Umverpackungen der Artikel sorgt für optimierte Transportflüsse mit einer höheren Auslastung der Transportmittel. Dadurch sinken die Transportkosten und die Komplexität der Prozesse. Zudem sind Vereinfachungen bei der Regalbestückung möglich. Keine Risiken vorhanden.
Weitere wichtige Aspekte?	Teilelement des Efficient Consumer Response Einheitliche Mehrweg-Transportsysteme als eine integrierte Lösung für Ladungsträger und Transportverpackungen bieten zusätzliches Optimierungspotential. Eine Software für ein optimiertes Frachtmanagement für jeden Kundenauftrag bietet etwa das „LoadBuilder"-Konzept der Firma Swisslog. Dieses Funktionsmodul ermöglicht eine automatische Optimierung von Transportplanung und Auftragskommissionierung. Die Anzahl von Verpackungseinheiten auf der Palette wird maximiert, ebenso die Anzahl der stapelbaren Paletten. Zum Konzept gehört auch ein belegloses Kommissionierverfahren auf Basis von Pick-by-voice. Dadurch wird die Auftragskommissionierung direkt mit der Ladungsplanung verknüpft. Der Kundenservice wird verbessert, indem Fehllieferungen und Reklamationen reduziert werden.
Weiterführende Literaturquellen	Gesenhoff & Hoffmann 2009; Winkler 2005, S. 91
Komplexitätstreiber	Heterogenität der Sendung, Anzahl der Produktvarianten, Kundenindividuell wählbare Bestandteile, Breite des Produktsortimentes, Verpackungstypen, Sendungsvolumina, Art der Produkte hinsichtlich Risikoklassen

Wirkbereich (Felder des Ordnungsrahmens):

	Produktion	Warenausgang	DS i.e.S.	Schnittstelle z. Kunden
Organisation				
Informationsfluss				
Materialfluss		X	X	
Akquisit. Fluss				

Name der Methode	Einbeziehen ökologischer Nachhaltigkeit (Green Logistics)
Ziel	Reduzierung der Umweltbelastung unter Beachtung von Wirtschaftlichkeitsaspekten
Ablauf / Vorgehen	Die Unternehmen müssen in der Lage sein, ihre Energieverbräuche konkret messen zu können. Mithilfe der richtigen IT-Tools lassen sich Prozesse, Kosten und Verbräuche transparent gestalten. Software zur Bestimmung des CO2-Ausstoßes ist die Grundlage für alle Maßnahmen zur Reduzierung der Umweltbelastung. Die Ergebnisse der Berechnungen sind die Basis für alle weiteren Maßnahmen. Für die einzelnen Verkehrsträger gibt es unterschiedliche CO2-Bilanzen. Die Realisierung von nachhaltiger Architektur von stationären Anlagen wie Logistikzentren und Terminals ist eine weitere sinnvolle Maßnahme für den Klimaschutz. Für Speditionen gibt es zahlreiche weitere Maßnahmen, die positive ökologische Effekte mit sich bringen, wie etwa Fahrerschulungen oder der Einsatz von Biodiesel.
Kriterien zur Anwendung im DS	Für erste einfache Berechnungen und eine Bilanzierung zur Umweltbelastung der Gütertransporte sind die herkömmlichen Tools ohne Probleme anwendbar. Eine detailliertere Bewertung, die nicht nur den Transportprozess berücksichtigt, erfordert jedoch eine umfassende Betrachtung und Bilanzierung sämtlicher Prozesse.
Einordnung in das Referenzmodell	
Strategie	(Beherrschen X, Vermeiden □, Reduzieren □)
Wirkbereich	(Felder des Ordnungsrahmens)

	Produktion	Warenausgang	DS i.e.S.	Schnittstelle z. Kunden
Organisation			X	
Informationsfluss				
Materialfluss			X	
Akquisit. Fluss				

Komplexitätsebene	(Mikro □, Makro X)
Darstellung weiterer Informationen zur Anwendung	
Zeitrahmen	Kurzfristig (abhängig von der Anzahl und Komplexität der Transporte sowie der angestrebten Detailliertheit der Berechnungen)
Unternehmensebene	Strategisch □ Mittlere Ebene X Operativ X
Kosten zur Umsetzung	gering
Chancen und Risiken	Aufgrund des Klimawandels ist es von großer Bedeutung, die Umweltbelastung zu reduzieren, die durch die Transport- und Logistikbrache verursacht wird. Die Verwendung von Bilanzierungstools ist dabei ein erster wichtiger Schritt. Entscheidend ist, dass nur über die regelmäßige Kontrolle des Emissionsprofils Verbesserungen erkennbar werden. Allerdings unterliegen die einzelnen Bilanzierungstools unterschiedlichen Annahmen (z. B. Kraftstoffverbrauch des Lkw). Daher ist es wichtig, dass für Vergleiche von verschiedenen Transportketten das identische Tool verwendet wird. Es gibt noch keine international allgemein anerkannte Methode zur Bestimmung des Carbon Footprints. Zudem existiert bislang noch kein Programm, das eine dynamische und vollständig realitätsgetreue Prozessabbildung mit einer Bilanzierung der Energieverbräuche und Emissionen verbindet. Die herkömmlichen Bilanzierungstools sind ausgelegt für eine statische Berechnung der Umweltbilanz. Sie rechnen dabei mit Durchschnittswerten. Die in der Praxis auftretenden dynamischen Effekte können damit nicht erfasst werden. Zur Berücksichtigung dieser dynamischen Effekte sind Simulationswerkzeuge notwendig.
Weitere wichtige Aspekte?	Herkömmliche Programme zur Bilanzierung der Umweltbelastung im Gütertransport sind beispielsweise: EcoTransIT, DISMOD, ECO2L, GaBi, LogisticBoard, ICF
Weiterführende Literaturquellen	Hellingrath & Schürrer 2009, S. 16 ff.; Kersten u. a. 2010; Carter & Rogers 2008
Komplexitätstreiber	Nachhaltigkeitsbestrebungen (ökologische Faktoren), Wettbewerbsanforderungen, Politisches und gesetzliches Umfeld, Geographische Faktoren

<table>
<tr><td>Name der Methode</td><td>Einführung selbststeuernder Technologiebestandteile mit RFID</td></tr>
<tr><td>Ziel</td><td>Echtzeitsteuerung von Objekten durch berührungslose Identifikation und Übertragung von Daten ohne Sichtkontakt</td></tr>
<tr><td>Ablauf / Vorgehen</td><td>Aufbau einer RFID-Systeminfrastruktur (Transponder, Sende-Empfangs-Gerät, IT-System) und Nutzung unterschiedlicher Frequenzbereiche und Sendestärke.</td></tr>
<tr><td>Kriterien zur Anwendung im DS</td><td>In Teilbereichen der RFID-Technik gibt es noch keine internationalen einheitlichen Standards (z. B. bei den Funkrichtlinien und Leistungen für UHF). Für den außerbetrieblichen Einsatz von RFID ist die Vernetzung der meisten heterogenen IT-Systeme aller Beteiligten erforderlich. Zudem haben die verschiedenen RFID-Frequenzen verschiedene Eigenschaften (z. B. Energieübertragung, Reichweite). Zudem benötigt die Einführung von RFID in die Unternehmensprozesse eine umfangreiche und intensive Vorbereitungszeit.</td></tr>
<tr><td colspan="2">Einordnung in das Referenzmodell</td></tr>
<tr><td>Strategie</td><td>(Beherrschen X, Vermeiden □, Reduzieren □)</td></tr>
<tr><td>Wirkbereich</td><td>(Felder des Ordnungsrahmens)
<table><tr><td></td><td>Produktion</td><td>Warenausgang</td><td>DS i.e.S.</td><td>Schnittstelle z. Kunden</td></tr><tr><td>Organisation</td><td></td><td></td><td></td><td></td></tr><tr><td>Informationsfluss</td><td>X</td><td>X</td><td>X</td><td>X</td></tr><tr><td>Materialfluss</td><td>X</td><td>X</td><td>X</td><td>X</td></tr><tr><td>Akquisit. Fluss</td><td></td><td></td><td></td><td></td></tr></table></td></tr>
<tr><td>Komplexitätsebene</td><td>(Mikro X, Makro □)</td></tr>
<tr><td colspan="2">Darstellung weiterer Informationen zur Anwendung</td></tr>
<tr><td>Zeitrahmen</td><td>Mittel- bis langfristig, intensive Planungs- und Vorbereitungsprozesse notwendig.</td></tr>
<tr><td>Unternehmensebene</td><td>Strategisch □ Mittlere Ebene X Operativ X</td></tr>
<tr><td>Kosten zur Umsetzung</td><td>Mittel bis hoch</td></tr>
<tr><td>Chancen und Risiken</td><td>Die RFID-Technologie bietet zahlreiche Chancen: Zeitgleiche Scannung mehrerer Objekte; Ermittlung von Daten, wo Barcodes Probleme haben (etwa wegen Verschmutzung oder sonstiger Verdeckungen); Speicherung von Informationen auf dem Transponder während des Transportes; effizientere und sichere Transporte, etwa bei Gefahrgut oder Kühlprodukten; Kombination von Ortungs- und Kommunikationstechnologie für Tracking &Tracing (z. B. für Lkw, Container, Güterwagons); Nutzung von Synergieeffekten; schnelle Transporte. Das größte Potential bietet RFID, wenn die Technik in der gesamten Supply Chain verwendet wird. Wegen der hohen Kosten wird RFID vorzugsweise für Großverpackungen oder wiederverwendbare, umlaufende Behälter wie Container genutzt. Zudem eignen sich komplexe Logistikprozesse für RFID, da auf dem Tag detaillierte Informationen erfasst werden können. Die Markierung von Artikeln und Teilen basiert noch häufig auf der Identifikation mit optischen Codes. Eine wichtige Rolle für den Einsatz von Auto-ID ist die weitere Standardisierung.

Probleme für RFID sind neben dem hohen Preis die Reife der Technologie (Feuchtigkeit, Pulkerfassung, Zugriffsgeschwindigkeit) und der Datenschutz. In Umschlagpunkten wie Terminals des kombinierten Verkehrs oder in Häfen können RFID-Tags nur selten ausgelesen werden. Daher gestaltet sich der Transportweg häufig noch als eine „black box" für das Unternehmen.</td></tr>
<tr><td>Weitere wichtige Aspekte?</td><td>Für die Umsetzung von RFID ist zwischen den verschiedenen Umsetzungsvarianten zu unterscheiden und abzuwägen: Art des Transponders, Einsatzort (Ladehilfsmittel, Case-/Item-Tagging), Daten, Kosten, Middleware, Einsatz an der richtigen Stelle im Prozess</td></tr>
<tr><td>Weiterführende Literaturquellen</td><td>Hansen 2010; Spee 2010; Will 2010</td></tr>
<tr><td>Komplexitätstreiber</td><td>Verkürzung der Lieferzeiten, Vernetzung (Grad & Dynamik), Dispositionsart, Art der Auslösung eines Distributionsauftrags (Zeitpunkt, Verantwortlichkeit, etc.), Interner Grad der Technisierung der DS-Elemente</td></tr>
</table>

<table>
<tr><td>Name der Methode</td><td>Elektronischer Datenaustausch (EDI)</td></tr>
<tr><td>Ziel</td><td>Schneller und effizienter Zugriff auf Daten</td></tr>
<tr><td>Ablauf / Vorgehen</td><td>EDI nutzt standardisierte Formate, um strukturierte Geschäftsdaten über öffentliche oder private Netze von Anwendung zu Anwendung auszutauschen. Ein weit verbreiteter Standard zum EDI ist etwa EDIFACT. Es gibt jedoch branchenspezifische Datenformate, etwa für die Automobilindustrie. Es gibt zwei Anwendungsmöglichkeiten:<ul><li>Klassisches EDI (Datenaustausch zwischen den ERP-Systemen) eignet sich für langfristige Geschäftsbeziehungen mit regelmäßigem Datenaustausch von mittlerem bis hohem Volumen.</li><li>Web-EDI (Nutzung elektronischer Formulare über das Internet) ist sinnvoll für kleinere bis mittlere Unternehmen mit einem geringeren Datenaustausch. Die Investitionskosten sind geringer.</li></ul></td></tr>
<tr><td>Kriterien zur Anwendung im DS</td><td>Erforderlich sind standardisierte Datenverbindungen zwischen den beteiligten Akteuren in der Logistikkette. Wichtig ist der Rückgriff auf vorhandene Kommunikationsstandards für eine automatisierte Verarbeitung der Informationen.</td></tr>
<tr><td colspan="2">Einordnung in das Referenzmodell</td></tr>
<tr><td>Strategie</td><td>(Beherrschen X, Vermeiden □, Reduzieren □)</td></tr>
<tr><td>Wirkbereich</td><td>(Felder des Ordnungsrahmens)<table>
<tr><td></td><td>Produktion</td><td>Warenausgang</td><td>DS i.e.S.</td><td>Schnittstelle z. Kunden</td></tr>
<tr><td>Organisation</td><td></td><td></td><td></td><td></td></tr>
<tr><td>Informationsfluss</td><td></td><td>X</td><td></td><td>X</td></tr>
<tr><td>Materialfluss</td><td></td><td></td><td></td><td></td></tr>
<tr><td>Akquisit. Fluss</td><td></td><td></td><td></td><td></td></tr>
</table></td></tr>
<tr><td>Komplexitätsebene</td><td>(Mikro X , Makro □)</td></tr>
<tr><td colspan="2">Darstellung weiterer Informationen zur Anwendung</td></tr>
<tr><td>Zeitrahmen</td><td>Mittelfristig, notwendig ist die Anschaffung neuer Kommunikationseinrichtungen und die Umstellung der Prozesse</td></tr>
<tr><td>Unternehmensebene</td><td>Strategisch □ Mittlere Ebene X Operativ X</td></tr>
<tr><td>Kosten zur Umsetzung</td><td>Mittel</td></tr>
<tr><td>Chancen und Risiken</td><td>Standardisierte, elektronische Datenverbindungen sind besonders wichtig, wenn Logistikdienstleister die Abwicklung kompletter Aufträge übernehmen oder große Handelsvolumen mit intensiven Lieferintervallen. Der Austausch von Papieren entfällt. Dadurch sinkt die Fehlerquote, die Effizienz und Schnelligkeit des Datenaustausches steigt.

EDI kann sein volles Leistungspotential nur ausspielen, wenn alle beteiligten Akteure der Logistikkette an die Datenverbindung angeschlossen sind und ein einheitlicher Datenstandard verwendet wird.</td></tr>
<tr><td>Weitere wichtige Aspekte?</td><td>Grundelement des Efficient Consumer Response</td></tr>
<tr><td>Weiterführende Literaturquellen</td><td>Bürli & Friebe 2008, S. 62 ff.; Scholz-Reiter 2008, S. 593</td></tr>
<tr><td>Komplexitätstreiber</td><td>Anzahl externer Schnittstellen, Anzahl interner Schnittstellen, Anzahl von Medienbrüchen, Interner Grad der Technisierung der DS-Elemente, Vernetzung, Unterschiedlichkeit Formulare</td></tr>
</table>

<table>
<tr><td>Name der Methode</td><td>Innovations-Roadmap</td></tr>
<tr><td>Ziel</td><td>Systematische Vorgehensweise zur Auswahl von Forschungs- und Entwicklungsprojekten zur Erhöhung der Erfolgswirkung</td></tr>
<tr><td>Ablauf / Vorgehen</td><td>Die Erstellung eines Markt- Technologie-Portfolios erfordert eine umfassende Analyse des bestehenden Marktes und der nutzbaren Technologien. Grundlage für den Auswahlprozess ist ein Technologiebaum, der erforderliche Produkt- und Prozesstechnologien aufzeigt. Diese Vorgehensweise ermöglicht die Ableitung zukünftiger Strategien.

Das Markt-Technologie-Portfolio ist die Grundlage für ein Projekt-Portfolio, das die Reduktion der Entwicklungskomplexität ermöglicht. Risikopotenziale der untersuchten Technologien werden in einem Projektrisiko-Portfolio aufgezeigt.

Aufbauend auf der Projektselektion erfolgt die Erstellung einer Produkt- und Technologie-Roadmap. Der Technologiebaum sorgt für die Verknüpfung der beiden Roadmaps.</td></tr>
<tr><td>Kriterien zur Anwendung im DS</td><td>-</td></tr>
<tr><td colspan="2">Einordnung in das Referenzmodell</td></tr>
<tr><td>Strategie</td><td>(Beherrschen □, Vermeiden X, Reduzieren □)</td></tr>
<tr><td>Wirkbereich</td><td>(Felder des Ordnungsrahmens)
<table>
<tr><td></td><td>Produktion</td><td>Warenausgang</td><td>DS i.e.S.</td><td>Schnittstelle z. Kunden</td></tr>
<tr><td>Organisation</td><td></td><td>X</td><td>X</td><td></td></tr>
<tr><td>Informationsfluss</td><td></td><td></td><td></td><td></td></tr>
<tr><td>Materialflus</td><td></td><td></td><td></td><td></td></tr>
<tr><td>Akquisit. Fluss</td><td></td><td></td><td></td><td></td></tr>
</table></td></tr>
<tr><td>Komplexitätsebene</td><td>(Mikro □ , Makro X)</td></tr>
<tr><td colspan="2">Darstellung weiterer Informationen zur Anwendung</td></tr>
<tr><td>Zeitrahmen</td><td>mittelfristig</td></tr>
<tr><td>Unternehmensebene</td><td>Strategisch X Mittlere Ebene X Operativ □</td></tr>
<tr><td>Kosten zur Umsetzung</td><td>Gering bis mittel, erforderlich sind eine umfassende Datenanalyse und Management-Kapazitäten</td></tr>
<tr><td>Chancen und Risiken</td><td>Forschungs- und Entwicklungsprojekte sind durch eine hohe Abwicklungskomplexität gekennzeichnet. Diese Methode bietet eine systematische Vorgehensweise und liefert somit höhere Erfolgsaussichten.</td></tr>
<tr><td>Weitere wichtige Aspekte?</td><td>-</td></tr>
<tr><td>Weiterführende Literaturquellen</td><td>Wildemann 2004, S. 164 ff.; Möhrle & Isenmann 2006; Prockl, Bauer & Pflaum 2004</td></tr>
<tr><td>Komplexitätstreiber</td><td>Innovationen in Distributionssystemen, Wettbewerbsanforderungen, Nachhaltigkeitsbestrebungen, Externer Grad der Technisierung der DS-Elemente</td></tr>
</table>

Name der Methode	Joint Forecasting
Ziel	Höhere Genauigkeit in den Prognosen zu Bedarfs- und Bestellmengen. Dies ist eine wichtige Voraussetzung zur Vermeidung des Bullwhip-Effekts. Die Bestände in der gesamten Lieferkette werden reduziert.
Ablauf / Vorgehen	• Gemeinsame Prognoseerstellung von Hersteller und Handel • Abschätzung erwarteter Bedarfsmengen • Nutzung einer Vielzahl von Datenquellen wie etwa Point-of-sale-Verkaufsdaten • Informationspreisgabe der Partner zu Produkt, Sortiment und Kunde
Kriterien zur Anwendung im DS	Eine intensive Zusammenarbeit von Hersteller und Handel ist erforderlich. Eine Vertrauensbasis bildet dafür die Grundlage. Erforderlich ist zudem die Übermittlung von Verkaufsdaten am Point-of-sale oder Lagerbestandsdaten. Dazu sind leistungsfähige IT-Instrumente erforderlich.
Einordnung in das Referenzmodell	
Strategie	(Beherrschen □, Vermeiden X, Reduzieren □)
Wirkbereich	(Felder des Ordnungsrahmens)
Komplexitätsebene	(Mikro □, Makro X)
Darstellung weiterer Informationen zur Anwendung	
Zeitrahmen	Kurz- bis mittelfristig. Die Prozesse müssen restrukturiert werden und die Dauer der Prognoseerstellung ist abhängig von dem Produktsortiment und den eingesetzten IT-Instrumenten
Unternehmensebene	Strategisch □ Mittlere Ebene X Operativ □
Kosten zur Umsetzung	Mittel, abhängig von den Kosten für die IT-Instrumente zur Übermittlung der Verkaufs- und Bestandsdaten sowie den Kosten für die Planungstools
Chancen und Risiken	Ein Joint Forecasting verbessert die Prognose zu zukünftigen Bestell- und Bedarfsmengen. Transporte in der Distribution lassen sich dadurch effizienter planen, etwa für einen besseren Ressourceneinsatz oder höhere Auslastung der Transportmittel. Lagerbestände und Lieferschwankungen werden minimiert. Weitere wichtige Vorteile ergeben sich für Hersteller und Handel.
Weitere wichtige Aspekte?	eBusiness-Standards für Joint Forecasting sind EANCOM-Nachrichtentypen SLSRPT für Abverkaufsdaten sowie INVRPT für Lagerbestandsdaten. Auf dieser Basis wird die EANCOM-Nachricht SLSFCT für die Abverkaufsprognose erstellt.
Weiterführende Literaturquellen	Barth, Hartmann & Schröder 2007, S. 373
Komplexitätstreiber	Nachfrageschwankungen, Bestandshöhe im und Durchsatz durch das Distributionssystem, Auftrags-/Orderstruktur (Volumen, Häufigkeit, Art der Produkte, Ursprungsort)

Wirkbereich (Felder des Ordnungsrahmens):

	Produktion	Warenausgang	DS i.e.S.	Schnittstelle z. Kunden
Organisation				
Informationsfluss	X	X	X	X
Materialfluss				
Akquisit. Fluss				

Name der Methode	Joint-Venture
Ziel	Gründung einer gemeinsamen Tochterunternehmung durch eine kapitalmäßige Bindung der Unternehmen
Ablauf / Vorgehen	Neben dem Kapital bringen die beteiligten Unternehmen einen erheblichen Ressourcenanteil ein (z. B. Technologie, Schutzrechte, Know-how). Ein Joint-Venture beruht auf Kooperation und Autonomie. In der Logistik wird für ein Joint-Venture in der Regel ein Dienstleistervertrag verwendet.
Kriterien zur Anwendung im DS	-
Einordnung in das Referenzmodell	
Strategie	(Beherrschen X, Vermeiden □, Reduzieren □)
Wirkbereich	(Felder des Ordnungsrahmens)
Komplexitätsebene	(Mikro □ , Makro X)
Darstellung weiterer Informationen zur Anwendung	
Zeitrahmen	Langfristig
Unternehmensebene	Strategisch X Mittlere Ebene □ Operativ □
Kosten zur Umsetzung	mittel bis hoch, erforderlich sind vor allem hohe Managementkapazitäten
Chancen und Risiken	Ein Joint-Venture verbindet die Vorteile des Outsourcings mit dem Koordinationsinstrument Hierarchie. Ein Joint-Venture zwischen Verlader und Dienstleister senkt aus Sicht des Verladers die Möglichkeiten und die Attraktivität opportunistischen Handelns des Dienstleisters. Eine entsprechende Gestaltung des Anreizsystems sorgt für eine weitestgehende Angleichung der Interessen. Ein Joint-Venture ist oft nur dann als Lösung gesucht, wenn ein vollständiges Outsourcing auf einem anderen Weg nicht möglich ist. Zudem reduziert ein Joint-Venture die Potenziale durch ein Logistikoutsourcing. Für eine erfolgreiche Umsetzung des Joint-Venture ist es wichtig, die Zielsetzung der beteiligten Unternehmen zu analysieren und zu definieren. Es entsteht hohe Anforderungen an Kontroll- und Integrationsmechanismen.
Weitere wichtige Aspekte?	-
Weiterführende Literaturquellen	Müller-Dauppert 2005, S. 103 ff.; Hauptmann 2006, S. 117 f.
Komplexitätstreiber	Auswirkungen des Globalisierungsprozesses im Distributionsumfeld, Handelshemmnisse, Politisches/gesetzliches Umfeld, Integrationsgrad von Distributionsprozessen, Kulturelle Faktoren/Länderspezifika

Wirkbereich (Felder des Ordnungsrahmens):

	Produktion	Warenausgang	DS i.e.S.	Schnittstelle z. Kunden
Organisation				
Informationsfluss				
Materialfluss				
Akquisit. Fluss	X	X	X	X

Name der Methode	Key-Account-Management (KAM)
Ziel	Konsequente Kundenorientierung im gesamten Unternehmen
Ablauf / Vorgehen	Key Accounts sind Schlüsselkunden, die eine aufwendigere Betreuung erfordern. Dies liegt etwa an einer höheren Nachfragemacht oder einem wiederkehrenden Bedarf, was eine langfristige Geschäftsbeziehung bedeutet und so die Notwendigkeit einer intensiven Pflege dieser Beziehung impliziert. Es erfolgt eine systematische Analyse, Auswahl und Bearbeitung von aktuell oder potenziell bedeutenden Kunden. Die Strukturen im Unternehmen werden angepasst an die Marktentwicklungen, dies bildet die Antwort auf Kundenkonzentration und Verdrängungswettbewerb. Die Kunden werden mit individuellen Konzepten gebunden. Kernaufgabe ist es, bei Kunden den Eindruck zu reduzieren, die eigene Leistung bzw. die eigenen Produkten wären substituierbar, ohne Zugeständnisse bei Preis oder Konditionen zu machen.
Kriterien zur Anwendung im DS	
Einordnung in das Referenzmodell	
Strategie	(Beherrschen □, Vermeiden □, Reduzieren X)
Wirkbereich	(Felder des Ordnungsrahmens)

	Produktion	Warenausgang	DS i.e.S.	Schnittstelle z. Kunden
Organisation				
Informationsfluss				
Materialfluss				
Akquisit. Fluss			X	X

Komplexitätsebene	(Mikro □ , Makro X)
Darstellung weiterer Informationen zur Anwendung	
Zeitrahmen	kurzfristig
Unternehmensebene	Strategisch □ Mittlere Ebene X Operativ □
Kosten zur Umsetzung	gering
Chancen und Risiken	Das KAM ermöglicht den langfristigen, stabilen Aufbau von Kundenbeziehungen. Für KAM sprechen verschiedene Entwicklungen: • Trends im Einkauf (Reduzierung der Lieferanten, Bedarf nach mehr Know-how, Trends zu Systemlieferant, Nachfragekonzentration durch Unternehmenszusammenschlüsse, Beschaffungszentralisierung und -konzentration) • Treiber aus dem eigenen Unternehmen: Abhängigkeit von wenigen Kunden steigt, Differenzierungspotenziale müssen gesteigert werden.
Weitere wichtige Aspekte?	-
Weiterführende Literaturquellen	Jensen 2001; Sieck 2011
Komplexitätstreiber	Kundenanzahl und Kundenstruktur, Wettbewerbsanforderungen, Grad der Abhängigkeit vom Kunden, Trennung von Aufgabe, Verantwortung und Kompetenz, Kopplung von Produkten mit Service- und (Ergänzungs-) dienstleistungen (z. B. technischer Support)

<table>
<tr><td>Name der Methode</td><td>Komplexitätskostenmanagement</td></tr>
<tr><td>Ziel</td><td>Frühzeitige Identifikation und Controlling von Kostentreibern zur Erhöhung der Ertragsstärke der Produkte</td></tr>
<tr><td>Ablauf / Vorgehen</td><td>Das Komplexitätscontrolling konzentriert sich auf die Ursachen für eine überhöhte Komplexität im Unternehmen. Einfache Grundsätze (etwa einfache Steuergrößen, funktionsübergreifendes Vielfaltscontrolling und Schulung sämtlicher Mitarbeiter) zur Erhöhung der Wirksamkeit der Methoden stehen im Vordergrund.

Die gemeinsame Festlegung von Komplexitätszielen durch Zielvereinbarungen vermeidet Zielkonflikte und erhöht die Problemlösungskapazität der Mitarbeiter.</td></tr>
<tr><td>Kriterien zur Anwendung im DS</td><td>Möglichkeit zur Identifikation und Beeinflussung von distributionsrelevanten Varianten (z. B. in Lagerhaltung und Transport)</td></tr>
<tr><td colspan="2">Einordnung in das Referenzmodell</td></tr>
<tr><td>Strategie</td><td>(Beherrschen □, Vermeiden X, Reduzieren □)</td></tr>
<tr><td>Wirkbereich</td><td>(Felder des Ordnungsrahmens)

<table>
<tr><td></td><td>Produktion</td><td>Warenausgang</td><td>DS i.e.S.</td><td>Schnittstelle z. Kunden</td></tr>
<tr><td>Organisation</td><td>X</td><td>X</td><td>X</td><td></td></tr>
<tr><td>Informationsfluss</td><td></td><td></td><td></td><td></td></tr>
<tr><td>Materialfluss</td><td></td><td></td><td></td><td></td></tr>
<tr><td>Akquisit. Fluss</td><td></td><td></td><td></td><td></td></tr>
</table></td></tr>
<tr><td>Komplexitätsebene</td><td>(Mikro □ , Makro X)</td></tr>
<tr><td colspan="2">Darstellung weiterer Informationen zur Anwendung</td></tr>
<tr><td>Zeitrahmen</td><td>mittelfristig</td></tr>
<tr><td>Unternehmensebene</td><td>Strategisch □ Mittlere Ebene X Operativ □</td></tr>
<tr><td>Kosten zur Umsetzung</td><td>Mittel</td></tr>
<tr><td>Chancen und Risiken</td><td>Traditionelle Kostenrechnungssysteme schaffen einen Wettbewerbsnachteil für Standardprodukte durch die unzureichende Kostenerfassung für komplexitätstreibende Nischenprodukte. Dies gilt besonders bei einer geringen Stückzahl. Eine variantenorientierte Kalkulation sorgt für eine höhere Transparenz und optimierte Berechnung der Kosten.

Die Wirksamkeit des Komplexitätscontrollings ist abhängig vom Grad der Implementierung in die Unternehmensprozesse.</td></tr>
<tr><td>Weitere wichtige Aspekte?</td><td>-</td></tr>
<tr><td>Weiterführende Literaturquellen</td><td>Wildemann 2004, S. 332 ff.; Ehrlenspiel, Kiewert & Lindemann 2005, S. 154 ff.</td></tr>
<tr><td>Komplexitätstreiber</td><td>Wettbewerbsanforderungen, Unzureichende Möglichkeiten zur kostenermäßigen Erfassung/Bewertung/Handhabung der Komplexität, Unzureichende Definition und Aufnahme der Komplexität in das Zielsystem des DS, Breite des Produktsortiments mi, Wertschöpfungstiefe</td></tr>
</table>

<table>
<tr><td>Name der Methode</td><td>Konsignationslager</td></tr>
<tr><td>Ziel</td><td>Reduzierung der Kapitalbindung für den Kunden durch Nutzung eines Warenlagers in räumlicher Nähe</td></tr>
<tr><td>Ablauf / Vorgehen</td><td>Das Lager des Lieferanten befindet sich in der Nähe zum Abnehmer oder ihm stehen Lagerflächen im Unternehmen zur Verfügung. Erst mit Entnahme der Ware durch den Kunden erfolgt auch der Eigentumsübergang. Solange sich die Ware noch im Lager des Lieferanten befindet, ist der Kunde nicht der Besitzer. Der Abnehmer bezahlt nur die abgerufene Ware, in der Regel nach dem Materialübergang.</td></tr>
<tr><td>Kriterien zur Anwendung im DS</td><td>Der Kunde muss in seinem ERP-System einen Geschäftsprozess Konsignationslager anlegen, der die Anforderungen hinsichtlich separater Lagerhaltung und Bestandsführung ohne wertmäßige Erfassung unterstützt. Zudem haben die Übermittlung seiner Bestände und die Warenentnahme an den Lieferanten zu erfolgen.</td></tr>
<tr><td colspan="2">Einordnung in das Referenzmodell</td></tr>
<tr><td>Strategie</td><td>(Beherrschen X, Vermeiden □, Reduzieren □)</td></tr>
<tr><td>Wirkbereich</td><td>(Felder des Ordnungsrahmens)
<table>
<tr><td></td><td>Produktion</td><td>Warenausgang</td><td>DS i.e.S.</td><td>Schnittstelle z. Kunden</td></tr>
<tr><td>Organisation</td><td></td><td></td><td></td><td></td></tr>
<tr><td>Informationsfluss</td><td></td><td></td><td>X</td><td>X</td></tr>
<tr><td>Materialfluss</td><td></td><td></td><td>X</td><td>X</td></tr>
<tr><td>Akquisit. Fluss</td><td></td><td></td><td></td><td>X</td></tr>
</table>
</td></tr>
<tr><td>Komplexitätsebene</td><td>(Mikro X , Makro □)</td></tr>
<tr><td colspan="2">Darstellung weiterer Informationen zur Anwendung</td></tr>
<tr><td>Zeitrahmen</td><td>Mittelfristig, bis das Lager in räumlicher Nähe errichtet ist</td></tr>
<tr><td>Unternehmensebene</td><td>Strategisch □ Mittlere Ebene X Operativ X</td></tr>
<tr><td>Kosten zur Umsetzung</td><td>Abhängig von der Größe des Lagers und dem Produktumfang</td></tr>
<tr><td>Chancen und Risiken</td><td>Für den Abnehmer der Ware ergeben sich zahlreiche Vorteile, wie etwa Reduzierung der Transport- und Bestandskosten, Versorgungssicherheit durch lokale Nähe und Risikominimierung. Die Zusammenarbeit zwischen Lieferant und Abnehmer wird langfristig gestärkt anhand der Sicherung eines langfristigen Auftragsbestandes. Im Gegensatz zum Vendor Managed Inventory ist die Abhängigkeit des Kunden vom Lieferanten weniger stark.

Dennoch ist auch beim Konsignationslager der Kunde abhängig von der Bestandsverantwortung des Zulieferers. Bestände sind unter Umständen schwer zu kontrollieren. Wenig integrierte Systeme zwischen Kunde und Lieferant führen zu erhöhtem Manipulations- und Handlingaufwand.</td></tr>
<tr><td>Weitere wichtige Aspekte?</td><td>Der Unterschied zum Vendor Managed Inventory (VMI) liegt in der Platzierung der Aufträge. Beim Konsignationslager erfolgt die übliche Auftragserteilung vom Kunden selbst im System des Lieferanten. Beim VMI ist der Lieferant zuständig für die Steuerung des Zulieferprozesses.</td></tr>
<tr><td>Weiterführende Literaturquellen</td><td>Melzer-Ridinger 2004, S. 173 f.</td></tr>
<tr><td>Komplexitätstreiber</td><td>Anzahl der Artikel im Lager, Kopplung von Produkten mit Service- und (Ergänzungs-) Dienstleistungen, Dispositionsart (Art der Auslösung eines Distributionsauftrags (Zeitpunkt, Verantwortlichkeit, etc.)</td></tr>
</table>

<table>
<tr><td>Name der Methode</td><td>Lead Logistics Provider (LLP)</td></tr>
<tr><td>Ziel</td><td>Verwendung eines Logistikdienstleisters mit nur administrativen Ressourcen. Das Ziel des LLP ist ein Gesamtoptimum für die Supply Chain, um Zielkonflikte zwischen den beteiligten Akteuren zu minimieren.</td></tr>
<tr><td>Ablauf / Vorgehen</td><td>Der LLP agiert als neutrale Schnittstelle zwischen dem Kunden und den weiteren Logistikdienstleistern bzw. Herstellern („One Face to the customer"). Aufgaben für den LLP sind die Steuerung und Koordination der Material- und Informationsflüsse sowie die Integration von Schnittstellen zwischen den beteiligten Akteuren. Der LLP ist somit für die Prozesse der gesamten Supply Chain verantwortlich. Damit schafft der LLP für den Kunden umfassende von ihm entwickelte Supply Chain Lösungen.</td></tr>
<tr><td>Kriterien zur Anwendung im DS</td><td>Wichtig ist die Anforderung an den LLP, nur administrative Ressourcen einzusetzen. Dadurch ist er dazu gezwungen, für die Prozesse Best-of-class-Subkontraktoren einzusetzen und somit besonders qualifizierte Logistiknetzwerke zu entwickeln.</td></tr>
<tr><td colspan="2">Einordnung in das Referenzmodell</td></tr>
<tr><td>Strategie</td><td>(Beherrschen X, Vermeiden □, Reduzieren □)</td></tr>
<tr><td>Wirkbereich</td><td>(Felder des Ordnungsrahmens)
<table>
<tr><td></td><td>Produktion</td><td>Warenausgang</td><td>DS i.e.S.</td><td>Schnittstelle z. Kunden</td></tr>
<tr><td>Organisation</td><td></td><td></td><td>X</td><td>X</td></tr>
<tr><td>Informationsfluss</td><td>X</td><td>X</td><td>X</td><td>X</td></tr>
<tr><td>Materialfluss</td><td></td><td></td><td></td><td></td></tr>
<tr><td>Akquisit. Fluss</td><td></td><td></td><td></td><td></td></tr>
</table></td></tr>
<tr><td>Komplexitätsebene</td><td>(Mikro □ , Makro X)</td></tr>
<tr><td colspan="2">Darstellung weiterer Informationen zur Anwendung</td></tr>
<tr><td>Zeitrahmen</td><td>Mittelfristig</td></tr>
<tr><td>Unternehmensebene</td><td>Strategisch □ Mittlere Ebene X Operativ □</td></tr>
<tr><td>Kosten zur Umsetzung</td><td>Voraussetzung ist das Investieren des LLP in seine administrativen Ressourcen für eine hohe IT-Kompetenz. Weiterhin sind die Kosten zu beachten für die Vernetzung des LLP mit den beteiligten Logistikdienstleistern.</td></tr>
<tr><td>Chancen und Risiken</td><td>Agiert der LLP als neutrale Instanz, orientiert er sich an dem Ziel eines Gesamtoptimums für die Supply Chain, von dem alle Akteure profitieren. Zudem sorgt der LLP für eine verbesserte Abstimmung der Prozesse.</td></tr>
<tr><td>Weitere wichtige Aspekte?</td><td>Durch den Einsatz eines Transportmanagementsystems sorgt der LLP für eine optimale Transportplanung, effizienten Einkauf von Transportkapazitäten und die exakte Abrechnung von Transportlogistik-Dienstleistungen im Distributionsnetzwerk. Voraussetzung ist eine leistungsstarke IT, die eine Ausweitung des Serviceangebotes auf externe Kunden ermöglicht. Die Ausschreibung von sehr großen Transportmengen bietet dem Kunden das beste Transportangebot hinsichtlich Preis und Leistung. Ein Beispiel für ein Transportmanagementsystem ist „inet TMS" von der Firma inet-logistics.</td></tr>
<tr><td>Weiterführende Literaturquellen</td><td>Scholz-Reiter 2008, S. 587 ff.; Pallestrang 2010, S. 35 f.</td></tr>
<tr><td>Komplexitätstreiber</td><td>Konflikte zwischen Unternehmenszielen und Zielen im Distributionssystems, Integrationsgrad von Distributionsprozessen</td></tr>
</table>

Name der Methode	Nutzung immaterieller Anreize für Unternehmenskooperationen
Ziel	Erhöhung der Motivation der Unternehmen zur Beteiligung in einer Unternehmenskooperation
Ablauf / Vorgehen	Die Einführung und Nutzung von Anreizsystemen beruht im Wesentlichen auf vier Maßnahmen: Festlegung von Anreizen; Spezifikation von Leistungen bzw. Kooperationsbeiträgen, nach denen die Verteilung der Anreize berechnet wird; Definition von Beziehungen zwischen Beiträgen und Anreizen; Vorgabe von organisatorischen Regelungen für die Anwendung. Negative Anreize lassen sich in Unternehmenskooperationen nur sehr schwer implementieren. Positive Anreize durch monetäre Belohnungen sind nur beschränkt einsetzbar und bieten keine hohe Motivation für die Partner. Hohe Bedeutung hat dabei die Beteiligung an Netzwerkaufträgen zur Gewinnung von Umsätzen. Demgegenüber versprechen immaterielle Anreize eine bessere und universell einsetzbare Verhaltenslenkung (z. B. Vergabe netzwerkinterner Privilegien). Die Vergabe solcher Privilegien muss dabei sehr sorgfältig vorgenommen werden, um ihre Bedeutung hochzuhalten und mögliche Konflikte im Kooperationsverbund zu vermeiden. Sinnvoll ist es, diese Privilegien nur für einen bestimmten Zeitraum zu vergeben.
Kriterien zur Anwendung im DS	Keine spezifischen Anforderungen
Einordnung in das Referenzmodell	
Strategie	(Beherrschen □, Vermeiden □, Reduzieren X)
Wirkbereich	(Felder des Ordnungsrahmens) <table><tr><td></td><td>Produktion</td><td>Warenausgang</td><td>DS i.e.S.</td><td>Schnittstelle z. Kunden</td></tr><tr><td>Organisation</td><td></td><td>X</td><td>X</td><td>X</td></tr><tr><td>Informationsfluss</td><td></td><td></td><td></td><td></td></tr><tr><td>Materialfluss</td><td></td><td></td><td></td><td></td></tr><tr><td>Akquisit. Fluss</td><td></td><td>X</td><td>X</td><td>X</td></tr></table>
Komplexitätsebene	(Mikro □ , Makro X)
Darstellung weiterer Informationen zur Anwendung	
Zeitrahmen	Kurz- bis mittelfristig, abhängig von der Größe und dem Steuerungsaufwand für die Unternehmenskooperation
Unternehmensebene	Strategisch □ Mittlere Ebene X Operativ □
Kosten zur Umsetzung	Gering
Chancen und Risiken	Die Vergabe von immateriellen Anreizen für eine Unternehmenskooperation ist sinnvoll, falls monetäre Anreize allein keine ausreichende Motivation und Engagement der Netzwerkpartner liefern.
Weitere wichtige Aspekte?	Beispiele für nicht-materielle Anreize für positive Anreize sind etwa: Option auf höherwertigen Mitgliedschaftsstatus, Einräumung von symbolischen Privilegien, Auszeichnung/Anerkennung, Aufbau von interner/externer Reputation Negative Anreize durch nicht-materielle Maßnahmen können beispielsweise folgendermaßen vergeben werden: Kooperationsausschluss, Einengung des Verantwortungsbereiches, Entzug von Privilegien, Schädigung der internen/externen Reputation
Weiterführende Literaturquellen	Wohlgemuth 2002, S. 300 ff.; Hauptmann 2006, S. 236 ff.
Komplexitätstreiber	Mangelhafte Anreizsysteme bei Unternehmenskooperationen, Bereichsegoismen (z. B. Interessenkonflikte in Logistik und Vertrieb), Grad der Informationsasymmetrie, Integrationsgrad von Distributionsprozessen, Konflikte zwischen Unternehmenszielen und Zielen im Distributionssystem

Name der Methode	Prozessvariantenanalyse
Ziel	Schaffung von Transparenz im Unternehmen zur Identifizierung und Bewertung der Komplexitätswirkungen in den Unternehmensprozessen
Ablauf / Vorgehen	Eine Transparenz der Leistungsfähigkeit erfolgt für Innovations-, Produktionsplanungs- und Auftragsabwicklungsprozesse. Daran schließt sich eine Analyse der bereichsübergreifenden Komplexitätswirkungen der gesamten Wertschöpfungskette (etwa in Vertrieb, Absatzkanäle und Kundendienst) an. Die prozessbezogene Variantenanalyse ermöglicht eine gezielte Prozessgestaltung. Zudem lassen sich mit dieser systematischen Analyse prozessbezogene Komplexitätsursachen in die drei Bereiche Materialfluss-, Informationsfluss- und gekoppelte Prozesse unterteilen. Alle Aktivitäten in den Unternehmensprozessen werden hinsichtlich ihrer Komplexitätswirkungen und ihrem Beitrag zur Wertschöpfung untersucht. Die Nutzung von Kennzahlen ermöglicht eine Beurteilung der Komplexität. Ein Portfolio mittels ABC-Analyse zu Varianten und Prozessen ermöglicht eine Identifizierung von ineffizienten Produkt-Prozess-Kombinationen. Die Analyse der Variantenverteilung ermittelt den Erfolgsbeitrag (etwa Deckungsbeitrag, Umsatz) einzelner Varianten.
Kriterien zur Anwendung im DS	-
Einordnung in das Referenzmodell	
Strategie	(Beherrschen □, Vermeiden □, Reduzieren X)
Wirkbereich	(Felder des Ordnungsrahmens)

	Produktion	Warenausgang	DS i.e.S.	Schnittstelle z. Kunden
Organisation				
Informationsfluss	X	X	X	X
Materialfluss	X	X	X	X
Akquisit. Fluss				

Komplexitätsebene	(Mikro □ , Makro X)
Darstellung weiterer Informationen zur Anwendung	
Zeitrahmen	mittelfristig
Unternehmensebene	Strategisch □ Mittlere Ebene X Operativ □
Kosten zur Umsetzung	Gering bis mittel, abhängig vom Umfang der Prozesse und Varianten im Unternehmen.
Chancen und Risiken	Die Methode schafft Transparenz zu den Prozessen und hilft bei der Identifizierung von Ineffizienz und Unwirtschaftlichkeit im Unternehmen. Langfristig wird die Leistungsfähigkeit verbessert. Voraussetzung zur Anwendung ist die Betrachtung sämtlicher Prozesse und Varianten. Dazu ist eine umfassende Datengrundlage erforderlich. Der Arbeitsumfang ist hoch.
Weitere wichtige Aspekte?	Die Prozessvariantenanalyse ist ein Spezialfall der Prozessanalyse als ein wichtiger Baustein des Komplexitätsmanagements.
Weiterführende Literaturquellen	Gudehus 2006, S. 106 ff.; Wildemann 2004, S. 112 ff.
Komplexitätstreiber	Unzureichende Möglichkeiten zur Erfassung/Bewertung/Handhabung der Komplexität, Grad der Informationsasymmetrie, Integrationsgrad von Distributionsprozessen

<table>
<tr><td>Name der Methode</td><td>Qualitätszirkel</td></tr>
<tr><td>Ziel</td><td>Fehlerreduktion im Distributionssystem</td></tr>
<tr><td>Ablauf / Vorgehen</td><td>Der Qualitätszirkel basiert auf regelmäßigen, dauerhaften Treffen der Beteiligten, um über Probleme zu diskutieren und die erforderlichen Lösungen zu erörtern. Die Beteiligten arbeiten interdisziplinär zusammen. Daher muss die Unternehmensspitze die Entscheidung mittragen. Notwendig sind Moderatoren zur Leitung der Qualitätszirkel sowie die weitere organisatorische Struktur.</td></tr>
<tr><td>Kriterien zur Anwendung im DS</td><td>Keine spezifischen Anforderungen</td></tr>
<tr><td colspan="2">Einordnung in das Referenzmodell</td></tr>
<tr><td>Strategie</td><td>(Beherrschen □, Vermeiden □, Reduzieren X)</td></tr>
<tr><td>Wirkbereich</td><td>(Felder des Ordnungsrahmens)
<table>
<tr><th></th><th>Produktion</th><th>Warenausgang</th><th>DS i.e.S.</th><th>Schnittstelle z. Kunden</th></tr>
<tr><td>Organisation</td><td></td><td></td><td>X</td><td></td></tr>
<tr><td>Informationsfluss</td><td></td><td></td><td></td><td></td></tr>
<tr><td>Materialfluss</td><td></td><td></td><td></td><td></td></tr>
<tr><td>Akquisit. Fluss</td><td></td><td></td><td></td><td></td></tr>
</table></td></tr>
<tr><td>Komplexitätsebene</td><td>(Mikro X, Makro □)</td></tr>
<tr><td colspan="2">Darstellung weiterer Informationen zur Anwendung</td></tr>
<tr><td>Zeitrahmen</td><td>kurzfristig</td></tr>
<tr><td>Unternehmensebene</td><td>Strategisch □ Mittlere Ebene X Operativ □</td></tr>
<tr><td>Kosten zur Umsetzung</td><td>gering</td></tr>
<tr><td>Chancen und Risiken</td><td>Die beste Wirkung erzielt ein Qualitätszirkel, wenn er in ein systematisches Qualitätsmanagement eingebunden ist.</td></tr>
<tr><td>Weitere wichtige Aspekte?</td><td>-</td></tr>
<tr><td>Weiterführende Literaturquellen</td><td>Drescher 2003; Jung 2006, S. 1006</td></tr>
<tr><td>Komplexitätstreiber</td><td>Steuerungsdefizite einzelner Elemente im DS, Anzahl von Medienbrüchen (Wechsel des informationstragenden Mediums im Unternehmen)</td></tr>
</table>

<table>
<tr><td>Name der Methode</td><td>Schnittstellenmanagement</td></tr>
<tr><td>Ziel</td><td>Störungsfreie logistische Abläufe zwischen einzelnen Systemen durch Überbrückung von organisatorischen Schnittstellen</td></tr>
<tr><td>Ablauf / Vorgehen</td><td>Instrumente des Schnittstellenmanagements teilen sich auf in akzessorische Instrumente oder Schnittstellenmanagement als Hauptfunktion. Die Hauptfunktion erfolgt entweder durch Ernennung (z. B. Projektleiter) oder ist Ergebnis eines sozialen Prozesses (interne Stars). Bei akzessorischen Instrumenten ist zu unterscheiden hinsichtlich persönlich (z. B. Teambildung, Stäbe, Matrixorganisation) oder unpersönlich (z. B. Distanzreduzierung zwischen Beteiligten durch Dezentralisierung).

Für die Schnittstellenprobleme im Material- und Informationsfluss gibt es verschiedene Gestaltungsmöglichkeiten, die es durch das Schnittstellenmanagement zu steuern gilt. Wichtig dabei ist eine klare Definition, Abstimmung, Formalisierung und Standardisierung der Schnittstellen.</td></tr>
<tr><td>Kriterien zur Anwendung im DS</td><td>Ein Schnittstellenmanagement ist erforderlich, wenn gleichgeordnete, organisatorisch voneinander abgegrenzte Teilbereiche miteinander in Interaktionsbeziehungen stehen und keine übergeordnete Steuerungsinstanz vorliegt.</td></tr>
<tr><td colspan="2">Einordnung in das Referenzmodell</td></tr>
<tr><td>Strategie</td><td>(Beherrschen X, Vermeiden □, Reduzieren □)</td></tr>
<tr><td>Wirkbereich</td><td>(Felder des Ordnungsrahmens)
<table>
<tr><td></td><td>Produktion</td><td>Warenausgang</td><td>DS i.e.S.</td><td>Schnittstelle z. Kunden</td></tr>
<tr><td>Organisation</td><td></td><td></td><td></td><td></td></tr>
<tr><td>Informationsfluss</td><td>X</td><td>X</td><td>X</td><td>X</td></tr>
<tr><td>Materialfluss</td><td>X</td><td>X</td><td>X</td><td>X</td></tr>
<tr><td>Akquisit. Fluss</td><td></td><td></td><td></td><td></td></tr>
</table></td></tr>
<tr><td>Komplexitätsebene</td><td>(Mikro X , Makro □)</td></tr>
<tr><td colspan="2">Darstellung weiterer Informationen zur Anwendung</td></tr>
<tr><td>Zeitrahmen</td><td>Mittelfristig</td></tr>
<tr><td>Unternehmensebene</td><td>Strategisch □ Mittlere Ebene X Operativ □</td></tr>
<tr><td>Kosten zur Umsetzung</td><td>Mittel, abhängig von der vorliegenden Schnittstellenproblematik und der Maßnahme zur Optimierung</td></tr>
<tr><td>Chancen und Risiken</td><td>Ein effizientes Schnittstellenmanagement kann durch systematische Steuerung der Zusammenarbeit insbesondere zwischen autonomen Netzwerkunternehmen eine hierarchische Koordination ersetzen.

Schnittstellenprobleme treten in folgenden Bereichen auf:

Datenstruktur, Information, Begriffsinhalt, Aufgabe, Kompetenz, Verantwortung</td></tr>
<tr><td>Weitere wichtige Aspekte?</td><td>-</td></tr>
<tr><td>Weiterführende Literaturquellen</td><td>Bolz 2011, S. 28 ff.; Hauptmann 2006, S. 202 ff.</td></tr>
<tr><td>Komplexitätstreiber</td><td>Anzahl externer Schnittstellen, Anzahl interner Schnittstellen</td></tr>
</table>

<table>
<tr><td>Name der Methode</td><td>Segmentierung indirekter Bereiche</td></tr>
<tr><td>Ziel</td><td>Bereiche der Distributionslogistik (etwa die Auftragsabwicklung) werden segmentiert und zu neuen Organisationseinheiten zusammengefasst.</td></tr>
<tr><td>Ablauf / Vorgehen</td><td>Die Segmentierung basiert auf sechs Merkmalen:

Prozesskettenorientierung, Zielausrichtung, Ganzheitliche Vorgangsbearbeitung, Selbstorganisation, Ergebnisverantwortung, Kunden-Lieferanten-Verhältnis

Es gibt sieben Gestaltungsprinzipien:

Wertschöpfungskonzentration, Dezentralisierung von Entscheidungen, Durchgängige Prozessverantwortung, Vorgangsorientierte Bearbeitung, Integrierte Informationslogistik, Flexibler Personaleinsatz, Teamorganisation und Selbststeuerung</td></tr>
<tr><td>Kriterien zur Anwendung im DS</td><td>Die Möglichkeit zur Segmentierung ist abhängig von Aufgabenumfang und -komplexität sowie der Höhe der Autonomiekosten.</td></tr>
<tr><td colspan="2">Einordnung in das Referenzmodell</td></tr>
<tr><td>Strategie</td><td>(Beherrschen □, Vermeiden □, Reduzieren X)</td></tr>
<tr><td>Wirkbereich</td><td>(Felder des Ordnungsrahmens)
<table>
<tr><th></th><th>Produktion</th><th>Warenausgang</th><th>DS i.e.S.</th><th>Schnittstelle z. Kunden</th></tr>
<tr><td>Organisation</td><td></td><td>X</td><td>X</td><td>X</td></tr>
<tr><td>Informationsfluss</td><td></td><td></td><td></td><td></td></tr>
<tr><td>Materialfluss</td><td></td><td></td><td></td><td></td></tr>
<tr><td>Akquisit. Fluss</td><td></td><td></td><td></td><td></td></tr>
</table></td></tr>
<tr><td>Komplexitätsebene</td><td>(Mikro X , Makro □)</td></tr>
<tr><td colspan="2">Darstellung weiterer Informationen zur Anwendung</td></tr>
<tr><td>Zeitrahmen</td><td>mittelfristig</td></tr>
<tr><td>Unternehmensebene</td><td>Strategisch X Mittlere Ebene X Operativ □</td></tr>
<tr><td>Kosten zur Umsetzung</td><td>Mittel bis hoch</td></tr>
<tr><td>Chancen und Risiken</td><td>-</td></tr>
<tr><td>Weitere wichtige Aspekte?</td><td>-</td></tr>
<tr><td>Weiterführende Literaturquellen</td><td>Wildemann 2004, S. 316 ff.; Wildemann 2003, S. 341 ff.; Klaas 2002</td></tr>
<tr><td>Komplexitätstreiber</td><td>Vernetzung, Steuerungsdefizite einzelner Elemente im DS, Ungenügende Abstimmung und Information zwischen den Teilsystemen des DS, Anzahl externer/interner Schnittstellen, Anzahl Organisations-/Verwaltungsebenen</td></tr>
</table>

<table>
<tr><td>Name der Methode</td><td>Simulation</td></tr>
<tr><td>Ziel</td><td>Nachbildung eines dynamischen Prozesses, um zu Erkenntnissen zu gelangen, die auf die Realität übertragbar sind (VDI 3633)</td></tr>
<tr><td>Ablauf / Vorgehen</td><td>Notwendig ist eine Abstraktion und Modellierung der realen Prozesse. Experimente am Simulationsmodell liefern formale Ergebnisse. Diese benötigen der Interpretation, um eine Folgerung für das reale System zu treffen. Abschließend werden die Ergebnisse am realen System umgesetzt.</td></tr>
<tr><td>Kriterien zur Anwendung im DS</td><td>Das reale Distributionssystem muss in ein Simulationsmodell übertragbar sein.</td></tr>
<tr><td colspan="2">Einordnung in das Referenzmodell</td></tr>
<tr><td>Strategie</td><td>(Beherrschen □, Vermeiden X , Reduzieren □)</td></tr>
<tr><td>Wirkbereich</td><td>(Felder des Ordnungsrahmens)
<table>
<tr><th></th><th>Produktion</th><th>Warenausgang</th><th>DS i..S.</th><th>Schnittstelle z. Kunden</th></tr>
<tr><td>Organisation</td><td></td><td></td><td></td><td></td></tr>
<tr><td>Informationsfluss</td><td></td><td></td><td></td><td></td></tr>
<tr><td>Materialfluss</td><td></td><td>X</td><td>X</td><td>X</td></tr>
<tr><td>Akquisit. Fluss</td><td></td><td></td><td></td><td></td></tr>
</table>
</td></tr>
<tr><td>Komplexitätsebene</td><td>(Mikro □, Makro X)</td></tr>
<tr><td colspan="2">Darstellung weiterer Informationen zur Anwendung</td></tr>
<tr><td>Zeitrahmen</td><td>Entscheidend für den Zeitrahmen sind die Komplexität der Prozesse und der Aufwand zum Entwurf des Simulationsmodells. Zudem benötigt die Realisierung der Ergebnisse einen längeren Zeitraum.</td></tr>
<tr><td>Unternehmensebene</td><td>Strategisch □ Mittlere Ebene X Operativ □</td></tr>
<tr><td>Kosten zur Umsetzung</td><td>Die Kosten für die Simulation sind abhängig von der Komplexität des Modellierungsproblems. Notwendig ist zudem die entsprechende Software.</td></tr>
<tr><td>Chancen und Risiken</td><td>Die Simulation ermöglicht Versuche bzw. Tests, die in der Realität nicht möglich sind oder nur zu hohen Kosten. Die Modifizierung der Modellparameter ermöglicht das Durchspielen verschiedener Systemzustände. Simulation eignet sich besonders für komplexe Prozesse, z. B. mit dem Ziel einer höheren Auslastung der Transportkapazitäten oder Identifizierung von Schwachstellen und Engpässen im System.

Aufgrund der Abstraktion besteht das Risiko einer zu starken Vereinfachung bzw. Veränderung der realen Abläufe.</td></tr>
<tr><td>Weitere wichtige Aspekte?</td><td>-</td></tr>
<tr><td>Weiterführende Literaturquellen</td><td>Zsifkovits & Krenn 2008</td></tr>
<tr><td>Komplexitätstreiber</td><td>Kundenanzahl und Kundenstruktur, Umgang mit Unsicherheiten/Risiken/Störfällen</td></tr>
</table>

<table>
<tr><td>Name der Methode</td><td>Stammdatenmanagement</td></tr>
<tr><td>Ziel</td><td>Vollständige und genaue Artikelstammdaten als Grundlage der Planungs- und Geschäftsprozesse. Vermeidung von Fehlern in den Prozessen aufgrund unvollständiger Daten.</td></tr>
<tr><td>Ablauf / Vorgehen</td><td>Anlegen von Artikelstammdaten (Artikelnummer, Artikelbezeichnung, technische Merkmale, Verpackungsdaten) sowie Überprüfung auf Aktualität, Vollständigkeit und Fehler. Dazu ist ein Abstimmungsprozess mit den Geschäftspartnern notwendig. Ein elektronischer Austausch der Daten reduziert den Aufwand.</td></tr>
<tr><td>Kriterien zur Anwendung im DS</td><td>Bevor Produkte digital verwendet werden können, müssen die Daten aufbereitet werden.</td></tr>
<tr><td colspan="2">Einordnung in das Referenzmodell</td></tr>
<tr><td>Strategie</td><td>(Beherrschen X , Vermeiden □, Reduzieren □)</td></tr>
<tr><td>Wirkbereich</td><td>(Felder des Ordnungsrahmens)
<table>
<tr><th></th><th>Produktion</th><th>Warenausgang</th><th>DS i.e.S.</th><th>Schnittstelle z. Kunden</th></tr>
<tr><td>Organisation</td><td></td><td></td><td></td><td></td></tr>
<tr><td>Informationsfluss</td><td>X</td><td>X</td><td>X</td><td>X</td></tr>
<tr><td>Materialfluss</td><td></td><td></td><td></td><td></td></tr>
<tr><td>Akquisit. Fluss</td><td></td><td></td><td></td><td></td></tr>
</table>
</td></tr>
<tr><td>Komplexitätsebene</td><td>(Mikro X , Makro □)</td></tr>
<tr><td colspan="2">Darstellung weiterer Informationen zur Anwendung</td></tr>
<tr><td>Zeitrahmen</td><td>Kurzfristig, abhängig von der Breite des Produktsortimentes</td></tr>
<tr><td>Unternehmensebene</td><td>Strategisch □ Mittlere Ebene □ Operativ X</td></tr>
<tr><td>Kosten zur Umsetzung</td><td>Gering</td></tr>
<tr><td>Chancen und Risiken</td><td>Die Verwendung von Stammdatenmanagement ist eine wichtige Voraussetzung für den Erfolg einzelner Unternehmensbereiche. Notwendig ist eine Zusammenarbeit zwischen den Akteuren in der Supply Chain. Dadurch können die Prozesse optimiert werden. Die Verwendung von erprobten Standards ist sinnvoll. Harmonisierte Stammdaten ermöglichen deutliche Kosteneinsparungen und Synergieeffekte im Transportleistungseinkauf und in der Organisation. Die Zuverlässigkeit und Pünktlichkeit der Transporte steigt. Der direkte Nutzen eines nachhaltigen „Master Data Management“ ist ein geringerer administrativer Aufwand bei der Stammdatenpflege. Indirekt ermöglicht diese Methode für das Management, richtige Entscheidungen zu treffen.</td></tr>
<tr><td>Weitere wichtige Aspekte?</td><td>Der Klassifikationsstandard eCl@ss bietet ein Gerüst von normgerechten Merkmalen und Ausprägungen. Der Stammdatenpool von SA2 liefert den Akteuren einheitliche und transparente Strukturen für den Austausch der Daten sowie einen zentralen Datenpool. Stammdatenmanagement ist eine Grundlage für die Anwendung von Efficient Consumer Response. Im Transportmanagement werden Stammdaten wie folgt gruppiert: Originäre Transportstammdaten (Kontrakte, Lieferantenstammdaten, Kundenstammdaten, Materialstammdaten), Stammdaten für Preise und Konditionen, Stammdaten für die Transportorganisation (Allgemeine Transportstammdaten, geographische Stammdaten, Ressourcen), Organisationsstammdaten (Belegschaftsstammdaten, Allgemeine Organisationsstammdaten). Für das Transportmanagement gibt es diverse Softwarelösungen auf dem Markt. Das neuste Softwareprodukt von SAP ist Transportmanagement 7.0.</td></tr>
<tr><td>Weiterführende Literaturquellen</td><td>Bossert, Kappelhoff & Niessner 2010</td></tr>
<tr><td>Komplexitätstreiber</td><td>Anzahl der Produktvarianten, Breite des Produktsortiments, Verpackungstypen</td></tr>
</table>

<table>
<tr><td>Name der Methode</td><td>Supply Chain Engineering (SC Eng.) bzw. Supply Chain Monitoring (SC Mon.)</td></tr>
<tr><td>Ziel</td><td>Prognoseerstellung und Vermeidung von Engpässen in der Supply Chain.</td></tr>
<tr><td>Ablauf / Vorgehen</td><td>4 Phasen:
• Supply Chain Analyse
• Supply Chain Prognose
• Strategische Positionierung des Unternehmens zur Vermeidung von Engpässen
• Aufbau von Frühindikatoren</td></tr>
<tr><td>Kriterien zur Anwendung im DS</td><td>Zur Umsetzung der Methode muss die gesamte Lieferkette betrachtet werden. Die Zusammenarbeit zwischen den Akteuren ist erforderlich, etwa die Informationspreisgabe. IT-Instrumente zur schnellen Datenübermittlung sind vorteilhaft.</td></tr>
<tr><td colspan="2">Einordnung in das Referenzmodell</td></tr>
<tr><td>Strategie</td><td>(Beherrschen □, Vermeiden □, Reduzieren X)</td></tr>
<tr><td>Wirkbereich</td><td>(Felder des Ordnungsrahmens)
<table>
<tr><th></th><th>Produktion</th><th>Warenausgang</th><th>DS i.e.S.</th><th>Schnittstelle z. Kunden</th></tr>
<tr><td>Organisation</td><td></td><td></td><td></td><td></td></tr>
<tr><td>Informationsfluss</td><td>X</td><td>X</td><td>X</td><td>X</td></tr>
<tr><td>Materialfluss</td><td></td><td></td><td></td><td></td></tr>
<tr><td>Akquisit. Fluss</td><td></td><td></td><td></td><td></td></tr>
</table></td></tr>
<tr><td>Komplexitätsebene</td><td>(Mikro X, Makro □)</td></tr>
<tr><td colspan="2">Darstellung weiterer Informationen zur Anwendung</td></tr>
<tr><td>Zeitrahmen</td><td>Kurz- bis mittelfristig, abhängig vom Grad der Zusammenarbeit aller Akteure in der Supply Chain</td></tr>
<tr><td>Unternehmensebene</td><td>Strategisch □ Mittlere Ebene X Operativ □</td></tr>
<tr><td>Kosten zur Umsetzung</td><td>Mittel, abhängig von den Kosten für die IT-Instrumente</td></tr>
<tr><td>Chancen und Risiken</td><td>Die Methode eignet sich besonders in Situationen, in denen Unternehmen ihre Nachfrage nur schwer steuern können, etwa wegen eines komplexen Liefernetzwerkes. Bessere Prognosen zu Liefer- und Bestellmengen ermöglichen eine Optimierung der Prozesse im Distributionsnetzwerk, etwa für eine Tourenoptimierung und bessere Auslastung der Ressourcen.</td></tr>
<tr><td>Weitere wichtige Aspekte?</td><td>-</td></tr>
<tr><td>Weiterführende Literaturquellen</td><td>Papier 2008, S. 313 ff.; Toth 2008, S. 463 ff.</td></tr>
<tr><td>Komplexitätstreiber</td><td>Ungenügende Abstimmung und Information zwischen den Teilsystemen des Distributionssystems, Vernetzung (Grad & Dynamik)</td></tr>
</table>

<table>
<tr><td>Name der Methode</td><td>Supply Chain Event Management (SCEM)</td></tr>
<tr><td>Ziel</td><td>Unterstützung der Supply Chain Ziele durch frühzeitige Identifikation von Prozessabweichungen, Vorschlagen von Handlungsalternativen und Schaffung von Transparenz</td></tr>
<tr><td>Ablauf / Vorgehen</td><td><ul><li>SCEM setzt auf vorhandenen Systemen auf (ERP-System, Tracking&Tracing) und verarbeitet die Statusinformationen</li><li>Im Vorfeld werden integrierte, standardisierte Lösungsalternativen bereitgestellt</li><li>Ermöglichung eines schnellen Reagierens durch Einleitung von Maßnahmen auf Ausnahmesituationen (Events) zur Planeinhaltung</li><li>SCEM agiert als Schnittstelle zwischen den einzelnen Prozessen in der SC</li></ul></td></tr>
<tr><td>Kriterien zur Anwendung im DS</td><td>Notwendig zur Umsetzung ist ein zentraler IT-Server, der von sämtlichen Prozessen in der Supply Chain die aktuellen Statusinformationen erhält. Daher ist eine enge Zusammenarbeit der Akteure in der Supply Chain erforderlich zur Vernetzung der Prozesse. Der Anschluss an langfristige Planungstools wie ERP-Systeme sowie Tracking&Tracing Systeme zum Erhalt der Ist-Informationen ist eine Voraussetzung. Notwendig ist eine schnelle Informationsübermittlung.</td></tr>
<tr><td colspan="2">Einordnung in das Referenzmodell</td></tr>
<tr><td>Strategie</td><td>(Beherrschen □, Vermeiden □, Reduzieren X)</td></tr>
<tr><td>Wirkbereich</td><td>(Felder des Ordnungsrahmens)
<table>
<tr><th></th><th>Produktion</th><th>Warenausgang</th><th>DS i.e.S.</th><th>Schnittstelle z. Kunden</th></tr>
<tr><td>Organisation</td><td></td><td></td><td></td><td></td></tr>
<tr><td>Informationsfluss</td><td>X</td><td>X</td><td>X</td><td>X</td></tr>
<tr><td>Materialfluss</td><td></td><td>X</td><td>X</td><td></td></tr>
<tr><td>Akquisit. Fluss</td><td></td><td></td><td></td><td></td></tr>
</table></td></tr>
<tr><td>Komplexitätsebene</td><td>(Mikro □ , Makro X)</td></tr>
<tr><td colspan="2">Darstellung weiterer Informationen zur Anwendung</td></tr>
<tr><td>Zeitrahmen</td><td>Mittelfristig, notwendig ist die Einrichtung der verschiedenen IT-Instrumente sowie die Anpassung der Prozesse in der SC</td></tr>
<tr><td>Unternehmensebene</td><td>Strategisch □ Mittlere Ebene X Operativ X</td></tr>
<tr><td>Kosten zur Umsetzung</td><td>Mittel</td></tr>
<tr><td>Chancen und Risiken</td><td>SCEM ist eine sinnvolle Methode für die kurzfriste Planung der Prozesse im Distributionsnetzwerk. Angesichts zunehmender Komplexität, Verbreitung von Outsourcing, intransparenter Handlungsalternativen und kurzfristig wechselnder Rahmenbedingungen in der Supply Chain gewinnt SCEM zunehmend an Bedeutung. Wichtig ist SCEM, falls Planabweichungen Auswirkungen auf mehrere Akteure in der SC haben. Für diese wird es durch die Anwendung von SCEM möglich, Transportengpässe frühzeitig zu identifizieren und ihre Touren anzupassen. SCEM kann nur funktionieren, wenn sämtliche Prozesse in der SC an ein zentrales IT-Instrument weitergeleitet werden. Daher ist eine enge Zusammenarbeit der Akteure und ihrer Prozesse erforderlich.</td></tr>
<tr><td>Weitere wichtige Aspekte?</td><td>Ein SCEM-System besteht aus mehreren Bauteilen. Die Kernfunktionen sind in einem Event-Server zusammengefasst. Weitere Funktionen übernehmen angebundene Fremdsysteme, dazu verfügt der Event-Manager über Schnittstellen oder integrierte Softwarekomponenten.</td></tr>
<tr><td>Weiterführende Literaturquellen</td><td>Werner 2010, S. 71 f.</td></tr>
<tr><td>Komplexitätstreiber</td><td>Grad der Informationsasymmetrie, Nachfrageschwankungen, Termine (Zeitfenster beim Kunden), Umgang mit Unsicherheit/Risiko/Störfällen</td></tr>
</table>

<table>
<tr><td>Name der Methode</td><td>Total Quality Management (TQM)</td></tr>
<tr><td>Ziel</td><td>Verfolgung einer prozessbezogenen Managementmethode mit Fokus auf Qualität unter Einbeziehung aller Elemente des Unternehmens zur Verbesserung der Prozess- und Produktqualität</td></tr>
<tr><td>Ablauf / Vorgehen</td><td>Die Anwendung von TQM im Unternehmen basiert auf zwei Kernannahmen: die Verbesserung der Prozessqualität führt zu Kostensenkung und Produktivitätssteigerung sowie eine Verbesserung der Produktqualität zu Umsatzwachstum. TQM richtet das gesamte Unternehmen ganzheitlich auf das Kriterium Qualität aus. Die Fokussierung liegt auf den Produkten und Prozessen sowie auf dem Verhalten von Führungskräften und Mitarbeitern. Die Ablauf- und Aufbauorganisation von TQM wird an die Erfordernisse für TQM angepasst. Die Einführung von TQM basiert auf drei Phasen:

• Vorbereitungsphase
• Einführungs- und Etablierungsphase
• Reifephase</td></tr>
<tr><td>Kriterien zur Anwendung im DS</td><td>Das Top-Management muss in das TQM involviert sein und die Ziele vorleben. Zur Realisierung von TQM müssen bestimmte Methoden und Ressourcen im Unternehmen implementiert werden. Analog zum TQM für Produkte müssen Elemente des DS identifiziert werden, deren Qualität gesteigert werden soll.</td></tr>
<tr><td colspan="2">Einordnung in das Referenzmodell</td></tr>
<tr><td>Strategie</td><td>(Beherrschen □, Vermeiden X, Reduzieren □)</td></tr>
<tr><td>Wirkbereich</td><td>(Felder des Ordnungsrahmens)

<table>
<tr><td></td><td>Produktion</td><td>Warenausgang</td><td>DS i.e.S.</td><td>Schnittstelle z. Kunden</td></tr>
<tr><td>Organisation</td><td></td><td></td><td>X</td><td></td></tr>
<tr><td>Informationsfluss</td><td></td><td></td><td></td><td></td></tr>
<tr><td>Materialfluss</td><td></td><td>X</td><td>X</td><td>X</td></tr>
<tr><td>Akquisit. Fluss</td><td></td><td></td><td>X</td><td></td></tr>
</table></td></tr>
<tr><td>Komplexitätsebene</td><td>(Mikro □, Makro X)</td></tr>
<tr><td colspan="2">Darstellung weiterer Informationen zur Anwendung</td></tr>
<tr><td>Zeitrahmen</td><td>Mittel- bis langfristig</td></tr>
<tr><td>Unternehmensebene</td><td>Strategisch X Mittlere Ebene X Operativ X</td></tr>
<tr><td>Kosten zur Umsetzung</td><td>Mittel bis hoch, anhängig von den erforderlichen Qualifizierungsmaßnahmen zur Erreichung von TQM</td></tr>
<tr><td>Chancen und Risiken</td><td>Die Methode optimiert die Wertschöpfung und steigert Umsatz sowie Umsatzrendite.</td></tr>
<tr><td>Weitere wichtige Aspekte?</td><td>-</td></tr>
<tr><td>Weiterführende Literaturquellen</td><td>Hummel & Malorny 2011; Binner 2002; Schawel & Billing 2004, S. 188 f.</td></tr>
<tr><td>Komplexitätstreiber</td><td>Wettbewerbsanforderungen, Kopplung von Produkten mit Service- und (Ergänzungs-) Dienstleistungen (z. B. technischer Support)</td></tr>
</table>

<table>
<tr><td>Name der Methode</td><td>Tourenplanung</td></tr>
<tr><td>Ziel</td><td>Reduzierung der Transportkosten</td></tr>
<tr><td>Ablauf / Vorgehen</td><td>Durch den Einsatz eines Tourenplanungssystems werden die Fahrzeuge wirtschaftlich ausgelastet. Berücksichtigt werden dabei die Produktheterogenität, saisonale Schwankungen im Auftragsvolumen, gesetzliche Restriktionen wie die erlaubte Fahrzeit und weitere Planungsrestriktionen wie Termine, Fahrzeugkapazitäten, Tourlänge und Tourdauer.</td></tr>
<tr><td>Kriterien zur Anwendung im DS</td><td>Das Tourenplanungssystem muss sich in die bestehende IT-Struktur des Unternehmens integrieren lassen und die Logistik-Prozesse von der Auftragserfassung bis zur betriebswirtschaftlichen Auswertung unterstützen.</td></tr>
<tr><td colspan="2">Einordnung in das Referenzmodell</td></tr>
<tr><td>Strategie</td><td>(Beherrschen □, Vermeiden □, Reduzieren X)</td></tr>
<tr><td>Wirkbereich</td><td>(Felder des Ordnungsrahmens)
<table>
<tr><th></th><th>Produktion</th><th>Warenausgang</th><th>DS i.e.S.</th><th>Schnittstelle z. Kunden</th></tr>
<tr><td>Organisation</td><td></td><td></td><td></td><td></td></tr>
<tr><td>Informationsfluss</td><td></td><td></td><td>X</td><td></td></tr>
<tr><td>Materialfluss</td><td></td><td></td><td>X</td><td></td></tr>
<tr><td>Akquisit. Fluss</td><td></td><td></td><td></td><td></td></tr>
</table></td></tr>
<tr><td>Komplexitätsebene</td><td>(Mikro X , Makro □)</td></tr>
<tr><td colspan="2">Darstellung weiterer Informationen zur Anwendung</td></tr>
<tr><td>Zeitrahmen</td><td>Kurz- bis mittelfristig</td></tr>
<tr><td>Unternehmensebene</td><td>Strategisch □ Mittlere Ebene X Operativ X</td></tr>
<tr><td>Kosten zur Umsetzung</td><td>Mittel, erforderlich sind die Investitionen in die Software- und IT-Instrumente.</td></tr>
<tr><td>Chancen und Risiken</td><td>Ein leistungsfähiges Tourenplanungsprogramm ermöglicht den gleichzeitigen Zugriff auf Daten und eine parallele Planung von Touren durch mehrere Disponenten. Prozesse sind klar strukturiert und Disponenten haben eine höhere Transparenz über die Prozesse. Ein leistungsfähiges Tourenplanungssystem erhöht die Kundenzufriedenheit, indem etwa eine höhere Anzahl an Touren in einer kürzeren Zeit geplant werden können.</td></tr>
<tr><td>Weitere wichtige Aspekte?</td><td>Ein Beispiel für ein leistungsfähiges Tourenplanungssystem ist das Konzept der PTV AG: Dies besteht aus der PTV-Logistics-Plattform, dem Tourenplanungsprogramm PTV Intertour sowie dem Modul E-Cargo von Locom, das den Frachtkonditionenrahmen liefert. Das System ist angepasst an die bestehende IT-Infrastruktur des Unternehmens wie etwa SAP. PTV Intertour ermöglicht es, mit mehreren Depots und Regionallägern zu arbeiten. Für die Zukunft besteht die Möglichkeit, dass der Trend vom Zentrallager- hin zum Regionallager-Modell geht.
Das am häufigsten genutzte Navigationssystem im Transportbereich ist Tomtom Work. Es sorgt für eine optimale Routenplanung und Kommunikation zwischen Zentrale und Fahrer. Eine flexible, voll integrationsfähige Software ist „CoTrIS for Tomtom Work" der Logistik Konzepte Software GmbH (LKS). Eine weitere Speditionssoftware ist „Disponent Plus" von Weber Data Service, eine plattformunabhängige Anwendung zur Steuerung der operativen Prozesse.</td></tr>
<tr><td>Weiterführende Literaturquellen</td><td>Soldati 2009, S. 140 ff.; Domschke & Scholl 2010)</td></tr>
<tr><td>Komplexitätstreiber</td><td>Einschränkungen beim Laderaum, Heterogenität der Sendung, Sendungsvolumina, Beschaffenheit der Transportwege und Verkehrsaufkommen, Anzahl Standorte, Anzahl der Transportquellen</td></tr>
</table>

<table>
<tr><td>Name der Methode</td><td>Tracking&Tracing</td></tr>
<tr><td>Ziel</td><td>IT-gestützte Verfolgung des Transportprozesses</td></tr>
<tr><td>Ablauf / Vorgehen</td><td><ul><li>Verbindung der zu transportierenden log. Einheit mit einem Informationssystem</li><li>Es können Informationen zu Position und Status der log. Einheit ermittelt werden</li><li>(Rück-)Verfolgung der Einheit in der Wertschöpfungskette</li></ul></td></tr>
<tr><td>Kriterien zur Anwendung im DS</td><td>Eine Voraussetzung für die Anwendung von Tracking&Tracing ist die Nutzung von standardisierten Identifikationstechnologien wie etwa Barcode oder RFID in der gesamten Supply Chain.</td></tr>
<tr><td colspan="2">Einordnung in das Referenzmodell</td></tr>
<tr><td>Strategie</td><td>(Beherrschen □, Vermeiden □, Reduzieren X)</td></tr>
<tr><td>Wirkbereich</td><td>(Felder des Ordnungsrahmens)
<table><tr><th></th><th>Produktion</th><th>Warenausgang</th><th>DS i.e.S.</th><th>Schnittstelle z. Kunden</th></tr><tr><td>Organisation</td><td></td><td></td><td></td><td></td></tr><tr><td>Informationsfluss</td><td>X</td><td>X</td><td>X</td><td>X</td></tr><tr><td>Materialfluss</td><td></td><td></td><td></td><td></td></tr><tr><td>Akquisit. Fluss</td><td>X</td><td>X</td><td>X</td><td>X</td></tr></table></td></tr>
<tr><td>Komplexitätsebene</td><td>(Mikro X , Makro □)</td></tr>
<tr><td colspan="2">Darstellung weiterer Informationen zur Anwendung</td></tr>
<tr><td>Zeitrahmen</td><td>Kurz bis mittelfristig (abhängig von der genutzten Identifikationstechnologie. Die Nutzung von RFID benötigt einen längeren Vorbereitungszeitraum)</td></tr>
<tr><td>Unternehmensebene</td><td>Strategisch □ Mittlere Ebene X Operativ X</td></tr>
<tr><td>Kosten zur Umsetzung</td><td>Mittel (die Nutzung von RFID ist deutlich kostenintensiver)</td></tr>
<tr><td>Chancen und Risiken</td><td>Die Kundenzufriedenheit erhöht sich, da der aktuelle Stand einer Lieferung zu jeden Zeitpunkt durch das Internet abgefragt werden kann. Der Versender spart dadurch Kosten, da er die Kundenanfragen zum Status der Ware nicht mehr über Telefon oder E-Mail zu beantworten braucht. Die Transparenz der Prozesse erhöht die Leistungsfähigkeit der Supply Chain. Die Unternehmen sind in der Lage, frühzeitig auf Probleme und Abweichungen in der Lieferkette zu reagieren.

Da jedoch viele Versender die Transporte an verschiedene Logistikdienstleister abgeben, haben sie häufig keine Kenntnisse zu ihrem Transportgut. Dieses Problem betrifft besonders mittelständische Betriebe. Auch das Speditionsgewerbe ist mittelständisch geprägt und verfügt nicht über die Möglichkeit, für alle Kunden die jeweiligen Informationen zum Transportstatus zu übermitteln.</td></tr>
<tr><td>Weitere wichtige Aspekte?</td><td>Tracking&Tracing ist eine technologische Grundlage für Supply Chain Event Management. Eine Methode für ein flexibles Tracking&Tracing auch für kleine und mittelständische Unternehmen ist die Kombination von RFID- und Ortungsinformationen aus der Satellitentechnik. Für eine automatische Verknüpfung aller auf dem Transportweg relevanten Informationen der einzelnen Dienstleister und die Visualisierung des aktuellen Status der Sendung müssen die Teilnehmer der Transportkette die ihnen vorliegenden Informationen über standardisierte Schnittstellen bereitstellen. Die Informationen werden im nächsten Schritt aufbereitet und in einem Web-basierten Tool unabhängig von der jeweiligen Unternehmenssoftware dargestellt.</td></tr>
<tr><td>Weiterführende Literaturquellen</td><td>Fritz 2004, S. 253; Klug 2010, S. 354 ff.</td></tr>
<tr><td>Komplexitätstreiber</td><td>Ungenügende Abstimmung und Information zwischen den Teilsystemen im Distributionssystem, Haftung</td></tr>
</table>

<table>
<tr><td>Name der Methode</td><td>Vendor Managed Inventory (VMI)</td></tr>
<tr><td>Ziel</td><td>Reduzierung von Beständen, Verbesserung der Lieferbereitschaft, Optimierung der Nachversorgung und Vermeidung von Stock-out-Situationen</td></tr>
<tr><td>Ablauf / Vorgehen</td><td>Der Lieferant übernimmt die Bewirtschaftung des Wareneingangslagers beim Kunden und ist für die Materialversorgung verantwortlich. Er trifft die Entscheidung über Liefertermine und -mengen. Der Kunde versorgt den Lieferanten mit zusätzlichen Informationen wie z. B. Point-of-Sale-Daten oder geplante Verkaufsaktionen zur Abstimmung seiner Prozesse.</td></tr>
<tr><td>Kriterien zur Anwendung im DS</td><td>Erforderlich ist der gemeinsame Abschluss verschiedener Vereinbarungen bereits im Vorfeld der Zusammenarbeit für einen reibungslosen Ablauf. Die Grundlage ist die Einigung über eine minimale Lagerreichweite beim Kunden. Ein regelmäßiger Austausch der aktuellen Verkaufsdaten ist erforderlich. Dafür sind geeignete IT-Tools für den Informationsaustausch anzuwenden, etwa EDI-Verbindungen, RFID oder Barcodes.</td></tr>
<tr><td colspan="2">Einordnung in das Referenzmodell</td></tr>
<tr><td>Strategie</td><td>(Beherrschen X, Vermeiden □, Reduzieren □)</td></tr>
<tr><td>Wirkbereich</td><td>(Felder des Ordnungsrahmens)
<table>
<tr><th></th><th>Produktion</th><th>Warenausgang</th><th>DS i.e.S.</th><th>Schnittstelle z. Kunden</th></tr>
<tr><td>Organisation</td><td></td><td></td><td></td><td>X</td></tr>
<tr><td>Informationsfluss</td><td></td><td></td><td></td><td>X</td></tr>
<tr><td>Materialfluss</td><td>X</td><td>X</td><td>X</td><td>X</td></tr>
<tr><td>Akquisit. Fluss</td><td>X</td><td></td><td></td><td>X</td></tr>
</table></td></tr>
<tr><td>Komplexitätsebene</td><td>(Mikro X , Makro □)</td></tr>
<tr><td colspan="2">Darstellung weiterer Informationen zur Anwendung</td></tr>
<tr><td>Zeitrahmen</td><td>Langfristig, notwendig ist die Umstellung der Prozesse (z. B. Bewirtschaftung des Wareneingangslagers der Kunden sowie Einrichtung der Informationsinstrumente)</td></tr>
<tr><td>Unternehmensebene</td><td>Strategisch X Mittlere Ebene X Operativ X</td></tr>
<tr><td>Kosten zur Umsetzung</td><td>Hoch (in Abhängigkeit der installierten IT-Tools und der Größe des Wareneingangslagers beim Kunden)</td></tr>
<tr><td>Chancen und Risiken</td><td>Die Verwendung des VMI bietet zahlreiche Potenziale für das Distributionsunternehmen: Bessere Informationsbasis, bessere Abstimmung von Produktion und Distribution, Reduzierung des Aufwands, um die flexiblen Kundenbedürfnisse zu befriedigen, Reduzierung der Transportkosten durch Optimierung von Transportfrequenzen, Reduktion der Anzahl der Lagerpunkte. Das Warenausgangslager des Lieferanten entfällt. Die Liefermengen und -zeitpunkte können durch den Lieferanten so mit den Produktionsprozessen abgestimmt werden, dass die produzierte Menge ohne längere Zwischenlagerung direkt in das Wareneingangslager des Kunden transportiert werden kann. Risiken bestehen für eine erfolgreiche Umsetzung von VMI, wenn die Kriterien nicht erfüllt werden.</td></tr>
<tr><td>Weitere wichtige Aspekte?</td><td>Bestandteil des Continuous Replenishment bzw. des umfangreicheren Konzeptes Efficient Consumer Response . Eine gemeinsame, unternehmensübergreifende VMI-Anwendung kann zusätzliche Funktionalitäten für die Zusammenarbeit bieten: z. B. die integrierte, automatische Generierung von Warnmeldungen und Funktionalitäten für die Ausnahmebehandlung</td></tr>
<tr><td>Weiterführende Literaturquellen</td><td>Konrad 2005, S. 166 ff.</td></tr>
<tr><td>Komplexitätstreiber</td><td>Verkürzung der Lieferzeiten, Vertikale Integration des Unternehmens</td></tr>
</table>

<table>
<tr><td>Name der Methode</td><td>Virtuelle Kommandozentrale</td></tr>
<tr><td>Ziel</td><td>Transparenz im Liefernetzwerk</td></tr>
<tr><td>Ablauf / Vorgehen</td><td>Im Folgenden wird ein „Virtual Command Center“ (VCC) beschrieben, wie es durch IBM entwickelt wurde.

Eine bruchfreie Sensorik und eine standardisierte Datenerfassung sorgen für eine Übermittlung der Informationen in Echtzeit in der Supply Chain. Absatzprognosen und Wahrscheinlichkeitsberechnungen des Kundenverhaltens werden berücksichtigt. Die Funktionsweise des VDD beruht auf dem „Management by Exception“, mit dem sämtliche Prozesse in der Supply Chain über Planungstools und ERP-Systeme automatisch gesteuert werden. Nur eine Abweichung des geplanten Idealzustandes erzwingt eine Reaktion. Das System besteht aus drei zentralen Teilfunktionen, die für die Optimierung und Synchronisation der Nachfrage, Logistik sowie Steuerung der Zulieferer zuständig sind.</td></tr>
<tr><td>Kriterien zur Anwendung im DS</td><td>Eine Virtuelle Kommandozentrale ist eine wichtige Methode für das Supply Chain Management. Der Informationsfluss wird deutlich verbessert, was damit auch positive Wirkungen auf die Leistungsfähigkeit der Distribution hat. Entscheidende Voraussetzung ist eine standardisierte Sensorik, Datenerfassung und Übermittlung der Informationen im gesamten Liefernetzwerk. Die genutzten IT-Instrumente müssen aufeinander abgestimmt sein.</td></tr>
<tr><td colspan="2">Einordnung in das Referenzmodell</td></tr>
<tr><td>Strategie</td><td>(Beherrschen X, Vermeiden □, Reduzieren □)</td></tr>
<tr><td>Wirkbereich</td><td>(Felder des Ordnungsrahmens)
<table>
<tr><th></th><th>Produktion</th><th>Warenausgang</th><th>DS i.e.S.</th><th>Schnittstelle z. Kunden</th></tr>
<tr><td>Organisation</td><td></td><td></td><td></td><td></td></tr>
<tr><td>Informationsfluss</td><td>X</td><td>X</td><td>X</td><td>X</td></tr>
<tr><td>Materialfluss</td><td></td><td></td><td></td><td></td></tr>
<tr><td>Akquisit. Fluss</td><td></td><td></td><td></td><td></td></tr>
</table></td></tr>
<tr><td>Komplexitätsebene</td><td>(Mikro □, Makro X)</td></tr>
<tr><td colspan="2">Darstellung weiterer Informationen zur Anwendung</td></tr>
<tr><td>Zeitrahmen</td><td>Mittel- bis langfristig</td></tr>
<tr><td>Unternehmensebene</td><td>Strategisch □ Mittlere Ebene X Operativ □</td></tr>
<tr><td>Kosten zur Umsetzung</td><td>Mittel (abhängig vom Leistungsumfang der eingesetzten IT-Tools)</td></tr>
<tr><td>Chancen und Risiken</td><td>Aufgrund der stark anwachsenden Mengen an vorhandenen Informationen durch die verschiedenen IT-Systeme in der Supply Chain besteht die Herausforderung, das entscheidungsrelevante Wissen aus diesen Einzelinformationen zu ermitteln. Die VCC ermöglicht es, Engpässe in der Supply Chain zu identifizieren und die Materialflüsse und den Ressourceneinsatz zu optimieren. Bestände lassen sich in der Supply Chain deutlich reduzieren, Kapazitätsengpässen werden minimiert.</td></tr>
<tr><td>Weitere wichtige Aspekte?</td><td>Transparenz in der Supply Chain ist die größte Herausforderung für die Unternehmen. Dabei erweist sich die Umsetzung als problematisch.</td></tr>
<tr><td>Weiterführende Literaturquellen</td><td>Seider & Kaltenbach 2009</td></tr>
<tr><td>Komplexitätstreiber</td><td>Überflutung mit unnötigen Informationen, Umgang mit Unsicherheiten/Risiken/Störfällen, Nachfrageschwankungen, Grad der Informationsasymmetrie</td></tr>
</table>

Curriculum Vitae Thorsten Lammers

Persönliche Daten

Name	Thorsten Lammers
Geburtsdatum	28. Januar 1982
Geburtsort	Münster

Beruflicher Werdegang

2010 - 2012	**Wissenschaftlicher Mitarbeiter** Institut für Logistik und Unternehmensführung Technische Universität Hamburg-Harburg
2008 - 2010	**Research Associate** Kühne School of Logistics and Management, Hamburg
2006 - 2007	**Praktikum** Airbus S.A.S., Hamburg, Toulouse
2004	**Praktikum** Omicron NanoTechnology GmbH, Taunusstein

Akademischer Werdegang

2008 - 2012	**Doktorand** Prof. Dr. Dr. h. c. Wolfgang Kersten Institut für Logistik und Unternehmensführung Technische Universität Hamburg-Harburg
2002 - 2008	**Studium der Physik** Nebenfach BWL Abschluss: Diplom-Physiker Universität Hamburg und Queensland University of Technology, Brisbane
2001	**Allgemeine Hochschulreife** Gymnasium Paulinum, Münster